江苏环境服务业发展研究报告

2019

主 编　张利民

南京大学出版社

图书在版编目（CIP）数据

江苏环境服务业发展研究报告. 2019 / 张利民主编
. — 南京：南京大学出版社，2020.7
ISBN 978 - 7 - 305 - 23372 - 2

Ⅰ. ①江… Ⅱ. ①张… Ⅲ. ①城市环境—服务业—经
济发展—研究报告—江苏—2019 Ⅳ. ①X321.253

中国版本图书馆 CIP 数据核字(2020)第 092199 号

出版发行　南京大学出版社
社　　址　南京市汉口路 22 号　　邮　　编　210093
出 版 人　金鑫荣

书　　名　江苏环境服务业发展研究报告（2019）
主　　编　张利民
责任编辑　王日俊
助理编辑　张亚男

照　　排　南京开卷文化传媒有限公司
印　　刷　虎彩印艺股份有限公司
开　　本　787×1092　1/16　印张 15.5　　字数 420 千
版　　次　2020 年 7 月第 1 版　2020 年 7 月第 1 次印刷
ISBN 978 - 7 - 305 - 23372 - 2
定　　价　139.00 元

网　　址：http://www.njupco.com
官方微博：http://weibo.com/njupco
官方微信号：njupress
销售咨询热线：(025)83594756

本书为江苏高校优势学科建设工程资助项目(PAPD)、江苏高校人文社会科学校外研究基地"江苏现代服务业研究院"、江苏高校现代服务业协同创新中心和江苏省重点培育智库"现代服务业智库"的阶段性研究成果。

书　　名：江苏环境服务业发展研究报告(2019)

主　　编：张利民

出版社：南京大学出版社

序

党的十九大报告指出："建设生态文明是中华民族永续发展的千年大计。必须树立和践行绿水青山就是金山银山的理念，坚持节约资源和保护环境的基本国策，像对待生命一样对待生态环境。"在江苏省第十三次党代会上，提出要"着力推进生态文明建设，深入践行绿色发展理念，下大决心，花大力气，加强生态保护和环境治理，力争实现生态环境质量的根本性好转。"

环境服务业是环境保护产业的一个重要组成部分。目前，学术界对环境服务业较为认可的定义是：它是为环境保护、污染治理提供系统性的总体解决方案，涵盖环境技术研发、环境咨询、环境工程建设与施工、污染治理设施运营、环境贸易及金融、环境教育与培训、环境功能等多个领域的服务业。南京财经大学现代服务业协同创新中心是由江苏省人民政府批准成立，南京财经大学牵头，江苏省发展和改革委员会、江苏省社会科学院等单位共同参与建设的集科学研究、政策咨询、平台建设、企业培育等于一体的江苏现代服务业综合研究与推广机构。依托该协同创新中心，我们组织专家团队围绕江苏省环境服务业的发展情况开展了探索性的梳理研究。历经九个多月的调研和撰写，形成了现在的江苏环境服务业发展研究报告版本。

本研究报告结合理论界定和江苏环境服务业发展的实际情况，将环境服务业的范围划分为环境咨询类服务业、环境技术类服务业、环境贸易类服务业，在此基础上对江苏环境服务业的总体情况和分行业发展进行了系统分析。报告分为五大部分，包括综合篇、行业篇、集聚区篇、政策篇和数据篇。综合篇围绕江苏环境服务业发展总体状况、江苏环境服务业发展规划与展望以及中国环境服务业发展趋势展开系统描述；行业篇分别围绕环境咨询类服务业、环境技术类服务业、环境贸易类服务业进行了发展数据、政策环境和典型企业的测算刻画；集聚区篇立足于江苏现代服务业集聚区的创新实践，重点针对环境服务业集聚区展开了典型研究，并收集整理了部分环境服务业典型企业发展情况进行案例分析；政策篇对江苏省各级行政主管部门近年来针对环境服务业相关领域发布的法律法规、制度文件、指导意见等各类政策性文件进行了归纳梳理；数据篇重点收集和整理了近年来江苏环境服务业的行业增加值、就业人员、企业名录等相关数据。在本研究报告撰写过程中，南京财经大学经济学院、国际经贸学院、江苏现代服务业研究院组成的联合编写组召开相关研讨会 20 余次，并征求了包括江苏省发展与改革委员会、江苏环境科学研究院等多个机构 10 余位专家的意见，力求将一份高质量的发展研究报告呈现给大家。

由于江苏环保服务业研究报告系首次编写，囿于学识、时间和数据等诸多因素，尽管编写团队尽了最大努力，但报告难免存在不足和缺憾之处，还请各位读者多提宝贵意见。

张利民

2020 年 5 月于南京

目 录

综 合 篇

行 业 篇

集　聚　篇

政　策　篇

数　据　篇

综合篇

第一章 江苏环境服务业发展总体状况

一、环境服务业简介

（一）环境服务业的概念

环保服务业,也称环境服务业,是环境保护产业的一个重要组成部分。目前对环保服务业没有统一的定义和分类,学术界较为认可的定义是:环境服务业是为环境保护、污染治理提供系统性的总体解决方案,涵盖环境技术研发、环境咨询、环境工程建设与施工、污染治理设施运营、环境贸易及金融、环境教育与培训、环境功能等多个领域的服务业。2012年11月国家环境保护部办公厅发布的《关于印发〈环保服务业试点工作方案〉的通知》中,对环保服务业的定义、性质、核心内容和重要意义进行了概况性表述,指出:"环保服务业是指生产和供应环保服务产品、为保护生态环境提供物质基础和技术保障的产业,属于生产性服务业,是战略性新兴产业、现代服务业和环保产业的重要组成部分;环保服务以为各种生产活动提供污染防治服务为核心内容,包括相关的咨询、设计、监测、金融、保险、治污设施运行等服务活动;发展环保服务业不仅能够直接为生态环境保护和环境污染防治提供资金、技术、市场、人才等方面的支持,而且可以带动环保装备和环保产品制造业的发展,促进环保产业整体发展水平的提高;发展环保服务业有利于改善生态环境质量、降低污染排放强度、提高人民生活水平,有利于加快'两高一资'行业调整优化的步伐,有利于推进经济结构调整、加快经济增长方式转变。"

（二）环境服务业分类

目前,比较有影响力的环境服务业分类方式有:联合国中心产品分类（Central Product Classification,CPC）;乌拉圭回合谈判期间所签署的《服务贸易总协定（GATS）》（W/120,1991）中所使用的服务部门分类目录（Services Sectoral Classification List,SCL）;经济合作与发展组织与欧盟统计局（OECD/EUROSTAT）关于环境服务的分类;欧盟在WTO新一轮谈判中提出的新的环境服务分类;我国环境保护部的分类。

1. CPC环境服务分类

将环境服务业定义为污水处理服务（CPC9401）、废物处置服务（CPC9402）、卫生和类似服务（CPC9403）、废气消除服务（CPC9404）、噪声消除服务（CPC9405）、自然与景观维护服务（CPC9406）及其他环境保护服务（CPC9409）。有临时CPC（CPC,1991）和修订CPC（CPC1.0,1998）两个版本,两个版本对环境服务的定义一样,不同的是CPC1.0在临时CPC基础上进行了二级分类,例如,CPC1.0将废物处置服务又细化分为非危险废物收集、非危险废物处理和处置、危险废物收集、危险废物处理和处置四种。

2. GATS中所使用的环境服务分类（SSCL）

GATSW/120分类目录主要依据临时CPC分类,其环境服务分类为污水处理服务、废物处置服务、卫生和类似服务、其他环境服务四类。与CPC1.0相比,GATS环境服务分类没有对污水处理服务、废物处置服务等进行次级分类。GATS/120服务部门分类名录是关税及贸易总协定秘书处与各成员磋商的结果。因此,它应被看成一个谈判目录,而不是一个统计分类。

3. OECD/EUROSTAT 环境服务分类

经济合作与发展组织和欧盟统计局(OECD/EUROSTAT)认为 CPC 1.0 及 W 120 中的环境服务定义都过于泛化,经过研究,他们提出了自己的环境服务定义和分类。他们认为环境服务具体是指提供度量、预防、限制与水、空气、土壤、废物、噪声、生态系统等相关的环境破坏的服务,以及将这些环境破坏程度降到最低的服务。该分类包括两部分:一是为一次或多次环境保护污染控制、补救和预防活动提供的服务,具体包括提供有关分析和监测服务、技术工程服务、环境研发、培训与教育、环境核算与法律服务、咨询服务、其他环境事务等;二是指具体环境媒介所提供的服务,具体包括从事废水处理、废物处置、大气污染控制、消除噪声等方面的操作。

4. 欧盟的环境服务分类

21世纪以来,在WTO服务贸易委员会的谈判中,欧盟又提出了一种新的环境服务分类,建议把环境服务分为"核心环境服务"和"具有环境内涵的服务"两大类。核心环境服务均为纯环境服务,分为七类:人类用水和污水管理、固体/危险废物管理、大气和气候保护、土壤和水的恢复及清洁、降噪和减震、生物多样性和景观保护、其他环境服务和附属服务(详见下表1-1)。具有环境内涵的服务也分为七类:具有环境内涵的商业服务、具有环境内涵的研发服务、具有环境内涵的咨询承包和工程服务、具有环境内涵的建筑服务、具有环境内涵的分销服务、具有环境内涵的运输服务和具有环境内涵的其他服务(详见下表1-2)。

表1-1 欧盟建议的核心环境服务分类

主要类型	细 项
A 人类用水和废水管理	通过管道进行的水的收集、净化和配送服务,不包括蒸汽和热水的相关服务;饮用水处理,净化和配送服务,包括监测; 废水服务:生活废水的处理和处置,商业和工业污水及其他废水包括污水池的清空、监测及水中废物的处理。
B 固体/危险废物管理	垃圾处置服务:危险和非危险废物的收集、处理和处置(焚烧、堆肥、填埋);清洁及类似服务:扫雪和铲雪,其他清洁服务。
C 大气和气候保护	减少废气等排放服务及改善空气质量:电厂或工业配电站减少空气污染的服务,汽车尾气监测及控制系统或削减计划的实施。
D 土壤和水的治理及清洁	被污染土壤和水的处理和治理:固定的或移动的清洁系统、应急反应、泄漏和自然灾害后的清理和治理复原项目(例如,矿山恢复原貌),包括监测。
E 降噪和减震	降噪服务:监测,噪声消除系统和屏蔽系统的安装。
F 生物多样性和景观保护	自然和景观保护服务:生态和栖息地保护,保护森林和促进可持续林业。
G 其他环境和附属服务	其他没有分类的服务:其他环境保护服务,与环境影响评价相关的服务。

资料来源:EUROPEAN UNION. Communication from the European Communities and Their Member States, WTO Document No.S/CSS/W/38

表1－2　欧盟建议的具有环境内涵的服务分类

主要类型	细　项
A 有环境内涵的商业服务	有费用发生或以合同为基础的有关再生利用的服务；与再生利用有关的服务，例如，在塑料、纸张、玻璃、电池、铝和钢铁领域。
B 有环境内涵的研发服务	环境研发服务。
C 具有环境内涵的咨询承包和工程服务	设计和工程：例如，污水处理厂的可行性研究及设计； 教育培训及技术援助：有关环境保护的培训课程或环境设施的运行和维护，对职工的培训或承包人的培训； 咨询服务：环境咨询服务，为旅游、运输、捕鱼、可持续土地利用提供的有关咨询服务； 一体化的工程设计服务； 项目管理服务：例如，污水处理设施的建筑监督； 成分和纯度测试与分析服务：包括可接受的环境测试服务，既包括野外也包括实验室的测试服务； 模拟：污染物通过空气、水、或土壤运动的计算机模拟，为工程设计项目而制作的软件； 监测和测试：大气和水质监测； 地下和地表的测量服务：绘图，使用全球定位系统。
D 有环境内涵的建筑服务	污水池系统安装服务：安装污水池及处置设备； 建筑服务：下水道的安装，水管的安装，处理厂的建造，填埋场的建造； 其他设备的安装服务：用于污水处理设施设备的安装；隔离服务。
E 有环境内涵的分销服务	废物、废料及其他可再生原材料的批发和零售贸易服务：用于再生的纸的销售，用于循环的铝罐的销售； 存储服务：危险和非危险废物的储藏，处置站的运行。
F 有环境内涵的运输服务	各种陆路运输：通过公路和铁路运输废物； 各种水路运输：通过船只运输废物。
G 有环境内涵的其他服务	机器和设备的修理服务：各种环境设备和设施的修理服务，例如，水处理厂、废水处理厂、卫生填埋服务。

资料来源：EUROPEAN UNION. Communication from the European Communities and Their Member States，WTO Document No.S/CSS/W/38

5.中国环境服务业的分类

中国的环境服务业分类标准较多，最主流的行业分类方法有以下三种：

（1）《全国环境保护相关产业状况公报》分类方法

环保部、发改委和国家统计局曾联合发布过多个年份的《全国环境保护相关产业状况公报》，总结介绍我国环保产业的发展状况，其中包括对"环境服务业"的介绍。但是该报告中，不同年份对环境服务业的定义并不完全一致，大致认为我国环境服务业可分为环境技术服务、环境咨询服务、污染治理设施运营管理、废旧资源回收处置、环境贸易与金融服务、环境功能及其他环境服务六类。

环境技术服务：环境技术与产品的开发、环境工程设计与施工、环境监测与分析服务等。

环境咨询服务：环境影响评价、环境工程咨询、环境监理、环境管理体系与环境标志产品认证、有机食品认证、环境技术评估、产品生命周期评价、清洁生产审计与培训、环境信息服务等。

污染治理设施运营管理：水污染治理设施、空气污染治理设施、固体废物处理设施、噪声控制设施等的管理、运营和维护服务。

废旧资源回收处置：废旧金属及制品、废旧造纸原料废塑料、废旧化工制品、废木材、废包装物等废旧资源的回收处置。

环境贸易与金融服务：环境相关产品的专业营销、进出口贸易、环境金融服务等。

环境功能及其他环境服务：生态旅游、人工生态环境设计等。

（2）《生产性服务业分类（2015）》分类方法

2015年6月，国家统计局发布了《生产性服务业分类（2015）》。其中，"环境与污染治理服务"门类下涉及的8种细分产业：生产性环境保护监测、环保技术推广服务、生产污水处理和水污染治理、生产性大气污染治理、生产性固体废物治理、生产性危险废物治理、生产性放射性废物治理、生产性其他污染治理，见表1-3。

表1-3 《生产性服务业分类（2015）》中"环境与污染治理服务"分类

行业名	行业定义
生产性环境保护监测	仅包括对生产活动产生的各类污染排放物的测试和监测服务
环保技术推广服务	仅包括环保技术的推广服务，以及清洁生产审核（非政府职能）、环境总承包服务
生产污水处理和水污染治理	仅包括为生产活动提供的污水处理和水污染治理
生产性大气污染治理	仅包括为生产活动提供的气体污染治理
生产性固体废物治理	仅包括为生产活动提供的固体废物治理
生产性危险废物治理	仅包括为生产活动提供的危险废物治理
生产性放射性废物治理	仅包括为生产活动提供的放射性废物治理
生产性其他污染治理	仅包括为生产活动提供的噪声污染、光污染等治理服务

表1-3中的8种细分产业也正是中国证监会行业分类中行业分类代码为M77的行业，即生态保护和环境治理业的分类。关于行业分类标准，中国证监会发布的《上市公司行业分类指引》规定：当上市公司某类业务的营业收入比重大于或等于50%，则将其划入该业务相对应的行业；当上市公司没有一类业务的营业收入比重大于或等于50%，但某类业务的收入和利润均在所有业务中最高，而且均占到公司总收入和总利润的30%以上（包含本数），则该公司归属该业务对应的行业类别。归入环保服务业的环保产业正是按照这一标准进行分类的。

（3）《国民经济行业分类（GB/T 4754—2017）》分类方法

2019年3月，国家统计局对《国民经济行业分类（GB/T 4754—2017）》进行了修订（1号修改单）。其中，"环境治理业"属于最典型的环境服务业。环境治理业包括八种类型：水污染治理、大气污染治理、固体废物治理、危险废物治理、放射性废物治理、土壤污染治理与修复服务、噪声与振动控制服务、其他污染治理，具体见表1-4。

表1-4 《国民经济行业分类(GB/T 4754—2017)》(1号修订单)中"环境治理业"分类

行业码	四分位码行业名	行业定义
7721	水污染治理	指对江、河、湖泊、水库及地下水、地表水的污染综合治理活动,不包括排放污水的搜集和治理活动
7722	大气污染治理	指对大气污染的综合治理以及对工业废气的治理活动
7723	固体废物治理	指除城乡居民生活垃圾以外的固体废物治理及其他非危险废物的治理
7724	危险废物治理	指对制造、维修、医疗等活动产生的危险废物进行收集、贮存、利用、处理和处置等活动
7725	放射性废物治理	指对生产及其他活动过程产生的放射性废物进行收集、运输、贮存、利用、处理和处置等活动
7726	土壤污染治理与修复服务	指对受污染的土壤进行综合治理及修复的活动
7727	噪声与振动控制服务	指对噪声与振动进行控制的服务
7729	其他污染治理	指除上述治理以外的其他环境治理活动

除"环境治理业"外,在《国民经济行业分类(GB/T 4754—2017)》(1号修改单)中还有一些其他属于环境服务业的服务类行业,具体如表1-5所示。

表1-5 《国民经济行业分类(GB/T 4754—2017)》(1号修改单)中的其他环境服务业行业

行业码	四分位码行业名	行业定义
4210	金属废料和碎屑加工处理	指从各种废料[包括固体废料、废水(液)、废气等]中回收,并使之便于转化为新的原材料,或适于进一步加工为金属原料的金属废料和碎屑的再加工处理活动,包括废旧电器、电子产品拆解回收
4220	非金属废料和碎屑加工处理	指从各种废料[包括固体废料、废水(液)、废气等]中回收,或经过分类,使其适于进一步加工为新原料的非金属废料和碎屑的再加工处理活动
4620	污水处理及其再生利用	指对污水污泥的处理和处置,以及净化后的再利用活动
5191	再生物资回收与批发	指将可再生的废旧物资回收,并批发给制造企业作初级原料的活动
7245	环保咨询	与环保有关的咨询活动,如环境法律和政策咨询、环境战略和规划咨询、环境工程咨询等
7461	环境保护监测	指对环境各要素,对生产与生活等各类污染源排放的液体、气体、固体、辐射等污染物或污染因子指标进行的测试、监测和评估活动

(三)环境服务业的行业基本特征

1. 环保服务业提供的产品是一种系统化的解决方案

环保服务业作为技术密集型产业,其所提供的服务产品在广度上涵盖环境保护和污染防治从评估设计、投资建设到运营管理等各个环节,在深度上是以达到所要求的环境效果为目标,经过全局设计和考量而形成的一种综合、系统的解决方案。

2. 环保服务业以可量化的环境产出作为服务成果的衡量标准

提供环保服务的企业获得收益的基准在于其提供服务后环境的改善能否达到合约中客户对环境效果的预测,也就是经过一系列服务后,环境的改善程度是否符合标准,而这一标准是可以量化的,如污泥处置量、垃圾处理量等。

3. 环保服务产品由专业的服务公司提供

随着环保服务项目的模式、标准和复杂程度的日趋提高,环保服务业的内涵也从单一的技术服务向决策、管理、金融等综合、全方位的智力型服务发展,从而对环境服务提供单位提出了更高的要求,传统的以单一科研院所为主的格局已经改变,专业化的环境服务公司逐渐成为主流。

(四)环保服务业的行业地位及作用

环保服务业是现代服务业的子产业,属于第三产业类别。环保服务业是环保产业中最为活跃的内容:一方面,为环保技术环保产品与设备生产提供需求,通过环保产品设备贸易服务、环保设施运营管理服务等为现有环保技术和产品设备寻找需求市场;另一方面,环保设施运营、环保服务贸易、环境污染治理的专业化、社会化等向环保产业提出更高要求,推动环保技术开发与环保产品生产向更深层次发展,从而带动整个环保产业的发展。在目前我国市场运行环境与环境管理制度下,活跃的环保服务业还可能把以前环保设施的投入转化为有效资产,通过环保资本市场让过去投资的环保设施有效运营起来。从本质上说,环保服务业是联系环保技术、环保产品生产与环保资本市场的纽带,通过环保服务业的发展去拓展环保产业的发展空间,使环保产业投资成为具有较大盈利与发展空间的产业,从而提高社会资本投资环保设施与资源综合开发、节能减排的积极性。同时,通过环保服务业的发展也可以带动环保产业的资源整合,提升环保产业的发展空间与产业发展能力。在当前资源整合成为产业发展的重要方式和手段的背景下,环保服务业的作用尤其突出。环保服务业是环保产业中最为活跃的内容,连接环保技术开发、环保产品设备生产与环保资本市场,通过环保技术开发、环保产品设备生产提升环保产业品质,通过环保资本市场整合环保产业资源与社会资源,提升环保产业的产业竞争能力,进而提升社会的环境保护质量,因而,环保服务业在环保产业中居于支配地位,起着主导作用,没有环保服务业的产业化发展,环保产业很难健康、有效地发展起来。

目前,环保服务业产业在我国尚属新兴产业。在国际上,20世纪70年代以前,相对国民经济中第三产业的总体发展情况而言,环保服务业被认为是环保产业中微不足道的一部分,而进入21世纪以后,环保服务业变得日益重要。随着经济全球化、环境全球化的迅猛发展,环保服务业在国际环境市场中的份额不断提高,已成为最具发展潜力的环境保护产业领域。

二、江苏省环境概况

江苏作为中国经济最发达和人口分布最密集的省份之一,生态环境承压严重。虽然江苏省一直高度关注环境保护和污染治理,但目前,江苏仍然面临非常严重的生态保护压力,环境污染治理能力跟不上快速增长的环境污染规模,生态环境治理任重道远。

（一）空气环境

2018 年，江苏全省环境空气质量优良天数比率为 68.0％，与 2017 年相比，保持稳定。主要污染物中颗粒物、二氧化硫、二氧化氮和一氧化碳浓度同比有所下降，臭氧浓度同比持平。其中，细颗粒物（PM 2.5）年均浓度较 2017 年下降 2.0％，达到国家年度考核目标（49 微克/立方米）。受颗粒物、臭氧及二氧化氮超标影响，13 个设区市环境空气质量均未达二级标准，空气污染问题仍十分严峻。

1. 城市空气

全省环境空气中 PM 2.5、可吸入颗粒物（PM10）、二氧化硫（SO$_2$）、二氧化氮（NO$_2$）年均浓度分别为 48 微克/立方米、76 微克/立方米、12 微克/立方米和 38 微克/立方米；一氧化碳（CO）和臭氧（O$_3$）浓度分别为 1.4 毫克/立方米和 177 微克/立方米。按照《环境空气质量标准》（GB 3095—2012）二级标准进行年度评价，13 个设区市环境空气质量均未达标，超标污染物为 PM 2.5、PM 10、O$_3$ 和 NO$_2$。其中，13 市 PM 2.5 浓度均超标；除苏州、南通和连云港三市外，其余十市 PM 10 浓度超标；除南通市外，其余 12 市 O$_3$ 浓度超标；南京、无锡、徐州、常州、苏州五市 NO$_2$ 浓度超标。全省环境空气质量优良天数比率为 68.0％，与 2017 年相比保持稳定，13 市优良天数比率介于 56.2％～79.7％之间。2018 年，按照省政府发布的《江苏省重污染天气应急预案》，全省共发布 5 次蓝色预警、5 次黄色预警、1 次橙色预警，预警天数达 41 天。

2. 酸雨

2018 年，江苏全省酸雨平均发生率为 12.1％，降水年均 pH 值为 5.69，酸雨年均 pH 值为 4.94。13 个设区市中有九个城市监测到不同程度的酸雨污染，酸雨发生率介于 0.9％～25.1％之间。徐州、连云港、盐城和宿迁四市未监测到酸雨。与 2017 年相比，全省酸雨平均发生率下降 3.5 个百分点，降水酸度和酸雨酸度均有所减弱。

（二）水环境

2018 年，江苏全省水环境质量总体有所改善。纳入国家《水污染防治行动计划》地表水环境质量考核的 104 个断面中，年均水质符合《地表水环境质量标准》（GB 3838—2002）Ⅲ类标准的断面比例为 68.3％，较年度考核目标（66.3％）高 2 个百分点；劣Ⅴ类断面比例为 1.0％，较年度考核目标（1.9％）低 0.9 个百分点。纳入江苏省"十三五"水环境质量目标考核的 380 个地表水断面中，年均水质符合Ⅲ类的断面比例为 74.2％，Ⅳ—Ⅴ类水质断面比例为 25.0％，劣Ⅴ类断面比例为 0.8％。与 2017 年相比，符合Ⅲ类断面比例上升 6.6 个百分点，劣Ⅴ类断面比例持平。

1. 饮用水源

江苏全省饮用水以集中式供水为主。根据《关于印发江苏省 2018 年水污染防治工作计划的通知》（苏水治办〔2018〕3 号），2018 年，全省实测 128 个县级及以上城市集中式饮用水水源地，取水总量约为 66.85 亿吨，地表水水源地和地下水水源地取水量分别占 99.7％和 0.3％，其中，长江和太湖取水量分别约占取水总量的 55.5％和 17.6％。依据《地表水环境质量标准》（GB 3838—2002）和《地下水质量标准》（GB/T 14848—2017）评价，全省县级及以上城市集中式饮用水水源地达标（达到或优于Ⅲ类标准）水量为 66.70 亿吨，占取水总量的 99.8％。全年各次监测均达标的水源地有 116 个，占 90.6％。

2. 太湖流域

2018 年,太湖湖体总体水质处于Ⅳ类(不计总氮)。湖体高锰酸盐指数和氨氮年均浓度均处于Ⅱ类;总磷年均浓度为 0.087 毫克/升,处于Ⅳ类;总氮年均浓度为 1.38 毫克/升,处于Ⅳ类。与 2017 年相比,高锰酸盐指数、氨氮浓度稳定在Ⅱ类以上,总氮浓度下降 16.4%,总磷浓度上升 7.4%。湖体综合营养状态指数为 56.0,同比下降 0.8,总体处于轻度富营养状态。4～10 月太湖蓝藻预警监测期间,通过卫星遥感监测共计发现蓝藻水华聚集现象 119 次。与 2017 年同期相比,发生次数略有增加,但最大和平均发生面积分别减少 48.6% 和 35.3%。15 条主要入湖河流中,有 11 条年均水质符合Ⅲ类,占 73.3%;其余 4 条河流水质为Ⅳ类,水质同比稳定。列入省政府目标考核的太湖流域 137 个重点断面水质达标率 94.2%,较 2017 年上升 9.5 个百分点。

3. 淮河流域

2018 年,淮河干流江苏段水质良好,4 个监测断面年均水质均符合Ⅲ类标准,与 2017 年相比,水质保持稳定。主要支流水质总体处于轻度污染,符合Ⅲ类、Ⅳ类、Ⅴ类和劣Ⅴ类水质断面分别占 67.8%、20.3%、6.7% 和 5.2%,影响水质的主要污染物为总磷、化学需氧量和氨氮。与 2017 年相比,符合Ⅲ类水质断面比例上升 1.5 个百分点,劣Ⅴ类水质断面比例下降 0.8 个百分点。南水北调东线江苏段,15 个控制断面年均水质均达Ⅲ类标准要求。

4. 长江流域

长江干流江苏段总体水质为优,10 个断面水质均为Ⅱ类,与 2017 年相比水质保持稳定。主要入江支流水质总体处于轻度污染,41 条主要入江支流的 45 个控制断面中,年均水质符合Ⅲ类、Ⅳ类、Ⅴ类和劣Ⅴ类断面分别占 73.3%、15.6%、4.4% 和 6.7%。与 2017 年相比,符合Ⅲ类水质断面比例上升 4.4 个百分点,劣Ⅴ类水质断面比例持平。

5. 近岸海域

2018 年,江苏全省 31 个国省控海水水质测点中,达到或优于《海水水质标准》(GB 3097—1997)二类水质的比例为 64.5%,三类、四类和劣四类水质比例分别为 9.7%、16.1% 和 9.7%。与 2017 年相比,近岸海域水质有所改善,达到或优于二类海水水质测点比例增加 22.6 个百分点,劣四类测点比例减少 6.4 个百分点。全省 26 条主要入海河流监测断面中,年均水质处于《地表水环境质量标准》(GB 3838—2002)Ⅱ—Ⅲ类、Ⅳ类、Ⅴ类和劣Ⅴ类比例分别为 23.1%、34.6%、15.4% 和 26.9%;与 2017 年相比,符合Ⅲ类断面比例下降 11.5 个百分点,劣Ⅴ类断面比例持平。

(三)土壤环境

2018 年,江苏省对国家网 82 个土壤背景点位开展了土壤环境质量监测。82 个土壤背景点位中,有 72 个未超过《土壤环境质量农用地土壤污染风险管控标准(试行)》(GB 15618—2018)风险筛选值,达标率为 87.8%。超标点位中,处于轻微污染、中度污染点位个数分别为 9 个和 1 个,占比分别为 11.0% 和 1.2%,无轻度污染和重度污染点位。无机超标项目主要为镉、砷、铜、镍和铬,有机项目未出现超标现象。

(四)声环境

2018 年,江苏全省声环境质量总体较好,昼间和夜间声环境质量基本保持稳定。

1. 区域声环境

江苏全省设区市昼间区域声环境质量总体较好,噪声平均等效声级为 54.9 分贝,同比上升 0.3 分贝;夜间区域声环境质量总体一般,噪声平均等效声级为 46.3 分贝,较 2013 年(夜间声环境质量每 5 年监测一次)上升 0.2 分贝。13 个设区市中有七个城市达到城市区域环境噪声昼间二级(较好)水平,两个城市达到夜间二级(较好)水平,其余均为三级(一般)水平。影响城市声环境质量的主要声源是社会生活噪声,昼间和夜间占比分别为 51.7% 和 52.0%;其余依次为交通噪声(昼间 28.7%、夜间 27.6%)、工业噪声(昼间 16.5%、夜间 17.3%)和施工噪声(昼间 3.1%、夜间 3.0%)。

2. 功能区声环境

依据国家《声环境质量标准》(GB 3096—2008)评价,江苏全省设区市 1~4(4a、4b)类功能区声环境昼间达标率分别为 93.5%、96.1%、100% 、99.4% 和 100%,夜间达标率分别为 79.7%、89.2%、95.0%、84.3% 和 88.9%。与 2017 年相比,功能区噪声昼间平均达标率上升 0.4 个百分点,夜间平均达标率下降 1.1 个百分点。

3. 道路交通声环境

江苏全省设区市道路交通噪声昼间平均等效声级为 66.2 分贝,同比略降 0.1 分贝;夜间平均等效声级为 56.0 分贝,较 2013 年上升 0.3 分贝。监测路段中,声强超过国家二级标准限值(昼间为 70 分贝,夜间为 60 分贝)的路段分别占监测总路长的 13.7%(昼间)和 21.5%(夜间),昼间超标路段比例较 2017 年上升 0.7 个百分点,夜间超标路段比例较 2013 年上升 1.0 个百分点。

(五)生物环境

1. 淡水生物环境

2018 年,江苏全省对长江流域、太湖流域、淮河流域 126 个国考断面和 23 个饮用水源地开展水生生物监测。监测结果表明,三大流域水生生物多样性级别均为"一般"级别,长江干流江苏段情况略有改善。2018 年,对江苏全省 13 个设区市的主要饮用水源地与环境空气开展微生物监测。主要饮用水源地水质微生物指标达标率为 100%,同比上升 8.0 个百分点。64 个城市空气微生物测点中,细菌含量评价为"清洁"的测点比例为 76.6%,较 2017 年上升 9.9 个百分点;霉菌含量评价为"清洁"的测点比例为 56.5%,较 2017 年下降 12.5 个百分点。

2. 海洋生物环境

2018 年,江苏管辖海域共布设海洋生物多样性测点 26 个。

浮游植物:共监测到 116 种,优势种为中肋骨条藻和尖刺伪菱形藻等,平均生物密度为 249.32×104 个/立方米。生物多样性指数全年平均为 2.54,物种丰富度较高,个体分布比较均匀,多样性指数较高。

浮游动物:共监测到 60 种,优势种为小拟哲水蚤、双刺纺锤水蚤、拟长腹剑水蚤和强额拟哲水蚤等,平均生物密度为 1 628.21 个/立方米,平均生物量为 596.70 毫克/立方米。生物多样性指数全年平均为 1.69,物种丰富度较低,个体分布比较均匀,多样性指数级别一般。

底栖生物:共监测到 174 种,优势种为伶鼬榧螺、棘刺锚参和滩栖阳遂足,平均生物密度为 11.92 个/平方米,平均生物量为 10.46 克/平方米。生物多样性指数全年平均为 2.49,物种丰富度较高,个体分布比较均匀,多样性指数较高。

潮间带底栖生物:共监测到 103 种,优势种为文蛤、褶牡蛎、舌形贝、四角蛤蜊和疣荔枝螺等,平均生物密度为 111.83 个/平方米。生物多样性指数全年平均为 1.84,物种丰富度较低,个体分布比较均匀,多样性指数级别一般。

（六）生态环境

1. 全省生态环境状况

生态遥感监测结果显示,2018 年江苏全省生态环境状况指数为 66.2,各设区市生态环境状况指数处于 61.4～70.7 之间,生态环境状况均处于良好状态。与 2017 年相比,全省生态环境状况指数下降 0.2,生态环境状况无明显变化。

2. 苏北浅滩生态监控区

2018 年,对苏北浅滩生态监控区实施了环境质量状况和生物多样性监测。监测结果表明,苏北浅滩生态监控区邻近海域水质符合一类、二类、三类、四类和劣四类水质标准的站位分别占 27.3％、33.3％、30.3％、0.0％和 9.1％,主要污染物为无机氮、活性磷酸盐,有轻度富营养化水体存在。浮游植物、浮游动物生物密度丰富,底栖生物、潮间带生物资源稳定。苏北浅滩生态监控区仍处于亚健康状态。

（七）辐射环境

2018 年,江苏全省辐射环境 59 个国控点和 231 个省控点监测结果表明,太湖、淮河、长江等重点流域水体及近岸海域海水、海洋生物中放射性核素浓度与 1989 年江苏省环境天然放射性水平调查测量结果处于同一水平;重点饮用水水源地取水口水中放射性指标符合《生活饮用水卫生标准》(GB 5749—2006)要求。环境中电磁辐射监测结果均低于《电磁环境控制限值》(GB 8702—2014)中公众曝露控制限值的要求。田湾核电站外围辐射环境状况处于正常水平,辐射环境监督性监测系统正常运行,数据捕获率达 100％。核电站周围大气、陆地、海洋和生物环境样品中放射性监测结果均在天然本底涨落范围内。全省 12 家辐照中心、12 家伴生矿开发利用企业辐射环境满足相关标准要求,江苏省城市放射性废物库库区周围水体、土壤等环境介质中放射性核素含量在本底水平范围;广播电视发射台、移动通信基站、高压输变电工程等电磁设施周围环境电磁辐射水平均满足相关标准要求。

（八）固体废物

截至 2018 年底,江苏全省共建成危险废物集中处置设施 70 座,其中,焚烧处置设施 53 座,焚烧处置能力 121.4 万吨/年,填埋处置设施 17 座,填埋处置能力 41.9 万吨/年,全省危险废物集中处置能力 163.3 万吨/年,同比增长 66.8％。2018 年,江苏省办理危险废物移入审批 751 项、危险废物移出审批 940 项。截至 2018 年底,江苏省废弃电器电子产品拆解处理企业共 8 家,分别位于南京、常州、苏州、南通、淮安和扬州六市,形成废电视机、废冰箱、废洗衣机、废空调和废电脑年处理能力 1 053.1 万台。2018 年共拆解处理 514.6 万台,其中,废电视机占 44.2％,废冰箱占 14.1％,废洗衣机占 12.1％,废空调占 6.0％,废电脑占 23.6％。

（九）海洋环境

1. 海水水质

2018 年,江苏管辖海域共布设国控海水水质测点 74 个,符合优良(一、二类)海水水质标准的面积比例为 47.5％;符合三类海水水质标准的面积比例为 24.5％;符合四类海水水质标准的面积比例为 20.3％;劣于四类海水水质标准的面积比例为 7.7％。海水中 pH、溶解氧、化学需氧量、石油类、重金属(铜、锌、铅、镉、铬、汞)和砷总体符合一类海水水质标准;主要超标物为无机氮、活性磷酸盐。

2. 海水浴场

2018 年 7～9 月，对连岛大沙湾和苏马湾海水浴场开展了环境监测工作。监测结果显示，连岛海水浴场健康指数为 92，等级"优"，适宜和较适宜游泳的天数比例为 75.0%，造成不适宜游泳的主要原因是天气不佳。

3. 海洋垃圾

2018 年，选择南通市如东洋口闸西海域、盐城市海水养殖示范园区外海域、连云港市连岛东海域、赣榆县石桥镇大沙村沿海沙滩作为海洋垃圾监测区域。监测结果表明，海面漂浮垃圾、海滩垃圾主要为木制品、塑料、竹制品、钢制品、聚苯乙烯泡沫塑料和浮球等，海底垃圾主要为塑料制品。与 2017 年相比，海面漂浮垃圾密度略有上升，海滩垃圾密度有所下降，海底垃圾密度有所上升，海洋垃圾数量总体处于较低水平。海洋垃圾密度较高区域主要分布在滨海旅游休闲娱乐区、农渔业区、港口航运区及邻近海域。

三、江苏环境服务业发展概况

我国的环境服务业起步较晚，从 20 世纪 90 年代才开始兴起。但近年来，随着以习近平总书记为核心的党中央高度重视生态文明建设，将生态文明保护提升为国家战略，环保产业已经进入全面发展的新时代。江苏省作为全国的第二经济大省，在大力发展经济的同时，坚持走绿色发展道路，高度重视生态环境保护。省委、省政府积极响应中央"打好污染防治攻坚战"的号召，召开全省生态文明保护大会，确立"1+3+7"攻坚战体系并出台一系列重要文件。在污染治理、固体废物综合利用、环境质量改善等方面取得了突出成就，环境服务业的发展不断向前推进，已由咨询、设计、培训为主，拓展到运营、检测、审计、评估、诊断等领域。

（一）环境服务业从业单位规模

总的来看，江苏省的环境服务业发展基础较好，发展水平一直处于全国前列。

如图 1-1 所示，2012—2017 年间，中国环境服务业从业单位数呈现先减后增的趋势。2012—2014 年间，受到部分服务从业单位兼并重组、退出市场等因素的影响，从业单位数量呈现下降趋势；2015 年起，在政府鼓励发展环境服务业的背景下，环境服务业的从业单位数量不断增加。截至 2017 年底，全国环境服务行业统计范围内的从业单位 6 438 家。

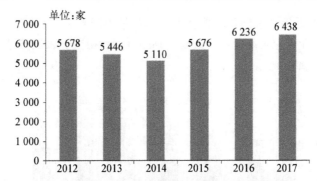

图 1-1　2012—2017 年中国环境服务业从业单位数

资料来源：各年度全国环境服务业财务统计调查数据，不含香港特别行政区、澳门特别行政区、台湾省。

由图 1-2 可知，江苏省环境服务业企业之间的兼并重组要高于全国平均水平，企业竞争环境更加激烈。江苏省环境服务业财务统计数据显示,2012—2017 年间,江苏省环境服务业的从业单位数虽然总体上呈现下降的趋势,截至 2017 年,统计口径内的从业单位 501 家,较 2012 年下降 34%。

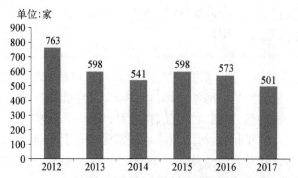

图 1-2　2012—2017 年江苏省环境服务业从业单位数
资料来源:各年度全国环境服务业财务统计调查数据。

由图 1-3 可知,2016 年全国环境服务业财务统计调查数据显示,虽然近年来江苏环境服务业从业单位数正在减少,但就存量规模而言,江苏省的环境服务业从业单位数位居全国第三,仅次于浙江和广东,仍处于全国领先水平。

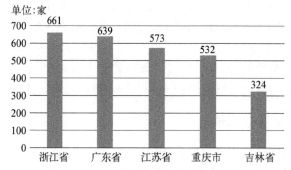

图 1-3　2016 年中国环境服务业从业单位数最多的 5 个省份
资料来源:2016 年全国环境服务业财务统计调查数据,不含香港特别行政区、澳门特别行政区、台湾省。

(二)环境服务业营业收入规模

如图 1-4 所示,近年来中国环境服务业总体规模不断扩大,营业收入额持续高速增长。2017 年,环境服务从业企业实现营业收入逾 3 139.6 亿元,相当于 2012 年营业规模的 2.33 倍。

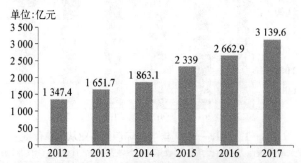

图 1-4　2012—2017 年中国环境服务业营业收入总额
资料来源:各年度全国环境服务业财务统计调查数据,不含香港特别行政区、澳门特别行政区、台湾省。

如图 1-5 所示,2012—2017 年间,江苏省环境服务业的营业收入总额呈现波动上涨趋势,大概稳定在 250 亿元左右的规模。2017 年,江苏环境服务业的营业收入总额为 264.3 亿元,相当于全国同年总规模的近十分之一。

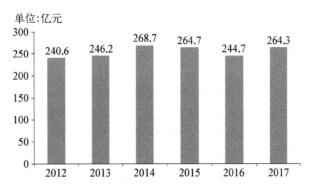

图 1-5　2012—2017 年江苏省环境服务业营业收入总额

资料来源:各年度全国环境服务业财务统计调查数据。

(三)环境服务业投资环境

近几年,为了推进绿色金融服务生态环境的发展,激励金融资本参与生态环境保护,江苏省政府出台了多项金融政策,省生态环境厅、省财政厅等多个部门联合发布了《江苏省绿色债券贴息政策实施细则(试行)》《江苏省绿色产业企业发行上市奖励政策实施细则(试行)》《江苏省绿色担保奖补正则实施细则(试行)》《关于深入推进绿色金融服务生态环境高质量发展的实施意见》等文件。2018 年 12 月,江苏省金融业联合会绿色金融专业委员会正式成立,为江苏省绿色金融的发展注入了新的活力。

江苏省在全国率先构建了绿色金融发展政策体系,省财政综合运用财政奖补、专项引导、贴息、风险补偿等手段,在绿色基金、绿色信贷、绿色债券、绿色 PPP 等多个领域,引导金融资本支持环保产业的发展,已取得初步成效。

1. 80 亿元环保专项贷款额度

为了帮助环保企业解决融资难问题,江苏省财政厅、省生态环境厅会同三家商业银行设立了风险资金池,从环保专项资金中安排 4 亿元为企业贷款增信,合作银行按 1∶20 的比例提供不少于 80 亿元的环保专项贷款额度。环境服务业被纳入支持范围,单一项目获得增信的贷款余额不超过 5 000 万元。截止到 2019 年 8 月,已经有 128 个环保项目实现了贷款投放,总贷款额 60.52 亿元,为环保企业节约融资成本 4 418 万元。

2. 全面开展“环保贷”业务

自 2018 年 6 月江苏省财政厅、省环保厅会同部分商业银行开展“环保贷”业务以来,已发放“环保贷”41 笔,发放贷款总额共计 18.19 亿元,包括 21 个节能环保项目、15 个污染防治项目、5 个生态保护修复资源循环利用项目。

3. 大力推进 PPP 项目建设

截至 2019 年 2 月,江苏全省已入库的环保类 PPP 项目累计 129 个,投资总额逾 1 208 亿元,落地项目共 51 个,落地总投资达 435.71 亿元,吸引社会资本 348.67 亿元。

4. 积极发展“绿色创新投资”业务

截至 2019 年 2 月,已累计推荐绿色创新投资业务项目 53 个,总投资 28 亿元,项目涉及新能源利用、技术先进的节能减排产品开发与产业化生产等多个领域。

5. 稳步推进省生态环保发展基金

江苏省生态环保发展基金会同地方政府、相关行业设立区域性、行业性生态环保子资金,促进环保产业发展、环保基础设施建设等。目前已设立 2 只实体化子基金,分别是天泽生态环保基金和兴业绿色环保基金,共储备了项目 74 个,拟投资金额 67 亿元。在环保设施升级和资产处置方面,已投资项目资金 40 亿元,在储备的项目 110 个,拟投资金额超 100 亿元。

此外,汇鸿集团计划与江苏省国资委旗下的苏汇资管、江苏国际经济技术合作集团有限公司、长江生态环保集团有限公司等 7 家投资方共同成立江苏省环保集团。省环保集团属于省战略性环保产业集团,将牵头实施一批事关全省发展大局的重大环境基础设施项目,在全省环境治理体系中发挥重要作用,在全省整合省内相关环保资源上具有巨大优势;将在环境基础设施、环境新技术、生态环境监测、环境工程建设总承包和运营服务等多个领域展开运作,对于促进江苏省环境服务业的发展具有重要意义。

(四) 环境服务业载体平台

产业园区是政府或企业为了达成产业发展目标而建立的特殊平台。环保产业园区则以环境保护、污染防治为目的,进行环保产品的开发、生产、流通或提供环境服务的相关企业聚集区。环保产业园区不仅是推动环保产业发展的重要途径,也是促进环境服务业发展的重要"催化剂"。近几年,在国家政策的大力支持下,我国的环保产业快速发展,各地环保产业园也呈现出蓬勃发展的态势。截止到 2015 年,由环保部批准成立的环保科技产业园共有 8 个,包括常州国家环保产业园、苏州国家环保高新技术产业园、西安国家环保科技产业园、南海国家生态工业建设示范园区暨华南环保科技产业园、济南国家环保科技产业园、大连国家环保产业园、青岛国家环保产业园、哈尔滨国家环保科技产业园;国家环保产业基地共有 3 个,包括沈阳市环保产业基地、国家环保产业发展重庆基地、武汉青山国家环保产业基地。此外,还包括中国宜兴环保科技工业园、中关村环保科技示范园、上海花园坊节能环保产业园、天津子牙循环经济产业区等重点环保产业园区。

江苏省环保产业的发展一直处于全国领先地位。2017 年上半年,江苏省环保产业实现主营业务收入 4 270.28 亿元,同比增长 6.2%,总量居于全国首位;其中,节能服务 41.98 亿元,同比增长 31.22%;环保服务 121.28 亿元,同比增长 21.54%。1992 年,江苏省设立了全国第一个以发展环保产业为特色的高新技术产业园区——宜兴环保科技工业园;2001 年,又相继建立了常州国家环保产业园、苏州国家环保高新技术产业园两个国家级环保产业园。目前,江苏省已拥有多个在全国范围内影响较大的环保产业园,初步形成了以南京、苏州、无锡为主要增长点,常州、盐城等城市协同发展的环保产业聚集区,成为我国环保产业第一大省。以下分别介绍江苏省内重点的环保产业园区。

1. 宜兴环保科技工业园

宜兴环保科技园是经国务院批准成立的我国目前唯一一个以发展环保产业为特色的国家级高新技术产业园区,是国家环境保护总局和国家科技部共同管理和支持的单位,被列入《中国 21 世纪议程》优先发展项目,并被江苏省政府确立为循环经济发展的重要示范基地。2014 年,宜兴环科园被评为"国家首批低碳示范园区试点单位""国家级环保服务业示范园""苏南国家自主创新示范区创新核心区"。

宜兴环科园自 1992 年 11 月成立以来,始终围绕"环保"主题,坚持构建环保产业园、科技创新园,大力发展环保产业和高新技术产业,目前已经集聚了 1 700 多家环保企业,将近占到无锡市环保企业总数的 90%,其中包括清华紫光、江苏一环、鹏鹞环保、江苏博大等 40 多家规模环保企业。此外,园区内 60% 以上的企业都与国内外的大学及科研机构建立了长期的紧密合作关系,先后成立了宜兴环保科技创业中心、国际环保博览中心、环保设备检测中心、环保技术研究中心和环保产业制造基地,大大提升了园区的自主创新能力。经过二十多年的发展,环科园在环保技术创新、环保技术成果转化、形成环保产业集群等多个方面都取得了重要的成果。

依托环保产业园的平台优势,园区内环境服务业快速发展,产业规模不断扩大,服务领域不断拓展,产业链逐渐完整。已由过去的技术和咨询服务为主发展为专业化环保设施运营服务、环境金融服务等。

2. 苏州国家环保高新技术产业园

苏州国家环保高新技术产业园是国家环保总局批准成立的我国首个国家级环保高新技术产业园区,也是国内第一个采用股份制公司的模式运作和发展的特色产业园区。苏州环保产业园以培育孵化环保高新技术为重点,逐步完善环保产业的服务体系;将环保产业园建设为我国环保技术创新和高新技术的培育转化基地,成为我国目前首个集环保科技创新、环保载体建设和公共服务为一体的特色产业园。

运营至今,苏州环保产业园依托重点企业的专业优势,为园区内的环保企业搭建了高新技术和产品推广平台;不断完善"孵化器—加速器—产业园"的载体建设,为环保企业的发展提供了良好的载体。此外,通过投融资、技术咨询、中介服务等六大服务为主的孵化服务体系的建设,促进了环保企业的发展。

3. 常州国际环保产业园

常州国家环保产业园是由国家环保总局(现环境保护部)批准建立的国家级环保产业园,也是国家重点扶持的环保产业示范区。常州环保产业园通过招商引资、国际合作,引进国外的先进环保技术,开发高质量的环保产品,逐步完善环保产业的服务体系,形成环保产业园、环保生态园、环保科研园、环保产品展销中心和环保产业咨询中心协同发展的国家环保产业园。

常州环保产业园享有国家高新技术产业开发区的各项优惠扶持政策;基础设施建设完善,具有一流的投资软、硬环境,有利于吸引投资者投资,为促进园区内环保服务业的发展提供了良好的契机。

4. 江苏盐城环保科技城

盐城环保科技城是江苏省内唯一以环保产业命名的省级高新技术产业开发区,也是目前全国规划面积最大、领军企业聚集最多、产业发展层次最高的环保产业基地。目前,盐城环保科技城聚集了 24 家上市公司、118 家规模企业以及 400 多家上下游配套企业。此外,园区内已拥有中国科学院过程工程研究所、清华大学、复旦大学等大学及科研机构所设立的 18 家实体研究院;建立了烟气多污染物控制技术与装备国家工程实验室等 10 个国家研发公共服务平台;聚集了 35 家高新技术企业,为园区内环境服务业的发展提供了强大的智力支持。加之环科城环保产业链的后延较为薄弱,园区内的环境服务企业还有很大的发展空间。

四、江苏典型环境服务行业中的龙头企业

(一)水污染治理:江南水务

江苏江南水务股份有限公司成立于 2003 年,其前身为成立于 1966 年的江阴市自来水公司,2011 年在上海证券交易所主板成功挂牌上市。公司主要经营自来水制售、排水及相关水处理业务、供水工程设计及技术咨询、水质检测、水表计量检测及对公用基础设施行业进行投资等,业务拓展涉及供水排水、固废处置、金融租赁、海水淡化等产业,注册资本 9.352 亿元,是一家国有控股上市企业。

截至 2019 年 4 月,公司拥有 4 座地面水厂,日供水能力 116 万立方米,DN 100 以上供水管总长 3 307.76 公里,供水区域覆盖全市城乡 986.97 平方公里,供水人口超过 200 万,供水规模、人均供水量及各项能耗、全员劳动生产率指标在同行中处于领先地位。2018 年公司实现营业收入 8.985 亿元;完成供水量 27 520.74 万立方米;完成污水处理量 725.57 万立方米。

江南水务始终秉承"用户至上、多供好水"的宗旨,在中国供水服务促进联盟授权的第三方评级中被评为"中国供水服务 5A 级企业",成为行业首批标杆企业。公司恪守"水质以国际水平为准、供水以社会需求为准、服务以用户满意为准"的企业标准,供水服务标准化试点项目通过省级验收,不断提升水务服务效能,持续深化营销员"六位一体"服务制度、优化"一站式"服务、推进客户分级服务等举措,着力搭建"互联网+用户"的沟通渠道,被江苏省名牌战略推进委员会授予"江苏省服务业名牌"的称号。

公司全面推进"质量+环境+职业健康安全"管理体系,通过了 ISO 9000、ISO 14000、OHS 18000 三体系监督审核,为客户提供了满意产品,未发生任何安全质量事故和投诉,环境保护达到规范要求。2018 年 12 月,公司顺利通过了中国质量认证中心江苏评审中心对公司 QEHS 体系换版、换证的审核。检测中心为江苏省城镇供水企业一级水质化验室,并取得了中国合格评定国家认可委员会的实验室认可证书(注册号:CNASL3926),具备国家级实验检测资质,全覆盖 106 项国家生活饮用水卫生标准。公司水质检测采用三级检验、三级监督制度,保证水质的优质和安全。2018 年,在美国爱德士公司举办的第二届微生物监测及技术研究共建实验室高峰会议上,公司水质检测中心荣获 2017—2018 年卓越质控实验室奖、2016—2018 年能力验证优秀质控奖、2017—2018 年质控季度冠军奖。

公司致力于打造一流现代化水务企业,创造性地提出了建设"城市智能水务关键技术研究与示范"项目,被列入 2010 年国家住房与城乡建设部科学技术项目。构建智能水务基础支撑平台,结合水厂变频改造、水务物联网应用、智能水务软件子系统研发、应用系统整合以及智能排水系统研发,实现了"感知、协同、智能"的建设目标。2013 年年底,项目顺利通过了国家住建部的验收,水务物联网资产管理、管网在线模型、基于实时数据分析的水泵真实参数识别 3 项技术达到国内领先水平,全面提升企业的运营管理能力和科学决策水平,打造成为了水务行业智能化的标杆工程。目前,公司拥有 9 项软件著作权、7 项实用新型专利。

2019 年 3 月,江南水务正式成立了智慧水务研究院,实施产学研深度合作,与哈工大签订合作协议,启动联合课题"长江下游(江阴段)水质变化规律及'指纹识别'模式的特征污染物数据库建立研究",为优化水厂运行参数和完善应急预案提供数据支持与科学依据;启动智慧水务 2.0 规划,以企业战略发展目标为方向,在原有系统上吸收融合云计算、大数据、人

工智能等前沿技术,打造具备迅捷信息采集、高速信息传输、高度集中计算、高效系统协同等服务能力的综合管理平台。

(二)电除尘:南京国电

南京国电环保科技有限公司位于国家级南京高新技术产业开发区,是一家集电力环保新技术新产品研发、制造与营销、工程设计和承包为一体的高新技术企业,是国内首台具有完全自主知识产权的电除尘器高频电源、便携式氨逃逸分析仪和超低排放气态污染物监测仪的诞生地,是电力环保和燃料智能化领域的领军企业。公司主要进行电除尘器配套高频电源(HF-01)系列产品的研发、生产及技术服务,是国内规模最大、技术最先进的电除尘器高频电源研发和生产基地。

公司先后荣获国家火炬计划重点高新技术企业、中国环保产业协会企业信用评价AAA级信用企业和环保装备专精特新企业、江苏省环境保护产业骨干企业和国家重点环保实用技术示范工程、江苏省优秀环保工程等多项国家级和省部级荣誉。

南环科技坚持以科技创新引领企业发展,参与了"燃煤电站多污染物综合控制技术研究与示范"等国家"863"计划、"二次细颗粒物主要前体物监测仪器开发与应用示范"等国家重大科学仪器设备开发专项、"电除尘高频电源研制"等国家重大产业技术开发专项等国家和省部级重点科技项目20余项。南环科技的多项研发技术先后获得了中国电力技术发明奖一等奖、中国电力科学技术进步一等奖、国家能源科技进步奖二等奖等省部级奖励几十项;获得中国发明专利、实用新型专利110余项;与中科院、环境监测总站、东南大学和南京航空航天大学等联合开展技术开发,共建了江苏省企业研究生工作站、研究生联合培养基地、校企联盟等。

南环科技是科学技术部国家"火炬"计划重点高新技术企业、全国首批环保装备专新特精企业、中国环境保护产业骨干企业,公司产品被认定为高新技术产品、江苏省名牌产品。公司建成了国内第一家电除尘器高频电源工程技术研究中心,被认定为江苏省企业技术中心;拥有环保工程总承包、环境治理设计和安全生产许可等资质;通过了三标体系认证。

(三)有机废气治理:扬州恒通

扬州市恒通环保科技有限公司(江苏天通源环保装备有限公司)创建于1995年,是一家VOCs专业设备研发设计制造的国家高新技术企业,公司注册资金4 580万元。公司通过了质量/环境/职业健康安全管理体系认证,拥有多项发明专利、实用新型专利及10项江苏省高新技术产品,主要从事各种废气焚烧炉(TNV,RTO,RCO),吸附脱附净化装置研发、制造和销售以及化工工艺技术的开发。产品主要用于涂装、化工、农药、电子、印刷、家具制造等行业,并出口欧洲、中东等国家和地区。

扬州恒通是国家标准《蓄热式焚烧炉RTO》的制定参与者,国家大气专项《包装印刷业VOCs全过程控制技术与应用工程示范》研发参与者,国家标准《涂装作业安全规程,有机废气净化装置安全技术规定》的制定者之一。2004年公司取得了VOCs焚烧炉专利、通过了江苏省科技鉴定,并替代进口填补了国内空白,获得了国家《火炬计划项目》证书,并被中国环境科学学会环境监察研究分会授予常务理事单位。

扬州恒通拥有高速的信息网络,已使用了包括OA、ERP、PDM、企业云等现代化信息工具;建立了完整的科研和质量体系,培养了一支高素质的技术人员队伍,公司现有员工约

200 人,其中,大专以上学历的技术及管理人员 50 余人,产品研发人员 20 余人;于 2004 年通过了 ISO 9001:2000 国际质量体系认证,国家安全生产资质认证,2005 年以来分别被评为江苏省高新技术企业、扬州市高新技术企业、国家高新技术企业;其中有四个产品获得了江苏省高新技术产品称号,有八个产品获得了国家实用型专利,公司连续多年被评为扬州市重合同、守信用企业,并多次获得扬州市先进企业、扬州市质量管理先进企业的称号;公司于 2002 年被江苏国际咨询评估公司评为 AAA 资信等级信用企业,2007—2010 年均被评为扬州市 AAA 级纳税信用企业。

二十多年来,扬州恒通一直致力有机废气处理设备的研究与制造·公司秉承"不断积累、持续改善、努力创新"的精神,通过消化吸收国外先进技术制造的焚烧炉(RTO、TNV)以及余热利用系统,历经二十多年的"摸索、总结、提升、跟踪和类比",产品的安全性、稳定性、可靠性,已经达到了国外同类产品的先进水平,在国内外汽车、化工、电子、印刷等行业的高端品牌企业中有数以千计的成功使用案例,已经逐步替代进口设备的使用。

公司的产品凭借独特合理的设计、优良的运行处理效果,以及及时的售后服务,在同行业中赢得了广大用户的赞誉。公司曾先后参与了德国德之馨(上海)、瑞士奇华顿(上海)、美国楼氏电子(苏州)、美国禄思伟(池州)、美国卡特彼勒(徐州、无锡)公司、美国 ABB(上海)公司、美国致优(无锡)公司、富士康(深圳、杭州)公司、伟创力(珠海)公司、一汽集团、二汽集团、上汽集团、长安汽车集团、吉利汽车集团、北汽集团、重汽集团、东方电气集团成都凯特瑞等近千家工程项目的建设,大部分用户均为上市公司和外资企业,受到了用户的一致好评。产品相继已被机械部九院、四院、二院、一院、东风院、上海机电院等多家设计研究院及众多知名公司列入工程项目设计首选供货商。

(四)袋式除尘:江苏科林

江苏科林集团有限公司创立于 1979 年,是一家集大气污染控制领域的环境工程系统设计、袋式除尘及脱硫脱硝产品设计、制造、销售服务为一体的烟气净化治理解决方案供应商。它是目前国内最大的袋式除尘设备专业制造企业之一,专注于 PM 2.5 细颗粒物控制和工业除尘烟气治理解决方案的提供。2017 年,公司在生活垃圾、工业危废、燃煤锅炉以及粮食等行业完成营业收入约 4.58 亿元,其中,出口 1.12 亿元,实现利润约 1 800 万元。

江苏科林是中国环保产业协会副会长单位、中国环保产业协会袋式除尘委员会主任委员单位,拥有国家环境设计资质、欧盟 CE 及 EN 1090、ISO 三体系等各类资质认证,是一家同时具有国家级企业技术中心和博士后工作站的技术型企业。公司建立了先进的国际标准组织生产制造体系、严格的质量检测体系,通过了欧盟 1090 认证、美国 GE 认证;1997 年,宝带牌除尘器成为国内环保类唯一获得中国机械工业名牌荣誉的产品设备;自 2000 年起,公司建立了完善可靠的质量管理体系、环境管理体系及职业健康安全管理体系;自 2004 年起,公司多次被评为国家级守合同重信用企业;2006 年,"宝带"牌袋除尘器荣获"中国名牌产品"称号;2010 年,科林商标被评为"中国驰名商标"。

公司专业打造了 39 年的环保设备——袋式除尘器,不仅具有收尘效率高、运转稳定、适应性强等优点,还能捕集电除尘等其他除尘装置排出的细微颗粒物,至今已设计 30 多个系列 400 多种规格的除尘技术及产品,开发了多项烧结烟气净化干、湿法脱硫项目,燃煤工业锅炉烟气脱硝脱硫除尘项目、电改袋复合除尘项目,高炉煤气脱硫除尘项目,危废烟气净化项目,污泥焚烧烟气净化项目,垃圾焚烧烟气净化项目,生物质发电烟气净化项目等,广泛应用于冶金、电力、固废焚烧、建材、粮食码头、轻工化工、有色金属、机械铸造等行业的粉尘治理和烟气净化,并出口到日本、欧美等发达国家。

公司秉承"以严治厂、以质取信、以新取胜"的企业宗旨,始终把科技创新作为企业发展的动力,把握产业发展趋势,研发了具有自主知识产权高新技术产品 30 多项,有多项技术被列入国家工信部和科技部重大环保技术装备目录;先后承担了国家科技攻关项目、国家重点新产品项目、国家级火炬计划项目、国家重大装备国产化技术创新项目、863 项目、江苏省重大科技成果转化项目等;获得了工信部授予首批大气污染治理规范企业、江苏省自主工业品牌五十强及苏州市科技型先进民营企业等称号,获得住建部环保乙级设计资质及 3A 级企业信用等各类资质证书。截至目前,公司获得各项专利百余项,主持制订了多项国家标准和行业标准。

公司拥有 100 万平方米精品袋式除尘制造及出口基地,配备了机械制造柔性生产线、物流仓储系统及信息化生产管理系统。拥有行业领先的焊接机器人生产线、大型数控激光切割机、五面体加工中心、抛丸喷砂涂装工艺线、袋笼及滤袋自动加工生产线、压力容器及不锈钢加工生产线、千吨泊位装运码头等先进装备,保证公司的产品质量及产能处于国内同行领先水平。

(五)脱硫脱硝:江苏科行

江苏科行环保股份有限公司是一家由上市公司广东科达洁能股份有限公司控股的大气污染防治综合服务商,专业从事电力、化工、建材、冶金、垃圾及生物质发电等行业烟气除尘除灰、脱硫脱硝等超低排放环保技术装备研制、工程设计、项目运营、工程总承包和第三方治理业务的国家重点高新技术企业。公司建有国家企业技术中心、国家环境保护工业炉窑烟气脱硝工程中心、江苏省烟气脱硝工程技术研究中心、江苏省工业固废资源化工程技术研究中心、江苏省博士后科研工作站、江苏省新型环保重点实验室等研发平台,获得国家专利 160 多项,并分别在江苏盐城、宁夏石嘴山和北京等省市建成 35.8 万平方米的国际环保产业化基地、13.34 万平方米的西部环保产业化基地。

业务范围:电力、化工、建材等行业环保技术装备的研发、销售、生产、制造及工程总承包,并提供相关信息咨询服务;检测监控系统技术开发;工业固废资源化利用技术与装备的开发与服务;自营和代理相关商品和技术的进出口业务。主要产品及服务:选择性催化还原(SCR)技术、非选择生催化还原(SNCR)技术、低氮燃烧技术、复合脱硝(SCR+SNCR)技术分级燃烧技术等全技术链;电袋复合除尘器、电除尘器改袋除尘器、大型行喷袋式除尘器、大型卧式静电除尘器、高温静电除尘器等各类除尘装备;干法、湿法和半干法脱硫技术;K 型选粉机、O-sepa 选粉机、组合式选粉机等各类高效选粉机;水泥粉磨系统能效对标与工程总包、钢渣粉磨系统总包与咨询服务,各类窑磨、选粉机、烘干机、除尘器配件;新型干法水泥成套技术与装备、海外水泥工程项目咨询管理(PM);汞及重金属脱除技术。

在发展战略方面,公司围绕"十三五"提出的"国际化、年轻化、信息化、服务化"的"四化战略",全力打造工业烟气综合治理一线品牌。公司先后荣获"国家火炬计划重点高新技术企业""中国环境保护产业骨干企业""全国企事业知识产权试点单位""国家创新型试点企业"等多项省级以上殊荣,并在业内率先通过欧盟 CE 认证以及 ISO9001、ISO14001、OHSAS18001 三标一体认证。

在科技创新方面,公司先后参与和承担了省级科研项目 8 个、江苏省重大科技成果转化项目 2 个、国家"863"课题 1 个、科技部创新基金项目 3 个、国家火炬计划 2 个、国家重点新产品 6 个、国家环保认定产品 4 个、国家"十三五"重点研发计划 2 项,并获得省高新技术产品 17 个,省市级以上科技进步奖 8 项,主持或参与行业标准编制修订 12 个,建成企业标准 20 多个。公司还与清华、北航、浙大、华电、东南以及国外知名环保机构等多个科研院所开展了务实的产学研合作。

在服务质量方面,公司以"精心设计、精益制造、精品上市、精诚服务"的"四精"质量方针、三级质量保障体系、全程跟踪服务机制等打造了一个又一个精品工程,并获得"江苏省质量奖""江苏省质量先进单位"。个性化服务、国际化定位和规模化发展铸就了公司丰富的项目实施经验和 EPC 工程总承包能力,并与华能、国电、大唐、神华、中石化、中石油、中海油、中铝、中煤、光大国际、蒙娜丽莎、新明珠、中国建材、金隅等行业龙头建立长期合作关系。江苏科行产品还远销丹麦、俄罗斯、土耳其、越南、尼日利亚、印尼等 20 多个国家。作为国内工业烟气治理领域的一线品牌,公司累计承建了 200 多个除尘脱硫脱硝超低排放示范工程。

(六)噪声与振动控制:南京常荣声学

南京常荣声学股份有限公司成立于 2001 年,2014 年完成股份制改制,2015 年成功挂牌"新三板"。公司位于江苏省南京市,是一家专业从事声学节能环保产业的高新技术企业,主要研发、生产和销售发声、吸声系列声学产品和材料—超微孔吸声材料、"奥笛"可调频高声强声波发声器除灰、除焦、除垢系列产品,承接各类声学除灰节能减排工程、超低排放环保改造工程、各类环境噪声治理工程和大型声学实验室项目的设计与施工。2018 年,公司实现营业收入 1.79 亿元,同比增长 62.99%。公司主要产品和业务如下:

(1)奥笛可调频高声强声波发生器。依托航天技术二次开发形成"奥笛"可调频高声强声波发生器系列产品,拥有频率 208000 可调、声压级可达 5 万声瓦、经济效益明显等优势,形成"锅炉除焦、除灰技术解决方案""ABS 管控与防堵技术解决方案""超低排放技术解决方案""声波废水零排放技术解决方案",实现了声波发生器在燃煤电厂超低排放领域质的飞跃。已成功与(六大电力集团)各省投电厂达成近 200 次合作,更是得到华电国际邹县电厂、华电莱州发电厂、江苏国信射阳港生发电厂、河北建投沙河电厂等典型合作伙伴的认可。

(2)超微孔吸声材料。在微孔吸声和薄板共振吸声理论的基础上,成功研制出 0.2~0.3 mm 的超微孔,通过各种结构设计,形成超微孔吸声单板、超微孔吸声蜂窝板、超微孔吸声方通、PC 超微孔吸声板等超微孔系列吸声材料。在大型公共展馆、体育场馆、地铁等公共交通领域实现成功应用。

(3)环境噪声治理工程。噪声治理业务是南京常荣声学股份有限公司传统核心业务,依托强大的技术支持和超 15 年的丰富实践经验,已在全国拥有近 200 个成功案例。近年公司成功研制出"大型风机管道优化与节能降噪技术解决方案",并已实现成功应用。

公司拥有一支以声学振动领域教授级高级工程师为学科带头人的人才队伍,每年研发投入占年度总产值的 6%。2018 年累计新获得国家专利授权 19 项,其中,发明专利 8 项,实用新型专利 11 项。常荣声学"可调频高声强声波发生装置"(注册商标"Audio")荣获 2017 年度南京品牌产品,"复合声波团聚高效除尘技术"的应用相继获得化工行业、电力行业的专业奖项认可,产品性能和知名度得到进一步提升;另一方面,常荣声学新获得大气污染防治工程设计乙级资质。

公司通过 ISO 14001 环境管理体系认证,具备环保工程专业承包资质、环境污染治理甲级资格、大气污染防治工程专项乙级资质,是国家高新技术企业、江苏省创新型企业、江苏省企事业知识产权管理工作推进计划实施单位、江苏省企业知识产权管理标准化示范创建先进单位、南京市知识产权工作示范企业和南京市重合同守信用企业。近年来,公司先后获得国家重点新产品计划、国家鼓励发展重大环保装备、科技部科技型中小企业技术创新基金、江苏省科技"小巨人"企业、江苏省科技支撑计划等若干省级以上科技计划的立项资助,主持或参与制订声学和振动领域的国家标准 3 部。

多年来,公司积极推进高科技产品的市场推广应用,客户与合作伙伴已遍布全国各地。其中,高声强发生和控制系统先后成功应用于航空航天、卫星、运载火箭、大型飞机等飞行器的声学性能测试;多种规格的吸隔声材料、减振系统和消声器已在航天航空、建筑场馆、道路桥梁、轨道交通、工矿企业等领域广泛应用;"奥笛"可调频高声强声波发生器在各大燃煤电厂以及化工、钢铁等非电力行业除灰、除尘领域的广泛应用,形成了行业创新特色,树立了市场品牌与口碑。展望未来,作为知名的声学科技企业,常荣声学将继续坚持以技术谋求发展,致力于高性能、高品质的产品研究开发,将声学技术应用到超低排放改造等更多的高耗能、高污染行业和领域中。

(七)土壤及地下水修复:江苏大地益源

江苏大地益源环境修复有限公司成立于 2009 年 9 月,注册资金 5 666 万元,是江苏省最早从事污染场地修复工程、地下水修复治理、固废处置的专业环境工程企业。

公司拥有从事污染场地修复技术研发设计、工程管理及场地土壤环境调查评价的专业技术团队。其先后承担、完成了 10 余项污染场地修复及危险废物处理处置方面的研究课题,包括"典型工业污染场地土壤修复关键技术研究与综合示范"和"危险废物集中处理处置关键技术研究与示范"等国家"863"计划重点项目。

多年来,大地益源致力于土壤、地下水、石油、河道底泥、尾矿、垃圾填埋场等细分领域的环境污染治理,至今已完成近百个各类修复项目和工程的实施(其中包括苏州东升、宁波江东、上海桃浦、青岛双桃、广州油制气和北京首钢等获得业内广泛肯定和社会影响的知名项目),业务涉及北京、上海、江苏、浙江、山东、广东、广西、湖南、辽宁等省市(自治区)近 20 个大中城市,是国内工程案例最多、最具影响的环境修复企业之一。

大地益源坚持贯彻"以人为本、技术领先"的发展战略,积极建立与中国科学院土壤环境与污染修复重点实验室、南京大学环境科学研究所、环境保护部南京环境科学研究所、南京农业大学环境资源学院和江苏省及南京、苏州、常州、南通等市的环境科学研究院(研究所)合作关系,不仅打造了一支有影响力的专业团队,还形成了享誉行业的技术能力。在自主研发"地下水循环井治理工艺技术"等多项发明专利的同时,大地益源还率先引进了燃气原位热脱附(GTR)、阴燃(STAR)等国外独家授权的先进技术。技术引进取得的重大成果在国内外产生了深远影响,已经成为大地益源在环境修复领域的突出优势和亮点。

在从业资质方面,大地益源已具有环保工程专业承包一级,污染修复、水污染防治、固废处置等环境工程专项设计乙级,河湖治理专业承包三级,江苏省环境治理甲级和安全生产许可证等各类资质,并通过质量管理体系(ISO 9001)、(GB/T 50430—2007),环境管理体系(ISO 14001),职业健康安全管理体系(GB/T 28001)等认证,还获得了"南京市突发环境事件应急处置队伍"资格。

大地益源于 2014 年被认定为国家"高新技术企业"和"南京市环境修复工程技术研究中心",并于 2014 年、2016 年和 2017 年先后 3 次获评"年度土壤修复领域领先企业"称号。2018 年 4 月,公司被中国环境产业大会授予 2017—2018 年度"绿英奖"暨"土壤修复优秀企业"称号。

(八)环境影响评价:南京国环科技

南京国环科技股份有限公司前身为环境保护部南京环境科学研究所原环境评价与咨询中心。根据国家对事业单位因响应环评机构环境影响评价体制改革脱钩改制的要求,环境保护部南京环境科学研究所作为第一批环评体制改革试点单位,并于 2015 年 6 月脱钩改制成立形成具有独立法人地位的企业性质的环评公司机构,脱钩更名为南京国环科技股份有限公司,原管理人员和技术人员不变。

公司前身(环境保护部南京环境科学研究所)是国内最早开展环境影响评价的甲级环评机构,也是全国目前持有甲级业务范围最多的评价机构之一,评价范围涵盖轻工纺织化纤、化工石化医药、冶金机电、建材火电、采掘、交通运输、社会服务、农林水利等八大类行业,以及规划环评、战略环评等。公司能独立完成咨询工作中水、气、声、固废、生态、水土保持、环境风险、社会经济等各个要素的分析、预测和评价工作。公司在生态、土壤等方面具备国内领先的环境科研能力,在规划环评、区域开发、非污染生态建设项目、化工轻工、火电建材等评价领域具有很强的实力和特色。公司的环评资格证号为 A1901,已注册环境影响评价工程师 73 名。注册类别为交通运输、采掘、农林水利、建材火电、冶金机电、化工石化医药、轻工纺织化纤、社会服务甲级,输变电及广电通讯乙级,共八个甲级、一个乙级。

公司为全国各地的企业提供环境影响评价、竣工验收、突发环境事件应急预案、场地调查及修复等咨询服务,同时承担了全国多个地区的规划环评、战略环评工作,通过为企业、政府提供优质的技术咨询服务,协助提升区域环境管理水平、改善环境质量;以优质的技术服务质量和严谨负责的工作态度,为生态文明建设、区域环境整治切实贡献自己的力量。

目前,南京国环科技股份有限公司已形成了一支年龄结构合理、专业配备齐全的评价队伍。现有职工 127 名,有一半以上人员具有高级技术职务,有博士 10 名,硕士 85 名,30 多人具有高级技术职务,具有环评工程师职业资格的有 63 人,进入国家及江苏省环境影响评价咨询专家库的专家 15 人。数人还分别参加过联合国 UNEP、UNESCO(EIA)、亚行及瑞典 SIDA 等举办的 EIA、流域管理与规划国际高级培训班。在册人员可胜任国内各级环境保护部门审批的环评、环境风险评价、突发环境事件应急预案、突发环境风险评估、上市核查、环境监理和环境保护可研等工作。

南京国环科技股份有限公司坚持以持续的能力提升和创新为环保事业提供可靠、优化的技术支持,公司在安徽、河南、新疆、四川、山西、内蒙古、泰兴、浙江、湖南、广东等地共设有 16 个分公司、4 个办事处,致力于行业技术创新,积极参与环境影响评价技术的革新;多个部级、省级审批的环境影响评价技术成果获得技术咨询奖项。公司凭借不断增强的学习和创新能力、灵活的管理机制和快捷的服务进度,赢得全国范围内多家企业、机构的信任与合作。

(九)室内环境净化:江苏中科睿赛

江苏中科睿赛污染控制工程有限公司是中国科学院过程工程研究所与中国盐城环保科

技城投资建设的集研发、设计、制造、工程、技术服务为一体的综合性国家高新技术企业。公司成立于 2012 年 9 月,注册资本 1 100 万元,主要从事工业废气治理、室内空气净化的技术研发、材料生产、设备制造、销售、工程设计及施工。

公司承担了国家重点研发计划"VOCs 污染防治技术集成及产业化""建筑室内空气质量关键标准研究及工程示范""超细颗粒可再生过滤材料研制及产业化"课题、中央引导地方科技发展专项"VOCs 污染控制技术与装备研发"、2016 年挥发性有机污染物控制技术与装备国家工程实验室、环保部"大气污染防治新技术新模式的示范及推广应用潜力研究"中"工业 VOCs 控制新技术"课题、江苏省"双创团队"、江苏省生态建材与环保装备协同创新中心"挥发性有机废气治理关键技术及成套设备"项目、省级创新能力建设重大载体"中科院过程所江苏环境工程研发中心"、2015 年江苏省战略性新兴产业发展专项"VOCs 污染控制设备研发及制造项目"、中国科学院战略先导专项"大气灰霾追因与控制"课题、"餐饮油烟净化设备与示范工程"等重大项目。

公司是国家大气污染防治知识产权联盟理事长单位、中国空气净化行业联盟副秘书长单位、中国质检协会空气净化设备专业委员会副理事长单位、中国环境保护产业协会室内环境控制与健康分会常务委员单位、江苏省级创新能力建设重大载体项目建设单位、江苏省高层次创新创业人才引进计划承担单位;是盐城市"十三五"科技发展规划重点支持省级制造业创新中心试点、盐城市"十三五"重点技术创新服务平台。

公司具备环境污染治理工程(大气污染治理)甲级设计资质、环保工程三级承包资质、ISO 9001、ISO 14001、ISO 18001 管理体系认证资质;获 2015 年中国新风系统十大品牌、2016 年十佳中央新风推荐优品、2016 年中国家电协会 AWE 环保奖,获中国清洁空气联盟"创蓝奖"3 项,获 2016 年中国创新创业大赛"新能源及节能环保行业"优秀企业奖,"蓄热催化燃烧(RCO)技术"入选《国家鼓励发展的环境保护技术目录(VOCs 污染防治)》。具备"中科睿赛""中科""CASRS"商标,共申请专利 75 项,获授权专利 39 项,制定实施《新风净化机》《商用空气净化器》《新风净化系统施工质量验收规范》《中小学教室空气质量测试方法》《中小学教室空气质量规范》等标准。

中国科学院过程工程研究所始建于 1958 年,现有生化工程国家重点实验室和国家生化工程技术研究中心、多项复杂系统国家重点实验室、湿法冶金清洁生产技术国家工程实验室、中国科学院绿色过程与工程重点实验室、过程污染控制环境工程研究中心等科研机构。

截至 2016 年底,过程工程所在职职工 864 人,包括中国科学院院士 4 人、中国工程院院士 1 人、研究员及正高级工程技术人员 73 人、副研究员及高级工程技术人员 251 人。共有国家海外高层次人才培养计划(千人计划)入选者 1 人,青年千人 5 人;中国科学院"百人计划"入选者 29 人,所级"百人计划"入选者 13 人;国家杰出青年科学基金获得者 12 人,国家自然科学基金优秀青年科学基金获得者 6 人;引进杰出技术人才 2 人。现设有化学工程和环境科学与工程技术 2 个一级学科以及材料学 1 个二级学科博士/硕士研究生培养点,并设有 2 个一级学科博士后流动站。所内主办《过程工程学报》《计算机与应用化学》《PARTICUOLOGY》《GREEN&ENERGY》四个学术期刊,一级学会中国颗粒学会、中国环保业协会室内环境控制与健康分会挂靠过程所。

中国科学院过程工程研究所长期从事空气净化材料技术及设备研究,承担中科院"大气灰霾追因与控制"战略先导专项课题"餐饮与生活面源净化技术与示范"、十一五国家 863 重点项目"室内典型空气污染物净化关键技术与设备"、十二五国家 863 重点项目"公共场所与居室空气净化技术与设备研发"、十二五国家 863 重点课题"大型建筑中央空调空气净化技术研究"、十三五国家重点研发项目"室内公共场所污染物检测机制及干预技术"、十三五国家重点研发计划"油烟高效分离与烟气净化关键技术与设备"等重大项目,针对空气中的 VOCs、PM 2.5、有害微生物等污染物进行了系统研发,开发了高效复合催化吸附耦合强化净化集成技术,应用于工业 VOCs 处理、餐饮油烟净化、空气净化器、中央空调净化、汽车车内净化、居室净化、别墅净化等。

参考文献

[1] 柴蔚舒,李宝娟,赵子晓,王妍.基于统计数据的中国环境服务业发展态势分析[J].中国环保产业,2018(12):25 - 30.

[2] 国务院."十三五"生态环境保护规划[R].2016.

[3] 环保部.环境服务业"十二五"发展规划(意见征求稿)[R].2012.

[4] 江苏省财政厅.关于深入推进绿色金融服务生态环境高质量发展的实施意见[R].2018.

[5] 江苏省生态环境厅.2018 年度江苏省生态环境公报[R].2019.

[6] 李思寒,耿利敏.中小型环保企业融资渠道拓展研究——以江苏宜兴环保科技工业园为例[J].时代金融,2017(11):116 - 129.

[7] 刘飞忍,季凯文,韩迟.江苏节能环保产业园建设经验对中西部省份的启示—基于江西的分析[J].特区经济,2015:44 - 46.

[8] 裴莹莹,薛婕,罗宏,冯慧娟,杨占红.中国环保产业园区发展模式研究[J].环境与可持续发展,2015(6):47 - 50.

[9] 沈友娣,刘杨.环保产业集群发展问题分析与政策建议—基于盐城与宜兴环保产业集群的比较研究[J].中国集体经济,2016(4):21 - 22.

[10] 石宝雅.广东省环境服务业发展现状及推进策略[J].广东化工,2018(24)35 - 36.

[11] 王妍.我国环境服务业经营状况观察[J].观察,2019(14):37 - 41.

[12] 吴剑,陈小林,杨小丽,邹敏.江苏环境服务业现状与发展对策[J].一线,2012(11):56 - 57.

[13] 王小平等.产业绿色转型与环保服务业发展[M].人民出版社,2017.

[14] 夏来保.天津市环境服务业发展现状、问题及对策研究[J].天津经济,2015(5):12 - 15.

[15] 肖燕凤,谭湘萍,杨建军.浅谈浙江省环境服务业的发展[J] 中国环保产业,2015(6):64 - 66.

[16] 中国环境保护产业协会.中国环境保护产业发展报告[R].2018.

第二章 江苏环境服务业发展规划与展望

一、发展环境

良好的发展环境是促进和推动环境服务业发展的必要因素。近年来党中央和国家对环境保护的高度重视,改善了我国环境服务业的发展环境。下面分别从制度环境、投融资环境、市场环境几个方面展开分析。

(一)制度环境

政府的环境规制是环境服务业发展的动力。制度环境直接或间接地影响着经济发展和产业结构的调整,直接影响体现在它对劳动分工和市场效率的影响,良好的制度环境有助于细化劳动分工和提高市场效率;间接影响则体现在它对决策机构的影响,这些决策机构对区域经济增长起着重要作用,而其对政策的倾向性将会影响一个区域的产业结构。

1. 国家层面

近年来,国家在推行环保的过程中,不断完善我国环境服务业发展的政策环境。2003 年,党中央在十六届三中全会上首次明确提出科学发展观的概念。2007 年,党的十七大报告明确指出要深入贯彻落实科学发展观。2011 年,《国家十二五规划》中明确规定:十二五期间,在保证经济年均增长 7％的同时,单位 GDP 二氧化碳排放量降低 17％,单位国内总值能耗下降 16％。规划以专业化、社会化为导向,以满足"十二五"国家环境保护需求为根本,以全面推进环保产业业态转型为主线,以重点领域环境服务业发展、优化政策环境、完善支撑体系为重点,提出了优先发展污染治理设施的社会化专业化运营服务、重点发展综合环境服务、大力推进环境咨询服务、加快发展环境技术服务、逐步发展其他环境服务、加快建设环境服务支撑体系六项主要任务;明确了深化服务领域改革、加强政策引导、加大金融支持等保障政策;提出了提高认识、实施评估、加强联动、发挥行业组织作用四项推进规划实施的具体措施。《中共中央关于制定国民经济和社会发展第十三个五年规划的建议》明确提出"坚持绿色发展,着力改善生态环境",中国政府对生态环境的高度重视,推动环境保护进入到以提高环境质量为核心上来。2015 年,十八届五中全会首次提出"创新、协调、绿色、开放、共享的五大发展理念",将绿色发展摆在了重要的位置,目标是建设资源节约型环境友好型社会。同年,国务院在出台的《中国制造 2025》中提出:2025 年我国单位工业增加值二氧化碳排放要比 2015 年下降 40％。2016 年,为贯彻落实《中华人民共和国国民经济和社会发展第十三个五年规划纲要》和《中国制造 2025》,加快推进生态文明建设,促进工业绿色发展,工业和信息化部制定了《工业绿色发展规划(2016—2020 年)》;2017 年,十九大报告中进一步明确必须树立和践行"绿水青山就是金山银山"的理念,并在中央经济工作会议中提出绿色发展是经济高质量发展的重要内涵。2018 年,中央经济工作会议提出未来中国经济在保持合理增长速度的前提下,要把重点放在提高发展质量上,加快推进生态文明建设。

2. 省级层面

在国家政策大方向的引导下,江苏省也出台了相应的制度与政策,推动江苏省环境保护的发展,这些政策和制度也为江苏省环境服务业的发展注入了动力和保障。在《江苏省节能环保产业发展规划纲要(2009—2012年)》中,就涉及了培育发展环境服务业的相关内容。(1)在发展环保服务业方面,要培育和发展节能环保服务机构。配合政府开展节能环保技术推广,为中小用能单位进行节能减排诊断,提供公益性节能咨询服务。按照做精、做专、做强的目标,培育一批有特色、高水平的专业服务机构,为工矿企业、建筑用户、商业机构、党政机关等提供专业能源审计、节能项目设计、减排工程实施等服务。(2)要做强环境工程承包服务。积极推进污染治理市场化,以污水处理、大型燃煤电厂脱硫脱硝、城市垃圾、危险废弃物处理及资源化为重点,以重点集聚区为依托,培育一批环保工程技术方案设计、施工、运营服务的大型工程总承包或项目总承包企业集团。(3)要做优环保设施运营服务。以环境污染治理和专业化环保设施运营服务为重点,积极推行特许经营模式,促进运营企业向规模化、专业化方向发展,形成一批具有专业化运营资质的企业,大力培育以污水处理与回用、废气净化与综合利用、固体废弃物处理与资源化综合利用、自动连续监测设施维护运营等为主的环保设施持证运营企业。

江苏省委、省政府及省生态环境厅坚持以习近平总书记生态文明思想为指引,认真落实党中央和国务院的决策部署,迎难而上、克难攻坚、牢固树立“绿水青山就是金山银山”的理念,贯彻落实中共中央、国务院《法制政府建设实施纲要(2015—2020年)》和省委、省政府《江苏省贯彻落实〈法治政府建设实施纲要(2015—2020年)〉实施方案》,以中央环保督察整改为有力抓手,全力打好污染防治攻坚战,推动全省生态环境质量稳步改善。

(二)投融资环境

环境服务业的资金来源有政府的财政支持、会计预算、环境基金、环境保险、发行市政债券、转移支付;公私合作(PPP,BOT等)、银行等金融机构的贷款融资、企业上市、企业发行债券、排污许可交易等。环境服务业发展必须要以强大的资金投入力度作为支撑,当前的环境服务业以政府产业引导性资金为基础,吸引社会资金,建立政策性环境产业创投基金,按照市场运作,政府资金给予贴息。各级政府应从财政资金中设立促进环境服务业发展的专项资金,形成稳定的产业引导性金融支持体系。按照市场规则运作,将政府资金以贴息或者后补助的形式高效率地用于环境服务产业的扶持计划,促进产业发展。积极组建政策性环境产业投资基金和环保银行,吸收社保和养老资金,针对环境产业的行业资本沉淀性强的特点,形成有效的产业发展金融支撑体系。通过充分利用资本市场,开发金融工具,创新融资手段等途径,在优化环境保护融资结构,减轻融资成本的基础上,逐步形成多元化的、稳定的融资机制。具体方式:增加银行贷款融资;设立环境保护基金,支持环境保护设施的运营;充分利用资本市场融资。还可以从促进环境服务业市场化、产业化,完善环保法规建设,发挥环保行业协会作用等方面,多手抓,多管齐下,以达到最好效果。

2018年5月初,由江苏省金融办牵头建设的江苏省综合金融服务平台正式上线试运行。平台依托互联网技术,利用大数据对企业类型分类,自动推送相应政策和金融产品,面向全省具有融资需求的所有中小微企业提供融资服务。对于符合条件、具有融资需求的中小小企业,均可注册使用平台,除了正常的信贷审批外,不需要再经过任何行政审批,即可一键发布融资需求,与所有接入平台的银行机构实现"无缝"对接。除融资撮合外,平台还向中小企业提供丰富的金融服务,主要包括保险、融资性担保、融资租赁、股权投资、在线路演等,有效满足中小企业个性化、综合性金融需求。平台帮助金融机构更高效筛选诚信中小企业,上线金融机构可经企业授权,通过平台查询该企业税务、工商、环保等公共信用信息,未来还将提供更完备的征信服务,解决信息不对称问题,进一步降低成本。平台还接入包括证券、保险、金融租赁、担保、小贷公司等所有金融机构,为广大用户提供全面的、多渠道的金融服务。

江苏省财政厅、省生态环境厅会同商业银行设立了风险资金池,帮助企业解决融资难的问题。环境服务业被纳入支持范围,例如,江苏省宜兴环保科技园的发展就离不开金融体系的支持。整合、搭建各类资本平台,初步建成完善了科技金融体系,设立了种子资金、风险投资基金、股权合作基金、环保产业投资引导资金等,总规模超过 400 亿元。组织发布宜兴环保产业投资价值报告,联合华软基金等组建大型环保投资基金、科技型中小企业信贷风险补偿基金,为兼并重组、新三板、企业上市等提供金融服务;联合平安银行设立超百亿元环境治理工程化项目专项资金;联合中国进出口银行实施"中小企业提升计划",建立 50 亿元的专项信贷资金,为产业培育、市场拓展提供融资支撑,培育了一批新人才、新技术、新业态、新模式"四新"环保企业;国家发改委批准设立的总额 2.5 亿元的环保创投基金落户园区,这是国内环保领域首个创投基金,为环保优质种子项目孵化和落地提供金融助推。

(三)市场环境

随着人们环保意识的增强,对环境服务需求也不断加大。环境服务业的发展使得经济、社会、环境的关系更加协调,为可持续发展的实现提供了良好的推动力量。人们开始关注和消费绿色环保产品,尽量少使用一次性产品,争取重复利用、多次利用,甚至对环境监测、环境咨询等方面的需求日益增加,特别是发展循环经济、实施低碳经济后,经济发展模式的转变必将使整个国民经济运行体系发生根本性转变,即以节能降耗为目的的发展模式本身就衍生出从始端到末端的全方位环境保护方面的需求。

随着环境服务市场化的不断推进,环境服务业出现了合同环境服务、第三方治理、政府采购环境服务、公司合作伙伴关系、土壤修复商业化等模式和机制创新。通过引入合同环境服务,环境服务企业由单一地提供设备、工程等业务向综合环境供应商转变。目前,我国已经在土壤、河流和生态修复等多方面进行了合同环境服务。政府购买服务就是环境服务市场主体以合同环境服务的方式面向政府部门提供环境综合服务,其中,监测社会化是政府购买环境服务的经典形式。第三方治理也取得了初步进展,如南京斗山工程机械有限公司污水站项目采用第三方治理,并取得了良好的成效。PPP模式可降低或缓解政府环保支出压力,节约处置成本,主要形式包括 BOT、TOT、DBFO、O&M 等。我国在污水处理、垃圾处理等环境基础设施领域,BOT、BT 等模式已经广泛使用。土壤修复商业化是目前国家政策大力扶持的业务,但是处于起步摸索阶段,发展尚不成熟。

我国环境服务业的市场需求慢于产业的发展,但就整个环境服务业而言,潜在的市场需求巨大,不可估量。环保服务需求不断增长,从责任的角度来看,环境服务业的需求源于以下三种类型:

1. 市政公共服务责任主体

原始的环境责任,不论是对污染的治理责任还是对环境的保护和改善责任,都是由处在环境之中并对其造成影响的个体产生的,由于责任者的分散,政府通过收费的方式将环境责任集中起来,形成了市政公共服务责任,进而由政府统一完成环境治理工作。

经过多年的改革,越来越多的市政公共服务以特许经营的方式,从政府转移至获得特许经营权的专业企业,政府成为服务的采购者和监管者。政府在不改变自己的环境责任和环境设施产权最终所有的前提下,将一定区域、一定期限的环境服务,以一定的服务价格,通过竞争模式选择专业化的运营(投资)公司进行经营。这种模式以经济协议约定双方责权,主要适用于城市污水、城市垃圾等市政性环境设施。

2. 污染主体治污责任主体

在众多环境责任主体中,除了多数以缴费的方式将环境责任移交政府外,也有一部分直接以服务外包等形式,委托政府以外的专业企业完成环境治理工作。环境责任主体在不改变自己的环境责任和环境设施产权的前提下,将一定期限、一定内容的环境服务,以一定的服务价格,通过协议或合同选择专业化的运营服务公司进行经营。这种模式在国家市政收集系统难以全面覆盖的背景下,在环境服务市场上仍然占有相当的比例。

3. 环境保护管理责任主体

政府对环境保护和治理的责任,不仅限于污染防治和环境改善等具体的公共服务工作,还包括很多由此产生的环境保护管理责任,比如,环境监测、环境审核、宣传教育等。政府通过对环境保护工作的监督和管理,保障公民不受环境污染的伤害,公众利益不被环境污染侵害。环境保护管理责任是政府对社会的一种管理,而市政公共服务责任则是政府对社会的一种服务,这两者是有区别的。

政府在履行环境保护管理责任时,一方面可以通过设立专门的部门来完成这些管理职责,另一方面可以通过政府环保服务采购、政府投资等方式,聘请外部专业机构协助完成这些工作,由此也产生了一部分环境服务需求。

二、发展目标

江苏省环境服务业发展的总体目标是逐步形成机制活跃、政策充分、结构优化、自主发展的环境服务业体系,提高服务创新水平,推行环境服务模式创新,建设成为具有国家示范作用的环境服务业集聚区。

(一)提高环境服务产值

加快综合环境服务业发展速度,提高综合环境服务业总产值。建立完善的产业统计体系。建立健全立足现代环境服务业的产业统计体系和制度。江苏省的环境服务业发展在全国处于前列,由于我国环保服务业产业中存在龙头企业的大规模并购与产业链重组,以及大型央企、区域型国企等非传统环保企业向环保服务业的业务拓展,自2015年来从业单位数量出现了下降。从收入的角度来看,江苏省环境服务业的年收入虽在全国处于前列,但是收入增长缓慢,环境服务业的收入在全国中所占的比重呈下降的趋势。2012—2017年环境服务业从业单位数和年收入如表2-1、表2-2所示。因此,提高产值是江苏服务业发展的目标之一。

表 2-1　2012—2017 年环境服务业从业单位数前五的地区

排名	2012 年		2013 年		2014 年		2015 年		2016 年		2017 年	
	地区	从业单位数	地区	从业单位数	地区	从业单位数	地区	从业单位数	地区	从业单位数	地区	从业单位数
1	江苏	763	江苏	598	江苏	541	江苏	598	浙江	661	浙江	746
2	广东	468	广东	526	广东	529	广东	594	广东	639	广东	708
3	重庆	444	浙江	484	浙江	415	浙江	524	江苏	573	重庆	683
4	浙江	419	重庆	461	重庆	382	重庆	396	重庆	532	江苏	501
5	河北	268	河北	264	云南	269	云南	270	吉林	324	吉林	410

资料来源:各年度全国环境服务业财务统计调查数据

表 2-2　2012—2017 年环境服务业年收入前五的地区

排名	2012 年		2013 年		2014 年		2015 年		2016 年		2017 年	
	地区	年收入(亿元)	地区	年收入(亿元)	地区	年收入(亿元)	地区	年收入(亿元)	地区	年收入(亿元)	地区	年收入(亿元)
1	江苏	240.6	浙江	268.3	浙江	307	浙江	346	广东	461	广东	572
2	北京	160.6	江苏	246.2	江苏	268.7	广东	333	浙江	352	浙江	534
3	浙江	148.1	北京	212.4	广东	225.7	江苏	265	江苏	245	江苏	264
4	重庆	131.7	广东	153.4	北京	169	上海	205	上海	206	北京	224
5	广东	124.2	重庆	129.4	重庆	109.6	北京	171	北京	193	重庆	197

资料来源:各年度全国环境服务业财务统计调查数据

(二)提高服务标准化和技术水平

要制定和完善环境服务标准和技术标准,促进环境服务向标准化、综合化迈进。培育建设国家级、省级环保科技研发机构和创新服务平台。环境服务业对环境关键技术、核心技术的需求,使得企业加大了对科技人才的引进力度,不断加强本领域的科技创新,积极发展本领域的相关技术,使得企业的环境技术乃至整个环境服务业朝着更加专业化的方向发展。完成环保产业结构优化和产业升级,提高环境服务业产值占环保产业产值比重。

(三)形成一批环境服务龙头

以环保综合服务业为重点,培育一批拥有自主品牌、掌握核心技术、市场竞争力强的环保服务业龙头骨干企业。加快现有企业整合力度,引进环境服务业跨国公司、国内环境服务业龙头企业,提高龙头企业带动作用,提高专业服务的市场集中度和技术水平。

(四)形成一批环保服务业集聚地

充分发挥集聚区在资源集约利用、产业集群发展中的重要作用,促进环保服务业的规模化、集聚化。现代环境服务业集聚区是依托区位、政策、产业支撑、市场、发展环境等优势,以环境金融、环境贸易、环境服务业企业、环境工程设计、环境工程咨询、环境信息服务、环境技术展示等专业环境服务业中的一种或者几种功能为主体和核心,以商务办公、现代物流、保险业、运输等相关服务企业为补充,集聚状态较为显著,具有较强的吸引力、集聚互动能力、辐射带动能力,入驻企业可以是同类企业,也可以是处于产业链不同位置的相关企业,以及有关配套服务企业或机构,具有较高的行政运营效率和工作效率。

(五)拓宽产业内容

环境服务业将环保产业的各类市场有力地联接在一起:首先,通过环保设施的运营管理、环境贸易服务等为环保产品及设备的生产提供市场需求;其次,环境污染治理的市场化需求、环保设施的运营、环境贸易服务等均对环保产业提出了更高的要求,使得环境技术研究开发及环保产品的生产朝深层次发展,进而推动整个环保产业的发展;再次,环境的金融、贸易服务可以将设备投入转化为有效资产,通过资本市场更好地运作环保设施。环境服务业的发展,使得环保产业有了更广阔的发展与盈利空间,提高了社会投资的积极性,在带动环保产业资源整合的同时,使得环保产业具有更强的产业竞争力。

(六)市场化水平提高

环境服务业的市场化主要是指在政策配套、资金扶持、平台建设、机制创新等方面加大扶持和激励力度,省市区联动,发挥政府的引导和培育作用。遵循经济规律,采用市场化方式进行集聚区建设和发展,运用市场力量促进产业发展要素的合理流动和配置,发挥市场主体的主观能动作用。环境服务业的发展需提高社会化运营比例,包括城市环境基础设施的社会化运营服务比例和工业污染治理设施社会化运营服务比例。

三、产业重点

环境服务业被定义为与环境相关的服务贸易活动,具体分为环境技术服务、环境咨询服务、污染治理设施运营管理、废旧资源回收处置、环境贸易与金融服务、环境功能及其他环境服务六类。各产业之间的发展联系也越来越密切,环境服务业作为环保产业中的新兴领域,一方面通过专业化的视角为环境保护、污染治理等提供了相关的环境服务;另一方面将环保产业与服务业紧密地联系在一起,使得环保产业除了进行环保产品的生产外,还能够提供与环境相关的贸易、咨询、金融等服务,拉长了整个环保产业的产业链条,使其完成了从生产向服务的过渡。按照《关于发展环保服务业的指导意见》的要求,正在开展的环保服务业试点,就将重点放在了治污专业化、市场化、社会化运行服务,以及工业园区环境管理、环境金融等领域的探索创新上。下一步,有关部门还将通过环境服务业的发展来推动环保产业链上下游整合以及横向联合,培育一批涵盖环境咨询、环保设备、工程设计等产业链各个环节,能够提供高质量环保服务产品、具有国际竞争力的大型企业集团。

(一)产业发展的重点领域

环境服务业从单一的技术服务向决策、管理、金融等综合、全方位的智力型服务发展,呈现出一种立体、全方位和综合的发展态势是大势所趋。基于国家大力发展环境服务业的重点和要求,结合江苏省发展环境服务业的基础和优势,确定环境服务业发展的重点。

1. 大力发展面向效果的环境综合服务业

随着环境服务需求日益综合和深化,对环境产出要求日益明确,为环境产业的升级和转型带来良机。综合环境服务业正在成为环保产业的主流业态。环境综合服务业以环境服务总包为出口,可涵盖咨询、专业运营、工程、装备制造以及相关联的投资等各个产业单元,即在已有产业环节上的综合和延伸。环境综合服务能有效整合环境服务产业链的多个关联环节,为环境治理提供系统且综合的解决方案,改变环境服务与环境效果脱节的现象,确保环境治理效果的最终实现。环境综合服务一体化是环境服务业发展的必然趋势。

推动环境服务企业提供环境咨询、工程、投资、装备集成等环境综合服务的能力,鼓励环境服务企业提供系统解决方案和综合服务。鼓励政府、工业企业综合服务外包;大力推进环境保护设施的专业化、社会化运营服务。重点发展产业(企业)战略咨询、产业信息传播、企业环境顾问、环境监理、环境风险评价与损害评估、环境保险、环境审计、环境交易、环境教育普及与培训等新兴环境咨询服务。大力推进环境评价与评估、环境监测服务领域的社会化、专业化。借助市场的力量,加强行业的监督管理能力,并提升管理的效率和水平。

2. 发展环境咨询服务业

十八大以来,我国推动生态环境保护决心之大、力度之大前所未有,随着环境咨询需求的种类和规模日益增多,环境咨询服务业呈现出多元化发展趋势,市场前景十分广阔。一是政府环境咨询需求将更加广泛。例如,领导干部自然资源资产离任审计、自然资源资产负债表编制、生态补偿制度等大多处于试点,亟须相应的环境咨询服务。二是企业环境咨询服务需求更加强烈。生态环境保护越来越强调要"强化排污者责任",对企业环保主体责任提出了更高的要求,推动了企业寻求专业的环境咨询服务。三是绿色金融的发展需要环境咨询服务的有力支持。近年来,我国大力发展绿色金融,绿色评估、绿色证、绿色评级等咨询服务需求将越来越多。四是海外环境咨询市场面临重大机遇。自"一带一路"倡议提出以来,企业海外投资迅猛增长。企业在海外投资、收购、并购、承建类项目中都需要相应的环境咨询服务,海外环境咨询市场空间巨大。环境咨询服务业收入主要来自向客户提供咨询服务收取服务费用,相对于依靠融资驱动、重资产、回报期较长的工程运营类项目,环境咨询服务业具备资产更轻、回款更快的优势,优质商业模式具备更强的复制弹性,具备更快速更可持续的成长能力。

3. 发展环境金融与环境贸易服务

环境金融与环境贸易是环境服务业的重要组成内容。在市场经济不断深化的今天,环境金融、环境贸易是环保产业发展的重要潮流和方向,是环保产业加快发展的助推器。大力发展环境金融和环境贸易对环境服务业集聚区建设具有重要意义。江苏省金融业和贸易业发展迅速,基金投资、风险投资、贷款担保投资等金融产品丰富,融资渠道较多,科技、金融、产业融合互动发展取得明显成效,为促进环境金融和环境贸易发展奠定了坚实基础。

环境金融和环境贸易服务主导产业的发展,将充分利用江苏省的区位优势和金融业活跃、发达的优势,以环境金融产品创新、电子商务平台建设为突破口,大力推动环境交易中心建设,搭建中外交流服务平台,吸引一批优秀的跨国公司和企业前来设立办事处和区域总部。发展初期,充分发挥财政资金引导扶持作用,引导性设立有利于环保产业和服务业发展的风险投资基金、融资担保基金等新型金融产品,吸引环境服务企业的进驻,推动企业集聚。随着产业壮大和市场需求的释放,逐步转变为以市场手段为主,进一步扩大各种环境金融产品的规模,实现环保产业和资本市场的充分结合,用金融和资本的力量大力推动环境服务企业的发展壮大,推动集聚效益的显现和发挥,并支持集聚区企业"走出去"、做大做强、持续稳步自主发展。

4. 污染治理设施社会化运营管理服务

污染减排的持续推进和成效体现都需要大量污染治理设施的持续高效运行为前提和保障,污染治理设施社会化运营管理是环境服务业发展中最具潜力、最具发展空间的服务内容,是"十二五"期间环境服务业的发展重点。污染治理设施运营管理包含技术、金融、人才、信息、管理等多方面内容,是最具改革创新的领域。污染治理设施社会化运营管理服务主导产业将以环境社会化服务模式创新为重点,大力推进综合环境服务、合同减排管理、设计建设运营一体化等新型环境服务模式的试点,重点解决和突破服务模式实施中的主要政策瓶颈、制度障碍,带动政府环境管制政策制度的创新,将环境服务业的发展与环境管制政策创新有机结合,将江苏环境管理成为环境服务业创新的试验田。通过试点项目培育一批综合环境服务提供商,通过政策制度的创新,将试点经验和成功做法予以复制和推广,重点发展环境服务龙头企业,实现环境服务企业的集聚,实现环境运营服务业的发展。

5. 发展环境技术服务

包括环境技术与产品研发、环境工程设计、环境监理、环境监测与分析服务、技术评估、环境信息化技术(物联网)等,直接推动环保产业的发展。环境技术服务是环境服务业中较为传统的服务内容,随着环境技术的发展、技术展示交易的深入、环境监测的逐步开放、物联网技术在环保领域的应用,环境技术服务的领域将不断拓展,服务水平将提出更高要求,与其他行业的融合程度将进一步加强。江苏省在推进环境污染防治和生态环境建设中,将继续大力发展环境技术服务业。

环境技术服务主导产业的发展将以大力发展关键性集聚要素为目的,以环境技术服务平台建设和环境监测社会化服务试点为重点,大力发展技术检测认证、技术展示与交易,通过认证,提高技术服务水平,通过展示,聚中心、促交易,为环境技术的转化和产业化应用提供服务平台。加强技术展示,大力推广先进环保低碳技术,大力发展环保物联网技术,提升环保信息化、现代化技术水平。

(二)产业科技创新的重点

在具体的环境领域,以江苏水环境污染、大气环境污染、土壤环境污染为重点,进一步探明区域、流域环境污染的成因和主要调控机理;针对重大生态安全问题,进一步揭示区域、流域生态与生物多样性保护和修复的主要机理和机制。突破一批污染物资源减负、生态修复与保护关键技术,不断完善污染治理和生态保护技术体系,形成一系列水土资源与产业调控、清洁生产、末端治理和生态环境修复的成套技术。初步构建符合我国国情和社会发展需要的国家环境基准体系,初步建立环境健康风险管理技术支撑体系,夯实环境标准制定及风险管理基础;创新流域、区域和行业环境管理模式,建立一体化的环境管理技术体系。新建一批国家环境保护重点实验室、工程技术中心和科学观测研究站,建成环保科技基础数据和信息共享平台;培养一支结构合理、适应国家环境保护事业发展需要的创新型科技人才队伍。

例如,江苏宜兴环保科技园园区已经建立了中德、中日、中荷、中芬、中丹、中加、中韩、中新等十大国际技术对接中心,引进了约 40 项国际先进环保清洁技术示范项目。立足大节能、大环保产业体系,引导并推动宜兴环保产业加快实现六大转变:产业格局逐步从"低小散"迈向高端化、系统化、装备化;产业门类由单一装备制造向系统集成和成套化设备提升;市场拓展由产销型为主向产销型和技术型同步转型;发展业态由环保制造业为主向环保制造和服务并举转变;体系构建由单打独斗转向协同作战、抱团出击;行业结构从单一水处理为主向气、声、固、土、仪和资源利用全方位拓展,涌现了许多新领域、新技术的创新型公司,成为细分领域具有技术领先优势的"单打冠军"。宜兴环科园逐步走出了一条"构建人才高地、引领技术高地、融汇资本高地、打造产业高地"转型升级的"四高"新路子。科技园建设有十大国际清洁技术对接中心、六大协同创新平台、"千人计划"环保产业研究院。目前,园区有 12 位院士以及 11 位国家"千人计划"专家常年驻宜工作,还有 54 位海归、297 名"三高人才",共集聚各类高层次人才 500 多人、高校研究团队 100 多个。

(三)服务模式创新的重点领域

2011 年 4 月,环境保护部下发的《关于环保系统进一步推动环保产业发展的指导意见》中指出,"着重发展环境服务总包、专业化运营服务、咨询服务、工程技术服务等环境服务业""在重点行业推进社会化运营和特许经营""试点实施设计建设运营一体化模式""鼓励发展提供系统解决方案的综合环境服务业""积极探索合同环境服务等新型环境服务模式"。环境服务模式的试点和创新成为国家推进环保产业发展的重要举措。

江苏省根据国家发展环境服务业的总体要求,率先在政府服务外包、污染防治相关领域开展环境监测社会化服务、综合环境服务、合同减排管理、设计建设运营一体化等新型服务模式的试点,探索基于环境质量改善、基于污染减排、基于效益最大化等不同目的的项目管理、绩效管理、目标考核、责任权限、奖惩机制,总结试点过程中的经验和教训,探索出推广方法、建设策略与工作机制。

当前,环境服务业的发展面临诸多政策和制度上的障碍,同时存在政策和制度方面的管理盲区。环境服务业态的转型首先需要政府有关部门加大对环境服务业重要性的认识,以及环境服务业发展规律的认识。环境服务业发展尤其是服务模式试点过程中,需要在环境市场的开放、特许经营制度、排污许可交易、政府绿色采购、政府服务外包、财政、金融信贷等方面开展相关政策制度的改革创新,需要在产业引进、产业发展、产业成熟的各阶段执行实施一系列优惠、扶持、发展政策。环境服务业发展也最需要与环境管理实践密切结合,以充分发挥引导、扶持和激励作用,需要将环境服务业的发展融入环境管理机制创新和政府环境管理改革中,推动环境服务模式创新与环境管制政策改革的有机结合。

在城镇污水、生活垃圾处理等领域,原则上引入社会资本建设和运行新建设施,采取特许经营、委托运营等方式引入社会资本运行存量设施;在工业污染治理领域,创新第三方治理实施模式,根据不同领域与行业特点,开展差异性、竞争性的第三方治理,提升工业污染治理的专业化水平以及效率。鼓励委托运营服务模式的发展,针对主动采用第三方治污服务的工业企业,研究并建立合理的鼓励措施;在区域/流域治理、农村环境治理、城市水环境治理等领域,推广环境绩效合同服务模式,推进区域环境质量达标。创新生态环境监测等公共服务供给模式,有序开放生态环境监测市场,鼓励社会监测机构参与排污单位污染源自行监测、环境影响评价现状监测、清洁生产审核、企事业单位自主调查等监测活动。切实加强对社会监测机构的监管,努力营造公平、诚信、有序的生态环境监测市场,不断提升生态环境监测数据质量。

四、主要方向

(一)环境服务业向市场化方向发展

环境服务业的市场化程度的测度由四个方面来体现:

1. 政府行为规范化

首先是政府按计划配置经济资源转变为由市场配置经济资源,主要表现为政府的财政支出占整个生产总值的比重减少。其次是政府对企业的控制和干预减少,主要表现为企业管理者更加关注市场波动情况,与政府部门和人员打交道的时间减少。在环境咨询领域,为促使环境咨询服务机构与行政主管部门脱钩,促进行业健康有序发展,我国试点开展了环境影响评价体制改革。环境保护部先后下发了《关于开展事业单位环境影响评价体制改革试点的通知》(环办〔2010〕87号)和《关于事业单位环境影响评价体制改革试点工作有关问题的通知》(环办函〔2010〕1222号),江苏省作为试点省份之一,开展了事业单位环境影响评价体制改革,探索改革模式。苏州市作为采购环境监测服务模式试点,分别将建设项目竣工环保"三同时"验收监测、污染源监测等服务性质的环境监测任务社会化,实现事业单位监督性检测和服务性监测分离。

2. 非国有经济的发展程度

在市场化改革以前,国有企业在各个行业中都占主导地位。市场化改革的一个显著变化就是市场导向的非国有企业取得了重大发展,使得市场调节在行业经济中的比重迅速提高。因此,环境服务业中非国有经济的发展程度是衡量环境服务业市场化的重要标准。按照"政府引导、市场运作"的原则,积极发挥好财政资金的导向和杠杆作用,同时要引导金融资本、工商资本和社会资本积极参与发展现代环保服务业,形成多元主体参与、多元投入驱动的格局。政府可采取以奖代补、提供种子资金、科技风险金投入、贷款贴息等多种形式。随着污水处理、垃圾处理等基础设施需求的不断增大,单一的政府投资模式很难满足目前的环境服务业发展需求,这就要求引入社会资本。环保设施建设的前期投资较大,回报周期较长,如环保工程要求采用BOT或BOOM等业务模式,环保企业需要对工程进行投资,这就要求环保企业具备一定的资本和融资能力。2007年12月,原国家环保总局和中国保监会联合发布《关于环境污染责任保险的指导意见》(环发〔2007〕189号),正式建立环境污染责任保险制度,并以生产、经营、储存、运输、使用危险化学品企业,易发生污染事故的石油化工企业、危险废物处置企业等为对象开展重点行业和区域环境污染责任保险的试点示范工作。环境污染责任保险制度的确立确保了污染受害者利益、分散企业污染赔偿、减轻政府环境风险负担,同时,催生出大批的保险企业在环境金融服务领域迅速发展壮大,向市场化的方向推进。

3. 价格由市场决定的程度

由于环境的公益性,政府一直以来对环境服务的价格实行严格的规制,并通过国有企业垄断着环境服务的供给。所以,未来环境服务价格由市场决定的程度将是环境服务业市场化改革的重要评价标准。由于环境保护具有公益性的特征,决定了污水处理、废物收集和处置、河道和湖泊治理等环境服务主要由政府提供。随着人们认识的逐步深化,环境服务业的发展环境日益改善,带来了服务业的快速增长。通过价格机制、社会公众消费方式的转变,来推动企业选择积极的环境行为。

4. 法律制度环境和市场秩序

法律制度环境的改善是市场化进程中的一个重要内容,司法的公正、透明和效率直接关系到能否保证一个良好的市场经济秩序。运用法律手段对经济进行宏观调控是中国社会主义市场经济的一大特点。在充分发挥市场机制优化资源配置作用的同时,为促进国民经济又好又快地发展,《预算法》《审计法》《政府采购法》《价格法》《个人所得税法》《企业所得税法》《税收征收管理法》和《中小企业促进法》等法律,对相关领域进行宏观调控依法作出规定。

从以上四个方面来看,推动环境服务业的发展,应以促进需求、引导市场、扶持发展为主要原则。目前,环境产业的增长已经不能再单纯地依赖工程建设和设备制造,环境综合服务业势必成为拓宽环境产业涵盖面、促进环境产业向更高层次发展的突破口。环境综合服务业凭借其专业化的运营能力,既可以在深度上使环境产业链得到延伸,也可以在广度上不断探索新的环境服务领域,发掘更多的环境市场需求。

(二)环境服务业向专业化方向发展

随着被服务单位要求提高,环境服务项目的模式、标准和复杂程度也日趋提高,环境服务业的内涵从单一的技术服务向决策、管理、金融等综合、全方位的智力型服务发展,从而对环境服务提供单位提出了更高的要求,传统的以单一科研院所为主的格局已经改变,专业化的环境服务公司逐渐成为主流。小型环保企业将逐步被淘汰,以环保服务为副业的公司也将逐步退出,环境服务产品必然由专业的服务公司提供。

1. 提高创新能力

江苏省的环境服务业发展在全国虽处于前列,但环境信息、环境咨询、环境贸易等专业企业的发展水平还不高,环境服务业是技术密集型产业,而当前的技术开发、新产品研制等方面还有待提高。支持技术创新,增强企业和科研机构科技创新能力,围绕环保服务业发展重点,扶持技术创新与科技成果向实际生产力的转化。鼓励企业通过购买、合作等多种形式引进先进技术,在消化吸收和创新的基础上,形成具有自主知识产权的核心技术和主导产品。

鼓励业态创新,形成能够满足更高环保需求的综合性现代环保服务业。鼓励环境咨询服务企业向集成服务商转型;鼓励环境工程公司提供系统环境解决方案;鼓励设备和装备企业提供综合服务;鼓励投资企业提供环境系统服务;鼓励企业间以联盟形态提供环境咨询、环境工程、环境投资、环境装备集成的整体服务。

环境服务业的专业化发展离不开技术的支持。例如,江苏淮安工业园区目前已有南京大学大气学院的大气透明度监测仪产业化项目、南京大学环境学院的 SMS 河道同步脱氮除磷反应器项目、科盛环保科技股份有限公司、海润环保科技有限公司和淮安新大环保科技有限公司等一批高层次人才项目与高科技环保企业入住。充分发挥南京大学环境、资源、生态领域的科技优势,紧密结合淮安市建设生态文明、创建苏北重要中心城市和生态文明建设示范市的现实需求,在黑臭水体消除、产业发展规划、工业园区污染控制、饮用水安全保障等领域,开展技术研发、成果转化和产业化工作,在淮安打造"国家有机毒物污染控制与资源化工程技术研究中心苏北分中心"、国家环保部"淮河水专项科技成果展示中心"、国家环保部"有机化工废水污染控制与资源化产业技术创新战略联盟科技成果转移中心""南京大学生态环境高层次人才培训中心"以及"淮河良好湖泊研究中心"等重要的智库平台,园区的"环保专家门诊"就要发挥出巨大的能量,这对积极提升淮安企业的自主创新能力有重要的作用。

2. 提高经验模式的专业化

积极发展环境治理设施的社会化、专业化、标准化、规模化的运营服务。通过环保职能范围之内的手段,积极促进环境污染主体与专业环境服务主体的分离。建立环境污染治理设施社会化运营管理制度,依法促进污染主体治污责任的专业化服务,形成专业企业的系统服务外包市场。

例如,在工业污染治理中,要由污染企业自行配置污染治理设施,进行专门机构和人员负责设施运营和维护,转变为运用"承包运营""综合服务""委托治理""参与式管理"等较为成熟的专业化治理模式。随着我国排放标准、客户需求的不断提高,对于环境服务业的工程设计、运行实施、技术开发和选择等提出了更高的标准,更加需要能够提供专业化、一体化的环境服务公司。

(三)环境服务业向产业化方向发展

环保产业若仅依靠单纯的环保产品的生产,必然会使整个产业在经济发展的洪流中止步不前,随着政府及社会对环境保护问题的不断重视,环保产业的产业间分工更加专业化,环境服务业便应运而生,由此,环保产业便从单一的产品生产逐步向综合服务转移,也意味着社会分工在广度和深度上得到了更进一步的发展。

以环境服务业为龙头,整合金融、贸易、技术、管理、人才等产业发展要素,整合现有环保产业企业,优化环保产业结构,整体提升环保产业发展水平,促进区域经济和城市转型发展。多产业领域的高度融合是环保服务产业发展的必然趋势:从横向来看,环保产业跨越不同产业领域,是各种产业门类的汇总,但这并不是一种简单意义的汇总,环保产业是建立在不同经济部门相互交叉、相互渗透的基础上的综合性产业。基于这一特殊性,环保产业不能分散地采用其所涉及的不同产业门类的相关政策和统计方法并进行简单叠加。作为一个融合了多个产业协同运转的综合性产业,环保产业需要建立专门的产业政策以及常规化、标准化的产业统计系统。生产者的责任不仅仅局限于产品的生产、制造和流通过程中,更包涵了对产品的清洁生产、产品环境安全损害、产品环境安全信息的提供、废弃物回收及循环利用等多方面责任。因此,做好环境服务业,需要丰富其内涵。环境服务业提供的产品是一种系统化的解决方案。环境服务业作为技术密集型产业,其所提供的服务产品在广度上涵盖环境保护和污染防治从评估设计、投资建设到运营管理等各个环节,在深度上是以达到所要求的环境效果为目标,经过全局设计和考量而形成的一种综合的、系统的解决方案。

环境服务业作为环保产业中重要内容,使环保产业由生产型向综合服务型转变。同时,更加专业化的环境服务可以使得上下游企业在竞争中更加重视产品和服务的质量,制定更加合理的价格。随着人们环境意识和消费观念的变化,人们在消费过程中对清洁产品、绿色消费等更高层次的生态需求逐渐增多;同时,公众对于环境保护的相关问题越来越重视,其环境诉求也愈发强烈,不仅有对环境公共产品及服务的需求,更有对环境私人产品及服务的需求。公众的环境诉求对社会的环境标准提出了更高的要求,一定程度上使得环境服务业朝着更标准的方向发展。

借助税收减免、政府补助等手段积极增强省内、国内环境服务的市场需求,另一方面大力推动环境贸易,积极开拓周边市场,提高环境服务技术及产品的国际竞争力。越来越多的发达国家都将环境服务的出口列为其环境服务业发展的重要战略。

继续推进 PPP、第三方治理、合同环境服务、政府采购环境服务、土壤修复商业化等环境服务创新模式,减少政府在环境服务市场中的干预和控制,引导产业实现市场化。大力发展环境咨询服务业,重点开展环境战略、环境技术评价、环保核查、环境标志认证、环境污染损害评估、环境审计、环保培训、环境贸易等咨询服务。大力发展环境交易、环境技术超市等第三方中介机构。逐步推进环境监测服务社会化,鼓励社会监测机构提供面向政府、企业及个人的环境监测与检测服务。

(四) 集聚性增强

加快现代服务业集聚区建设是江苏省委、省政府加快现代服务业发展的重大战略部署,是培育新的经济增长点、提升江苏经济发展层次和水平的有效途径。从全国范围看,江苏省是环境服务业发展相对较好的地区,具有区位优势、政策优势、市场优势。目前,江苏省已有一批产业特色鲜明、集聚效应明显、创新活力勃发的集聚区,包括南京节能环保服务业集聚区、无锡节能装备(产品)制造集聚区、宜兴环保产业集聚区、苏州节能环保产业集聚区、盐城节能环保产业集聚区、常州环保产业园等。由于集聚区产业关联度强,有利于整个社会服务网络的形成,具有资源共享、服务共享、规模经济的特点,从而可以为服务经济拓展新的空间,进一步降低交易成本,形成外部经济优势。此外,加快环境服务业集聚区建设是转变经济发展方式的重要抓手。

环境服务业的发展方向应是致力于打造成交通便利、环境优良、设施完善、服务高效的现代服务业集聚区,营造和维护良好的市场环境、经营环境,吸引更多的人才、资本、信息、技术、管理集聚,充分利用资本量充沛、政策支撑度较高、专业人才聚集等带来的优势,提升服务业发展水平,提升竞争力。培育一批掌握核心技术、市场竞争力强的环境服务龙头企业,大力提升综合环境服务的能力,鼓励环保企业提供系统环境解决方案和综合服务;鼓励国内外环境服务业企业兼并重组,进行优质资源整合;鼓励大型国有企业利用自身技术优势和管理经验,组建专业化环境服务公司;重点扶持技术过硬、成长性好、竞争力强、经济效益好的环境服务中小企业,营造良好的环境服务发展体系。例如,南京江宁经济开发区的南京中电环保股份有限公司发挥行业龙头优势,联合"政产学研金才"综合资源,打造"环保产业创新平台",包括国家级环保服务业集聚区、产业技术创新联盟、产业创新中心等,并分别与政府及央企合资创建产业集团。通过"产业+平台"双翼模式,发挥"人才引领、市场导向、成果转化、产业集聚"特色,已集聚国家万人计划、长江学者、杰青、省科技企业家、"333"、市顶尖专家及创新型企业家等高端人才团队,促进科技研发,赋能产业创新发展。

五、政策保障

(一) 规划解读

2008 年,江苏省环保厅结合宏观经济形势的变化推出的《关于当前全省环保系统进一步做好服务经济发展工作的意见》,要求全省环保系统切实发挥好环保"两为"职能作用,即在为老百姓创造更好环境质量的同时,着力为经济发展腾出更多的环境容量,促进全省经济又好又快发展。积极引导和支持企业进入环境监测、环保咨询等领域,到 2009 年,使全省拥有污染治理设施运营资质的企业达到 150 家。江苏省把 2009 年作为"环保服务年",努力做到"三个更好地服务",即更好地为发展服务,更好地为百姓服务,更好地为基层服务。为了实现这一目标,江苏省全力打好六大环保攻坚战,具体包括以下六个方面:完成年度减排任务;让百姓喝上干净水;治理机动车和扬尘污染;启动沿海环境综合整治;推进农村环境治理;改革创新解难题。在无锡、苏州、扬州地区已经形成了环保产业优势。

在《国家环境保护"十二五"规划》《"十二五"节能环保产业发展规划》《"十二五"国家战略性新兴产业发展规划》及《关于发展环保服务业的指导意见》一系列政策的推动下,在环境保护部等部门的大力推进下,我国环境服务业快速发展,营业收入规模在环保产业中的占比不断提升,到 2015 年首次超过环保产品,达到 51%,成为拉动环保产业发展的首要力量。"十二五"、"十三五"时期,生态环境保护领域的新政策、新规划、新制度密集出台,为环境服务业的发展指明了方向。2013 年 1 月,国家环境保护部以《关于发展环保服务业的指导意见》(环发〔2013〕8 号)提出了"以市场化、产业化、社会化为导向,营造有利于环保服务业发展的政策和体制环境,促进环保服务业健康发展"的指导思想,确立了"规范环境污染治理设施运行服务;开展环保服务业政策试点;建立环保服务业监测统计体系;健全环保技术适用性评价验证服务体系;促进环保相关服务和环保服务贸易发展"等一系列重点任务。2016 年 3 月,国家《"十三五"规划纲要》明确指出要"扩大环保产品和服务供给,鼓励发展环保技术咨询、系统设计、设备制造、工程施工、运营管理等专业化服务;推行环境污染第三方治理;建立绿色金融体系,发展绿色信贷、绿色债券,设立绿色发展基金;建立全国统一、全面覆盖的实时在线环境监测监控系统,推进环境保护大数据建设"。国务院《"十三五"节能减排综合工作方案》(国发〔2016〕74 号)提出了"加强工业企业环境信息公开,推动企业环境信用评价;健全绿色金融体系,推进环境污染第三方治理,提升环境服务供给水平与质量。到 2020 年,环境公用设施建设与运营、工业园区第三方治理取得显著进展,污染治理效率和专业化水平明显提高"的总体要求。国家发展改革委《"十三五"节能环保产业发展规划》(发改环资〔2016〕2686 号)则提出了"创新节能环保服务模式,做大做强节能服务产业,到 2020 年,节能服务业总产值达到 6 000 亿元的总体目标,为此,要"推进环境基础设施建设运营市场化,明确第三方治理项目的绩效考核指标体系,做好环境污染第三方治理试点评估;引导社会环境监测机构参与污染源监测、环境损害评估监测、环境影响评价监测等环境监测活动,推动环境调查、环境风险评价、环境规划、环境影响评价、环境监理等环境咨询服务水平提高",同时,还要"发展绿色金融,建立健全绿色金融体系,推动节能环保产业与绿色金融的深度融合。"

突出规范性文件监督管理方面,完善规范性文件制定程序,落实合法性审查、集体讨论决定等制度,实行对规范性文件统一登记、统一编号、统一印发制度。

(二)法治保障

1.法规的制定

江苏省法治政府建设工作要求全面履行生态环境保护政府职能,重点打好"蓝天保卫战""碧水保卫战""净土保卫战",同时,加强生态保护建设,推进生态环境损害赔偿制度改革。积极履行职能,全面落实生态环境保护责任,着力打好污染防治攻坚战。

(1)在"蓝天保卫战"中,出台了《江苏省挥发性有机物污染防治管理办法》《江苏省改善空气质量强制污染减排方案》《江苏省设区市大气污染过程削峰行动规程》,修订了《江苏省重污染天气应急预案》,强化应急管控措施落实,组织实施 6 990 项重点治气工程,将燃煤锅炉整治标准由 20 蒸吨提升至 35 蒸吨,将燃煤机组超低排放改造范围扩大至所有燃煤发电机组,将大气污染物特别排放限值的执行范围从沿江八市扩大至全省,将空气质量及改善排名范围扩大到县市区,以硬措施推动硬目标硬任务完成。

(2)在"碧水保卫战"中,认真落实水质改善"断面长"制,出台《江苏省改善重点断面水质强制污染减排工作方案》,深入推进重点流域区域污染防治。坚持长江生态环境保护压倒性位置不动摇,制定江苏省长江保护修复攻坚战实施方案,落实"三水共治"工作方案,加速推进长江生态环境的改善。修订了《江苏省太湖水污染防治条例》《太湖地区城镇污水处理厂及重点工业行业主要水污染物排放限值》,制定实施太湖流域重点水污染物排放总量指标减量替代办法。同时,按照国家要求完成县级以上集中式饮用水源地环境问题整治,切实保障群众饮水安全。

(3)在"净土保卫战"中,配合省政府出台《关于加强危险废物污染防治工作的意见》《江苏省危险废物集中处置设施建设方案》,加快推进危废安全处置设施建设,对处置设施推进较慢的江阴、昆山实行区域限批。截至 2018 年底,全省危废集中处置能力达 162.67 万吨/年,同比大幅增加 66.2%。

(4)在加强生态保护建设方面,组织实施了全省"三线一单"的编制工作,划定 16 大类 480 块国家级生态保护红线区域,其中,陆域面积约占全省陆域面积的 8.2%。积极推进生态文明建设示范创建,累计建成国家生态文明建设示范县、市、区 9 个,数量位居全国第一方阵。

(5)在推进生态环境损害赔偿制度改革的工作中,2018 年 8 月 30 日,《江苏省生态环境损害赔偿制度改革实施方案》(苏办发〔2018〕38 号,以下简称《实施方案》)由省委办公厅和省政府办公厅联合印发实施。《实施方案》连同 7 部配套文件和省高院的《审理指南》共同构成了独具江苏特色的生态环境损害赔偿"1+7+1"制度体系,为《江苏省生态环境损害赔偿制度改革实施方案》的落地实施提供了坚实的支撑。

(6)在加强环保重点领域立法方面,完成了《江苏省太湖水污染防治条例》《江苏省长江水污染防治条例》《江苏省通榆河水污染防治条例》《江苏省大气污染防治条例》《江苏省机动车排气污染防治条例》《江苏省辐射污染防治条例》《江苏省固体废物污染环境防治条例》《江苏省环境噪声污染防治条例》8 个环保地方性法规和《江苏省挥发性有机物污染防治管理办法》1 个环保地方性规章的制修订工作。同时,为江苏省打好污染防治攻坚战提供更加坚实的法律后盾,向省人大常委会建议将《江苏省生态环境监测条例》《江苏省水污染防治条例》《江苏省土壤污染防治条例》列入省人大 2018—2022 年立法计划;向省人大常委会法工委报送环保立法新增需求(5 项)。目前,已完成了《江苏省生态环境监测条例》《江苏省水污染防治条例》《江苏省土壤污染防治条例》三部条例的草案起草工作。

(7)促进生态文明建设法治化,一方面体现为加强环保重点领域立法,另一方面体现为积极开展规章和规范性文件清理工作,同时突出规范性文件监督管理。在开展规章和规范性文件清理工作中,根据《生态环境保护相关省地方性法规清理工作方案》要求,对由我厅制定、实施或牵头实施的地方性法规(9 部)、地方政府规章(5 部)及规范性文件(21 件)进行了认真清理。其中,建议废止地方性法规 1 部,建议修改地方性法规 2 部,建议继续有效地方性法规 6 部;建议废止地方性规章 2 部,建议修改地方性规章 1 部,建议继续有效地方性规章 2 部;对现行有效的 21 件规范性文件的清理意见是继续有效 15 件,拟废止 5 件,拟修改 1 件。

2. 法规的执行

严格执行环境监管,能够从环境产业末端形成管理上的倒逼机制,从而约束环境责任主体的行为,监督环境责任主体切实履行保护环境、治理污染的责任和义务,调动环境责任主体采用环境先进技术和服务的积极性,进而全面释放环境产业的市场需求。具体体现在:

(1) 务实精准从严,坚决打击各类环境违法行为,实现环境监管执法新突破。坚持实事求是,一切从实际出发,既反对"一刀切"执行政策,也坚决反对对环境违法行为"切一刀"。以督察整改为抓手,推动突出环境问题得到有力解决,全力配合中央环保督察"回头看",坚持边督边改、立行立改,出台领导包案、督查调度、奖惩挂钩等督察整改制度,多措并举,加快推进问题解决到位。牵头制订督察整改《方案》《清单》,将督察反馈意见细化分解为 49 个具体整改事项,逐一明确整改内容、责任单位和完成时限。以查出违法为抓手,推动良好环境秩序得到有力维护:2018 年,全省环保部门共下达处罚决定书 18 919 件,比 2017 年同比上升 35%;罚款金额 211 575 万元,比 2017 年同比上升 135%;配合公安机关立案侦办环境污染犯罪案件 450 件,抓获犯罪嫌疑人 890 人,同比上升 11% 和 15%,有力震慑了环境违法分子。以防范风险为抓手,推动生态环境安全得到有力保障,持续推进重点环境风险企业"八查八改",实施重点风险企业环境安全达标工程,严格落实 24 小时应急值守制度。

(2) 加强行政复议,切实维护群众合法环境权益,提高化解矛盾纠纷有效性。具体体现在畅通复议渠道,保障办案质量,申请人可以通过邮寄、传真或者当面递交等方式提出行政复议申请;创新工作方案,提高办案效率,健全行政复议案件审理机制,多途并进,多措并举,在案件办理过程中充分运用书面审查、实地调查和听证等手段,全方位掌握了解案件事实,倾听申请人陈述。对案件事实或适用依据争议较大、社会关注度高、案情较复杂的案件,坚持公开听证审查,增强行政复议权威性、透明度和公信力。公平公正审理,强化办案效果,办理行政复议案件做到依法审查、公正裁决,绝不搞官官相护。强化事实认定,严守办案程序,精准适用法律,公平、公正、公开办理行政复议案件,提高办案质量。注重调解,化解环境矛盾,坚持以解决群众合理诉求为根本,充分利用领导信访接待日、领导带案下访等制度,科学分析、有效解决群众合理诉求,维护社会和谐稳定。

(3) 加强法治宣传,营造法治政府建设的良好氛围,强化环境保护舆论引导力。主要工作包括法治宣传重点工作有序推进;领导干部带头学法、用法;环境执法人员法治培训常态化;环保法治宣传进企业。

这些制度、法治的制定和实施,一方面提高了民众、企业的环保意识和环保法治意识,促进了环保需求的增长,从而推动了环保服务业的发展;另一方面以法律制度的方式规范了环保服务业的发展,确保环保服务的有效性、科学性。

(三) 相关标准的完善

依据我国环境服务业的分类,结合当前我国环境服务业发展状况和标准化现实需求,本着科学合理、系统全面、协调配套和先进预见等基本原则,我国环境服务业标准体系框架由环境技术服务、环境咨询服务、环保设施运营管理服务、资源循环利用服务、环境贸易与金融服务、生态环境保护服务 6 个标准体系构成。每个标准子体系又由若干相互关联、互为补充的具体方面的标准构成。

1. 环境技术服务标准子体系

主要包括环境技术与产品开发、环境工程设计与施工、环境监测与分析等方面的标准。

2. 环境咨询服务标准子体系

主要包括环境影响评价、环境工程咨询、环境监理、环境管理、环境风险评价、清洁生产审核、环境调查与人才培训等方面的标准。（1）环境管理方面的标准涉及环境管理体系咨询认证，环境标志和绿色产品、绿色企业、绿色工厂、绿色园区、绿色供应链等咨询认证，绿色设计、绿色采购和绿色消费，环境绩效评价，生命周期评价，环境信息交流，碳排放和低碳评价，环境技术验证与评价，物质流成本核算，环境因素和环境影响货币化等；（2）环境风险评价方面的标准涉及数据整编、筛查和评价方法，累积性和突发性环境风险毒性测试及环境风险预警，健康风险和生态风险评估技术及方法验证等。

3. 环保设施运营管理服务标准子体系

主要包括水污染控制设施、大气污染控制设施、噪声污染控制设施、固废处理处置设施、辐射防护设施、环境修复设施、环境监测设施等方面的标准。其中，各类污染物控制设施运营方面的标准均可涉及污染物控制系统设施运行效果评价、污染物控制设施运营组织服务评价等。

4. 资源循环利用服务标准子体系

主要包括矿产资源综合开发利用、产业废弃物综合利用、餐厨废弃物资源化利用、农林废物资源化利用、再生资源综合利用等方面的标准。（1）矿产资源综合开发利用方面的标准涉及能源矿产（煤炭、石油天然气）、金属矿产（黑色金属、有色金属、贵金属、稀有、稀土金属）和非金属矿产（磷矿、硫铁矿和硼铁等化工非金属矿产，石墨、高岭土、石英等建材非金属矿产）等。（2）产业废弃物综合利用方面的标准涉及煤矸石、粉煤灰、赤泥、工业副产石膏、化工废渣、冶炼废渣等大宗工业固体废物的综合利用，建筑和道路废物再生利用，汽车零部件、工程机械、机床等机电产品再制造等。（3）农林废物资源化利用方面的标准涉及秸秆、饲料、化肥、畜禽养殖废弃物等。（4）再生资源综合利用方面的标准涉及废旧金属、废旧电器电子产品、废橡胶、废塑料、废纸、废木材、废纺、废陶瓷、报废汽车等。

5. 环境贸易与金融服务标准子体系

主要包括环保产品营销与贸易、绿色金融等方面的标准。其中，绿色金融方面的标准涉及绿色投融资和风险管理、组织环境信用评价、绿色信贷等。

6. 生态环境保护服务标准子体系

主要包括生态系统调查与功能评价、生态环境损害鉴定评估、人工生态环境设计、生态效率评价、绿色城镇化与生态人居、生态出行和生态文化培育等方面的标准。（1）生态系统调查与功能评价方面的标准涉及森林、海洋、草地、湿地、荒漠、灌丛等自然生态系统与生物多样性保护。（2）生态环境损害鉴定评估方面的标准涉及生态环境损害调查确认、因果关系分析、生态环境损害实物量化、生态环境损害恢复方案筛选与价值量化、生态环境恢复效果评估等。（3）绿色城镇化与生态人居方面的标准涉及生态城镇、生态社区、美丽乡村等。环境服务业标准体系及其各个子体系均采用开放模式设置，未来随着科技进步和产业发展将不断对其予以补充和完善。在标准体系框架的指引下，环境服务业相关各类标准的研制工作正在有序开展。

（四）税收政策

环境产业发展中存在的外溢性需要政府提供税收支持。环境产业属于高新技术产业，产业运行过程中，对环境技术有高度依赖性的高新技术产业的生命力在于企业的技术创新，通常表现为：发明—开发—设计—试制—产品化—商品化。这个系统过程中有些环节明显地体现着市场的不完全性。

由于环境保护具有公共产品性质,为环境保护而进行的环境污染治理产业的生成与发展,需要大量污染处理技术和设施的投入。为环境保护而进行的环境监测、评价、环境咨询和环境管理等环境服务部门,需要配套设施的投入,而环境保护服务业具有投资规模大,投资回收期长的性质,因此,环境服务业的发展需要政府的支持。环境服务业的发展离不开研究和开发活动,研究与开发活动本身具有外溢性。基础研究是高新技术企业得以发展的一个重要基石,可以实现一般知识的积累和提高,但一般来说,研究与开发项目投资大、周期长、见效慢,从提出建议到付诸开发阶段需要数年时间。与此相比,研究与开发投资的社会收益率却远远大于私人收益率,所以如果私人投资于研发,它的收益不能由投资者独享。由于基础研究的效益不能被研究者所独占,这种研究将在低于最优的水平上进行。此时,如果完全由市场来调节,资源就不能得到合理的配置,研究与开发项目的外溢性更明显地存在于市场经济机制发育不完善的国家,这主要与这些国家知识产权等法律制度和执法环境的不完善紧密相连,此时只有通过政府的政策干预来弥补。高新技术企业的研究开发活动还存在着严重的信息不对称。这主要表现在研究开发投资的项目有保守机密的必要,但项目的融资需要公开必不可少的信息,这之间存在信息的不对称性,政府为鼓励研究开发项目获得其充分的融资渠道,也需要给予一些税收政策的扶持。现行税制中有一些促进环境产业发展的税收政策,根据国家税务总局和环境保护部网站提供的资料,当前促进环境产业的税收政策主要有关于所得税、增值税、营业税的政策。

1. 关于所得税的政策

2007年3月16日第十届全国人民代表大会第五次会议通过《中华人民共和国企业所得税法》,自2008年1月1日起施行。2007年11月28日,国务院第197次常务会议审议通过《中华人民共和国企业所得税法实施条例》,自2008年1月1日起与新企业所得税法同步实施。新《企业所得税法》正式施行,统一了税收优惠政策,实行"产业优惠为主、区域优惠为辅"的新税收优惠措施。《企业所得税法》第二十七条规定,企业从事符合条件的环境保护、节能节水项目的所得可以免征、减征企业所得税。实施条例据此明确,企业从事公共污水处理、公共垃圾处理、沼气综合开发利用、节能减排技术改造、海水淡化等项目的所得,自项目取得第一笔生产经营收入所属纳税年度起,给予"三免三减半"的优惠。《企业所得税法》第三十三条规定,企业综合利用资源,生产符合国家产业政策规定的产品所取得的收入,可以在计算应纳税所得额时减计收入。实施条例据此明确,企业以《资源综合利用企业所得税优惠目录》规定的资源作为主要原材料并符合规定比例,生产国家非限制和禁止并符合国家和行业相关标准的产品取得的收入,减按90%计入收入总额。《企业所得税法》第三十四条规定,企业购置用于环境保护、节能节水、安全生产等专用设备的投资额,可以按一定比例实行税额抵免。实施条例据此明确,企业购置并实际使用《环境保护专用设备企业所得税优惠目录》《节能节水专用设备企业所得税优惠目录》和《安全生产专用设备企业所得税优惠目录》规定的环境保护、节能节水、安全生产等专用设备的,该专用设备投资额的10%可以从企业当年的应纳税额中抵免;当年不足抵免的,可以在以后5个纳税年度结转抵免。同时,根据《企业所得税法》第三十条第一款的规定,企业开发新技术、新产品、新工艺发生的研究开发费可以在计算应纳税所得额时加计扣除。

2008年9月23日,财政部与国家税务总局联合下发了《关于执行资源综合利用企业所得税优惠目录有关问题的通知》,规定自2008年1月1日起,企业以财政部、税务总局、发展改革委联合公布的《资源综合利用企业所得税优惠目录》中所列资源为主要原材料,生产《目录》内符合国家或行业相关标准的产品取得的收入,在计算应纳税所得额时,减按90％计入当年收入总额。

环境产业属于高新技术产业,为了鼓励企业自主创新,应进一步明确和规范研发费加计扣除规定,适当扩大允许加计抵扣的费用范围,鼓励企业加大研发投入;同时,对环境企业自行研发的项目,建议由相关部门出具认定书,既方便企业,又便于把握标准;对委托研发发生的研发费,要明确规定对第三方提供凭证的真实性予以论证,以实现税负公平;建议将加速折旧的优惠范围,扩大到研究实验设备,进一步鼓励环境企业加大研发力度。

2. 关于增值税的政策

2008年12月9日,财政部、国家税务总局联合同时发布《关于资源综合利用及其他产品增值税政策的通知》(财税〔2008〕156号)和《关于再生资源增值税政策的通知》(财税〔2008〕157号),自2009年1月1日起执行。《关于资源综合利用及其他产品增值税政策的通知》的主要内容:① 明确了新纳入享受增值税优惠的综合利用产品,主要包括再生水、胶粉、翻新轮胎等。② 明确了停止了采用立窑法工艺生产综合立窑水泥产品的免增值税政策。③ 明确了对资源综合利用产品实行了4种不同的税收优惠方式,主要包括免增值税、增值税即征即退、增值税即征即退50％、增值税先征后退等优惠政策。《关于再生资源增值税政策的通知》的主要内容:① 取消原来对废旧物资回收企业销售废旧物资免征增值税的政策,取消利废企业购入废旧物资时按销售发票上注明的金额依10％计算抵扣进项税额的政策。② 对满足一定条件的废旧物资回收企业按其销售再生资源实现的增值税的一定比例(2009年为70％,2010年为50％),实行增值税先征后退的政策。

我国已全面推行了消费型增值税改革。消费型增值税由于税基范围减小,有利于鼓励投资,特别是民间投资,有利于促进产业结构调整和技术升级。对于生产规模较小的环保企业,纳入抵扣范围的生产设备品类较少,在实际享受到的税收优惠效果上不如传统产业和大型企业。未来应根据环境产业企业的生产特点,分类规定纳入抵扣范围的生产设备品类,维护产业间税负水平调整的公平,从而支持环境产业的发展。

3. 关于营业税政策

目前,营业税的征收体系和制度较为成熟,并已按照经济发展和产业结构优化的要求对营业税的征税范围和税目进行了调整。

(1)污水处理费营业税政策。根据《国家税务总局关于污水处理费不征收营业税的批复》(国税函〔2004〕1366号)文件的规定:按照《中华人民共和国营业税暂行条例》规定的营业税征税范围,单位和个人提供的污水处理劳务不属于营业税应税劳务,其处理污水取得的污水处理费,不征收营业税。

(2)垃圾处置费的营业税政策。根据《国家税务总局关于垃圾处置费征收营业税问题的批复》(国税函〔2005〕1128号)的规定:单位和个人提供的垃圾处置劳务不属于营业税应税劳务,对其处置垃圾取得的垃圾处置费,不征收营业税。

"十二五"规划坚持把建设资源节约型、环境友好型社会作为加快转变经济发展方式的重要着力点,贯彻节约资源和保护环境基本国策,节约能源,积极应对全球气候变化,促进经济社会发展与人口资源环境相协调,走可持续发展之路。环境税的开征是保护环境、促进可持续发展的充分体现,是今后治理污染、抑制浪费的重要经济手段,同时,我国环境产业的潜在市场和现实市场之间还有很大差距的情况下,开征环境税可以强化我国企业的环保意识,增强环境保护责任感,促进我国环境产业快速发展。

（五）支撑环境服务业相关政策的落实

除以上政策保障外,支撑环境服务业发展的政策还包括政府采购、财政补助、税收优惠、土地等引导环保服务业快速发展的优惠政策。实行财税政策扶持,例如,设立环保服务业发展引导资金,优先对环保服务业企业设施运营、技术研发、新产品开发和技术成果转化等项目给予补助;优先保障土地供给,对重大环保服务产业项目建设用地优先使用预留计划指标;鼓励重点环保服务业企业进驻园区,对现有环保服务业企业搬入园区,旧址土地开发的政府收益部分,用于奖励企业搬迁和发展;优化环保服务业发展环境,环保产业园内所有收费项目由园区管委会统一扎口管理,市、区两级开征的行政规费免收,并为环保服务业企业建立绿色通道。对符合园区产业定位、科技含量高、产业带动作用明显的项目,实行一事一议、政策跟项目走;对经过国家、省市认定的高新技术企业、高新技术项目,园区帮助上争并同时给予经费扶持;对所有入园项目,实行最低审批收费标准,能减则减,能免则免。

六、促进环境服务业发展的措施

当前,环境服务业的发展面临诸多政策和制度上的障碍,同时存在政策和制度方面的管理盲区。环境服务业态的转型首先需要政府有关部门加大对环境服务业重要性的认识,以及环境服务业发展规律的认识。环境服务业发展尤其是服务模式试点过程中需要在环境市场的开放、特许经营制度、排污许可交易、政府绿色采购、政府服务外包、财政、金融信贷等方面开展相关政策制度的改革创新,需要在产业引进、产业发展、产业成熟的各阶段执行实施一系列优惠、扶持、发展政策。环境服务业发展也最需要与环境管理实践密切结合,以充分发挥引导、扶持和激励作用,需要将环境服务业的发展融入环境管理机制创新和政府环境管理改革中,推动环境服务模式创新与环境管制政策改革的有机结合。

（一）环境服务业纳入现代服务业的核心内容

通过相应的扶持政策,积极鼓励以服务业形态发展环保产业,将环境服务业纳入国家鼓励发展的现代服务业的核心范围。建立健全立足于现代服务业的产业统计体系,仿照网络ICP,利用网络信息技术,以环境服务业为基础,使环境产业的统计常规化。参照国家和各地对现代服务业的扶持政策,给予环境服务业以鼓励性的外部政策环境,将环境服务业纳入高新技术产业目录,促进产业发展。

各级政府优先给予环境服务业发展以用地保障,在进行城市总体规划时,应明确保障环境服务业发展用地的措施。切实抓好现行国家税收优惠政策的落实,对于实现环境服务业产业分离的企业,分离后的税负高于原税额的,高出部分由地方对企业予以扶持性补助。对环境服务业企业在用水、用电、用气方面采用优惠政策,根据不同情况可实施缓交、暂停、减免等措施。加大环境服务业领域的财政资金投入力度,加强环境服务业发展的统筹协调,积极整合相关财政专项资金,加大对环境服务业的支持。建立开发和引进人才资源的有效机制,为加快环保服务业发展提供有力的人才支持。积极整合高校、科研院所和企业的现有环保人才,培育和引进国内外高素质人才,为环保人才创造良好的发展和创新氛围。

（二）提高环境要求,加强环境执法,释放市场需求

如果不重视环境保护,环境保护措施不到位,就不会有环境保护服务行业的发展。以体

现环境保护重视程度的法律法规体系的建立为例,应当说强制性的、完善的法律法规有利于创造新的市场需求,是推动环境服务业发展的强制性动力,环境服务业发达的国家都制定了严格的标准和法律法规来控制污染、保护环境,同时,这些法律法规刺激了环境服务业的产生和发展,世界上最大和技术最为先进的环境服务产业都产生在环境立法严格的国家。加快环境质量的标准化体系建设,进一步明确环境质量要求,有序提高环境服务标准,在法律法规、管理制度以及信息收集不断完善的基础上,加大环保执法和监督力度,引导企业和个人积极履行环保责任,释放环境服务市场需求,促使环境服务产业潜在市场向现实市场转变,拓展环境服务产品的覆盖范围。

(三)以需求引导市场,规范和促进市场竞争

在深入分析环保市场需求和发展趋势的前提下,应制订满足环保要求、符合环保产业发展方向的产业扶持政策,有重点地支持环境产业发展,认真落实国家和地方相关产业政策,通过政策的支撑和引导,使市场向健康、有效的方向发展。

(1)大力发展由环境保护管理责任产生的社会化服务,各级政府将环境影响评价、环境规划、环境监理、环境风险评价、环境监测、环保宣教服务等服务社会化,形成政府环保采购、政府投资的环保服务业。

(2)健全市政环境设施服务的特许经营,在城镇污水、垃圾处理厂和固体废物处置场等环保设施运营服务环节全面引入市场机制。鼓励综合服务企业以特许经营方式获得污染治理设施一定期限的服务权和收益权。

(3)通过环保职能范围之内的手段鼓励服务分离,拓展污染企业的外部服务市场需求,促进污染主体治污责任的专业化服务,形成专业企业的系统服务外包市场。

(4)以环境设施运营服务资质管理体系为基础,使资质管理的重心向环境综合服务业态转型,优先和鼓励综合环境服务企业申请环境运营服务资质。各级环保部门应与工商部门协同,建立针对环境系统服务商的前置注册制。促进环境服务专业化,鼓励治污责任的适度集中。

(5)建立环保企业诚信制度体系,建设产业信息平台,做好产业信息公开性和透明性,减少信息不对称,确保良好的市场竞争环境。

(四)提供资金支持

1. 拓宽融资渠道

环境服务业发展同样离不开银行贷款这一融资渠道,金融部门应考虑如何优化贷款结构,增加绿色贷款的比重,以适应我国环境保护和发展环境服务业的需要。可以建立专门的商业性环保企业担保公司,为贷款难的中小型企业提供贷款担保,为环保服务企业融资提供便利。鼓励多元化融资方式,完善环境服务业的资本市场,创建新的融资手段,积极拓展环境服务的融资渠道。鼓励节能服务企业借助股票市场、债权市场、国外贷款、项目融资等手段进行国内外融资,鼓励银行和其他金融机构对环境服务企业进行信贷支持,增加绿色贷款的比重。设立可以由中央政府、省、市三级财政部门按一定比例划拨的环境保护启动基金,支持环境设施的运营。

2. 设立环境保护基金,支持环境保护设施的运营

通过设立各种环境基金支持环境设施充分利用起来,环境设施运行基金建立可以由中

央政府、省、市三级财政部门按一定比例划拨一定数额的资金作为启动资金,将征收的污水处理费、排污费、环境税等作为基金运行的经常性资金来源。

3. 充分利用资本市场融资

鼓励符合条件的环境服务企业上市,向社会筹集资金;不符合上市条件的企业鼓励其以私募的方式发行股票,尽可能地吸收社会闲散资金,促进环境服务企业的发展。总之,拓宽环境服务企业的投融资渠道,确保行业发展有充足的资金来源,是环境服务业健康快速发展的重要保障。进一步拓宽市场化融资渠道,鼓励和促进政府、国内投资者和国外投资者投资我国环境服务市场,并针对不同的投资来源,引导其投入适当的领域。比如,引导政府投资于利润较少或没有利润的公共型环境治理工程项目、环境教育和培训服务、政府应当承担的环境监测和咨询服务等方面。引导国外资金直接投资于资金需求量大、技术含量高、利润率高、国内急需但空白的领域,满足市场对环境服务的需求。引导国内资金投资于环境咨询、环境监测等资金需求量少、利润率较低但稳定的领域。同时,鼓励国内资金参与到国外资金投资建设的大型项目中,利用合作伙伴的便利学习其先进的环境技术和管理经验。

参考文献

[1] Stefanie Engel, Stefano Pagiola, Sven Wunder. Designing payments for environmental services in theory and practice: An overview of the issues[J]. *Ecological Economics*. 2008, 65(4): 663 – 674.

[2] 黄进.我国新型环境服务业标准体系研究[J].中国标准化,2018(13):47 – 52.

[3] 李健.中国环境服务业发展研究[D].辽宁:辽宁大学.2015.

[4] 刘乃超.中国合同环境服务公共性研究的三条进路[J].中国人口、资源与环境,2014,24(10):6 – 10.

[5] 省生态环境厅关于 2018 年度法治政府建设情况的报告[R].江苏省生态环境厅,2019.

[6] 王依.关于推动我国环保产业发展再上新台阶的思考[J].中国环境管理,2016,8(5):103 – 107.

[7] 肖葱.环境服务业市场化的测度和发展思路[J].改革与战略,2007(12):127 – 128.

[8] 昝月梅.促进我国环境产业发展的税收政策选择[J].中央财经大学学报,2011(12):18 – 22.

第三章 中国环境服务业发展趋势

一、总体情况

（一）中国环保产业发展总体情况

自十八大以来，党中央对生态环境的重视程度持续上升，"十八大"提出大力推进生态文明建设；"十三五"规划纲要提出，要加快改善生态环境，并围绕这一目标在环境综合治理、生态安全保障机制、绿色环保产业发展等方面进行了总体部署；2016 年"两会"，中央政府工作报告进一步明确，要大力发展节能环保产业，将其培育成我国发展的一大支柱产业；"十九大"更是将污染防治作为我国当前"三大攻坚战"之一而提出；2018 年，全国生态环境保护大会在北京召开，习近平总书记出席会议并发表重要讲话，正式确立习近平生态文明思想；中共中央、国务院印发《关于全面加强生态环境保护坚决打好污染防治攻坚战的意见》，明确打好污染防治攻坚战的路线图、任务书、时间表；十三届全国人大一次会议表决通过宪法修正案，把新发展理念、生态文明和建设美丽中国的要求写入宪法；十三届全国人大常委会第四次会议作出关于全面加强生态环境保护依法推动打好污染防治攻坚战的决议；全国政协十三届常委会第三次会议围绕"污染防治中存在的问题和建议"建言资政；在党和国家机构改革中，新组建生态环境部，统一行使生态和城乡各类污染排放监管与行政执法职责，同时组建生态环境保护综合执法队伍，增强执法的统一性、独立性、权威性和有效性。在国家整体重视程度和行业内部政策的利好作用下，我国环保产业迎来了高速发展。

过去几年中，各地区、各部门以习近平新时代中国特色社会主义思想为指导，全面贯彻党的十九大和十九届二中、三中全会精神，深入贯彻习近平生态文明思想和全国生态环境保护大会精神，在环境保护领域开展多项卓有成效的工作：

一是全面推进"蓝天保卫战"。国务院印发实施《打赢蓝天保卫战三年行动计划》。全国人大常委会组织开展大气污染防治法执法检查，听取和审议大气污染防治法执法检查报告。强化区域联防联控，成立京津冀及周边地区大气污染防治领导小组，建立汾渭平原大气污染防治协作机制，完善长三角区域大气污染防治协作机制。开展蓝天保卫战重点区域强化监督，向地方政府新交办涉气环境问题 2.3 万个，2017 年交办的 3.89 万个问题整改完毕。非石化能源消费比重达 14.3%，北方地区冬季清洁取暖试点城市由 12 个增加到 35 个，完成散煤治理 480 万户以上。积极做好重污染天气应急处置。积极推进大气重污染成因与治理攻关项目，推进温室气体与污染物协同治理，做好从发电行业率先启动全国碳市场的准备工作，开展各类低碳试点示范，推进适应气候变化相关工作。

二是着力推进"碧水保卫战"。全国人大常委会成立执法检查组，对海洋环境保护法贯彻实施情况进行监督检查。深入实施《水污染防治行动计划》。出台《中央财政促进长江经济带生态保护修复奖励政策实施方案》。完成长江干线 1 361 座非法码头整治。印发《长江流域水环境质量监测预警办法（试行）》，组建长江生态环境保护修复联合研究中心。发布实施城市黑臭水体治理、农业农村污染治理、长江保护修复、渤海综合治理、水源地保护攻坚战行动计划或实施方案。支持300个市县开展化肥减量增效示范。推进全国集中式饮用水水源地环境整治,1 586个水源地6 251个问题整改完成率达99.9%。全国97.8%的省级及以上工业集聚区建成污水集中处理设施并安装自动在线监控装置。加油站地下油罐防渗改造完成比例达78%。

三是稳步推进"净土保卫战"。全国人大常委会通过《中华人民共和国土壤污染防治法》。出台《工矿用地土壤环境管理办法(试行)》和《土壤环境质量建设用地土壤污染风险管控标准(试行)》。持续推进六大土壤污染防治综合先行区建设和200多个土壤污染治理与修复技术应用试点项目。坚定不移推进禁止洋垃圾进口工作,2018年全国固体废物进口总量2 263万吨,比2017年下降46.5%。推进垃圾焚烧发电行业达标排放,存在问题的垃圾焚烧发电厂全部完成整改,涉气污染物排放达标率显著提升。

四是开展生态保护和修复。初步划定京津冀、长江经济带和宁夏等15个省份(自治区)生态保护红线,山西等16个省份基本形成划定方案。启动生态保护红线勘界定标试点,推动国家生态保护红线监管平台建设。国家级自然保护区增至474处。实施退耕还林还草、退牧还草工程。整体推进大规模国土绿化行动,完成造林绿化1.06亿亩。恢复退化湿地107万亩,56处国际重要湿地生态状况总体良好。推进第三批山水林田湖草生态保护修复工程试点工作。

五是强化生态环境保护督察执法。坚持依法依规监管,出台《关于进一步强化生态环境保护监管执法的意见》等文件。研究制定《中央生态环境保护督察工作规定》。分两批对河北等20个省份开展中央生态环境保护督察"回头看",公开通报103个典型案例,同步移交122个生态环境损害责任追究问题。2018年全国实施行政处罚案件18.6万件,罚款数额152.8亿元,比2017年上升32%,是新环境保护法实施前2014年的4.8倍。

六是落实生态环境改革措施。完成生态环境部组建工作,整合7部门相关职责,贯通污染防治和生态保护。推动设置京津冀及周边地区大气环境管理局和流域海域生态环境监管机构,健全区域流域海域生态环境管理体制。全国人大常委会通过《关于修改〈中华人民共和国野生动物保护法〉等十五部法律的决定》,修改大气污染防治法,明确执法机构的法律地位。印发《关于深化生态环境保护综合行政执法改革的指导意见》,整合生态环境保护领域执法职责和队伍,强化生态环境保护综合执法体系和能力建设。全面推开省以下生态环境机构监测监察执法垂直管理制度改革工作。

七是防范化解环境风险。规范生活垃圾焚烧发电建设项目环境准入,部署开展垃圾焚烧发电、PX项目自查,依法推进项目建设。推进全国化工园区有毒有害气体预警体系建设,长江经济带11省份开展沿江涉危涉重企业应急预案修编及备案。依法严格核设施安全监管,45台运行核电机组安全运行记录良好,11台在建核电机组质量受控,19座民用研究堆和临界装置安全运行。

八是全面提高支撑保障能力。中央财政安排生态环境保护及污染防治攻坚战相关资金2 555亿元。扎实推进第二次全国污染源普查,清查建库、入户调查工作进展顺利。抽测工业源废水排污单位11 510家,污水处理厂4 343家,工业源废气排污单位10 173家。现行有效国家环境保护标准达1 970项。

随着环保地位的空前提升,以及各项环保举措的扎实开展,我国环保领域内投资需求也随之大幅增长。环保绿色美丽中国被纳入"十三五"6个重要目标任务、五大发展理念和2016年八大重点工作之中,100个重大工程及项目中环保占到16个,环保在"十三五"期间被提到前所未有的高度,随着"水十条""大气十条"的细化落实及"土十条"的预期出台,"十三五"期间环保领域投资将大幅增长。《2016 2022 年中国环保市场运行态势及投资战略研究报告》显示:2014 年全国环境污染治理投资为 9 576 亿元,同比增长 6%,"十二五"期间全国环境污染治理投资有望达到 5 万亿元;据环保部规划院测算,"十三五"全社会环保投资将达到 17 万亿元,是"十二五"的 3 倍以上;环保产业将成为拉动经济增长的重要支柱。其中,部分资金来自中央财政。自 2007 年以来中央财政环保支出呈增长趋势,2013 年环保财政支出为 3 435 亿元,截至 2017 年,环保财政支出达到了 5 672 亿元,年均增长 13.36%。

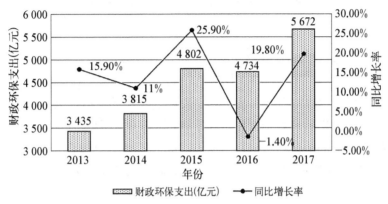

图 3-1　2013—2017 年财政环保支出变化情况

数据来源:艾媒咨询、国家统计局

(二)中国环境服务业发展总体情况

1. 中国环境服务行业发展分析

环境服务业作为环保产业的重要组成部分,其发展水平是环保产业成熟度的重要标志。我国环境服务业起步较晚,与国外环境服务业相比晚了十几年。我国环境服务业起步于 20 世纪 90 年代,受益于"九五"环境保护计划的实施,以及 2000 年《全国环境保护相关产业状况公报》公布,环境服务业概念被首次提出;2001 年《国家环境保护"十五"计划》进一步提出,"逐步开放环境服务市场,进一步开放环保产品市场,鼓励有竞争力的环保产品生产企业和环境服务企业开拓国际市场",此后,环境服务业逐渐进入人们的视线,并由单一的技术研发服务或项目工程服务向综合化、一体化服务发展,取得了快速进步。

全书第一章节中已经对环境服务业的概念进行了讨论,《环境服务业"十二五"发展规划》中将环境服务业界定为与环境相关的贸易活动,主要包括环境工程设施施工与运营、环境评价、规划、决策、管理等咨询,环境技术研发,环境监测与检测,环境贸易、环境金融、环境信息、教育与培训及其他与环境相关的服务活动。《全国环境保护相关产业状况公报》大致认为我国环境服务业可分为环境技术服务、环境咨询服务、污染治理设施运营管理、废旧资源回收处置、环境贸易与金融服务、环境功能及其他环境服务六类。但是,已有信息仍不足以让大家认清中国环境服务行业的发展现状,因此,该部分将采用 SCP 范式对环境服务业进行规范的深入分析。

(1)环境服务业市场结构分析

① 市场集中度

CR_n 指数是用来说明产业的市场集中度的最常见描述性指标,一般用产业规模上处于前 4 位或前 8 位的企业的相关指标累计数占整个产业相应指标总数的比例来表示。根据第四次全国环境保护及相关产业基本情况调查数据计算 CR_n 指数后发现,环境保护服务产业

CR_4和CR_8指数分别为11.07%和15.08%,可以看出,环境服务业的CR_4和CR_8指数均小于20%,具体结果详见表$3-1$。按照贝恩的市场结构分类标准,我国的环境保护服务产业集中度较低,竞争比较分散,属于竞争型市场。

表3-1 环境保护服务行业及其细分领域市场集中度

集中度	环境保护服务			
	总体	污染治理及环境保护设施运行服务	环境工程建设服务	环境咨询服务
CR_4	11.07%	10.30%	14.54%	25.86%
CR_8	15.08%	16.82%	22.96%	36.83%

数据来源:第四次全国环境保护及相关产业基本情况调查。

从细分领域的市场集中度来看,污染治理及环境保护设施运行服务的CR_4和CR_8指数分别为10.30%和16.82%,环境工程建设服务的CR_4和CR_8指数分别为14.54%和22.96%,环境咨询服务的CR_4和CR_8指数分别为25.86%和36.83%,按照贝恩的市场结构分类标准,污染治理及环境保护设施运行服务,环境工程建设服务和环境咨询服务的CR_4指数均小于30%,CR_8指数均小于40%,属于竞争型市场。

② 市场供需分析

(a) 环境服务业各领域发展不均衡,面临供给侧结构性改革

目前,我国环境服务业主要包括污染治理及环境保护设施运行服务、环境工程建设服务、环境咨询服务、生态修复与生态保护服务及其他服务等内容。第四次全国环境保护及相关产业调查数据显示(具体统计数据详见表$3-2$),污染治理及环保设施运行营业收入占比达到41%;环境工程建设服务营业收入占比达到32%,污染治理与环保设施运行和环境工程建设服务是目前我国环境服务业的主体;环境咨询服务占比达到15%,但主要集中在环境影响评价、环境标志认证、环境技术评估等方面,咨询服务范围与国外发达国家相比较为狭窄;生态修复与生态保护服务占比达到3.74%,远低于国外发达国家,如加拿大2008年生态修复与生态保护服务占比已达到14.4%,澳大利亚达到16%;其他环境保护服务为8%。这表明,我国环境服务业各细分领域发展不均衡,环境咨询、环境贸易、环境金融等方面仍然存在供需不足的问题。随着环境服务市场需求的多元化,未来环境服务业发展将面临补短板、降成本等供给侧结构性改革难题。

表3-2 环境服务业各部分收入值

环境保护服务	污染治理服务及环保设施运行	环境工程建设服务	环境咨询服务	生态修复与生态保护服务	其他环境保护服务
收入总额(万元)	7 222 057	5 461 810	2 560 224	631 911	152 512
收入占比	41%	32%	15%	3.74%	8%

数据来源:第四次全国环境保护及相关产业基本情况调查。

(b) 传统环境服务业发展相对成熟,具有"走出去"的需求和能力

国内污水处理、垃圾处理、脱硫脱硝等设备和技术具有较强的研发生产能力,同时,环境污染治理设施建设已经相对成熟和饱和,如2014年城市生活垃圾无害化处理率和城市生活污水处理率均超过了90%,国内市场的饱和倒逼传统环境服务业拓展国际市场。凭借较强的综合

实力,国内节能服务市场已经进入东南亚、南亚、中东等国际市场。2015 年国家发展和改革委员会、外交部、商务部等联合发布的《推动共建丝绸之路经济带和 21 世纪海上丝绸之路的愿景与行动》,提出"基础设施"建设优先,而"一带一路"沿线城市在生活垃圾、污水处理等基础设施建设领域相对落后。因此,打开国际市场,满足国际市场需求是未来环境服务业的发展方向。

(c) 国家宏观利好政策陆续出台,环境服务业面临巨大市场

随着新《环保法》《水污染防治行动计划》《土壤污染防治行动计划》等政策的相继出台,环境服务业的市场空间将进一步释放,主要以流域治理、农村环境治理、土壤修复等为主。根据 E20 研究院测算,2015—2020 年,工业废水治理领域的总投资需求约 5 700 亿元,其中,工程建设市场投资约需 950 亿元,改造市场投资约需 750 亿元,运营市场投资需求约 4 000 亿元(其中第三方专业治理潜在市场约 1 000 亿元);城镇生活污水治理及配套设施的投资需求约 7 000 亿元;污泥处理处置总市场规模将达到 1 800 亿元,其中,建设资金需求约 1 000 亿元,运营总市场规模将达到 800 亿元,年均 160 亿元;农村环境综合整治,县城、重点镇仅供水设施(不含管网)建设投资需求达 540 亿元,农村饮用水安全工程投资需求 1 600 亿元—1 700 亿元;农村污水处理投资需求约 2 000 亿元;黑臭水体治理市场规模约为 4 000 亿元,其中相当一部分资金将通过 PPP 及政府采购公共服务方式来筹措,环境服务业将迎来巨大的市场空间。

(2) 环境服务业市场行为分析

市场行为是指各企业在充分考虑市场的供需条件和其他企业关系的基础上,所采取的各种决策行为。环境服务业主要采用模式创新、兼并重组的发展策略。

① 模式创新

随着环境服务市场化的不断推进,环境服务业出现了合同环境服务、第三方治理、政府采购环境服务、公司合作伙伴关系、土壤修复商业化等模式和机制创新。通过引入合同环境服务,环境服务企业由单一的提供设备、工程等业务向综合环境供应商转变。目前,我国已经在土壤、河流和生态修复等多方面进行了合同环境服务。政府购买服务就是环境服务市场主体以合同环境服务的方式面向政府部门提供环境综合服务,其中监测社会化是政府购买环境服务的经典形式。第三方治理也取得了初步进展,如斗山工程机械有限公司污水站项目和华凌湘钢的合同环境管理项目均采用第三方治理,并取得了良好的成效。PPP 模式可降低或缓解政府环保支出压力,节约处置成本,主要形式包括 BOT、TOT、DBFO、O&M 等。我国在污水处理、垃圾处理等环境基础设施领域,BOT、BT 等模式已经广泛使用。土壤修复商业化是目前国家政策大力扶持的业务,但是处于起步摸索阶段,发展尚不成熟。

② 兼并重组

国外发达国家环境服务企业通过兼并重组,提供大型综合服务在产业中获得竞争力。我国环境服务业也通过兼并重组,整合资源,提高技术和管理等服务能力。国内环保行业大部分整合并购完成后,企业结合内生、外延并重的方式发展,打造更为完善的技术和业务模式,发展成为综合投资服务运营商。另外,目前跨界组建较多,大型国企纷纷组建环境服务公司,如葛洲坝集团、中国石化、中冶集团、徐工集团、中国铁建、中国建投。

(3) 环境服务业市场绩效分析

① 规模结构效率

尽管我国环境服务业依旧处于高速发展阶段,但是环保企业数量多、规模小。根据第四次全国环境保护及相关产业调查数据(具体数据详见表 3 - 3),全国环境服务保护产业从业单位 8 820 家,其中,营业收入超过 4 亿元的企业数占比 9.5%,收入占比 90.5%;营业收入在 2 000 万

元至4亿元之间的中型企业数占比35.9%,收入占比8.8%;营业收入在300万元至2 000万元之间的小型企业数占比41%,收入占比0.7%;营业收入小于300万元的微型企业数占比13.6%,收入占比0.1%。可以看出,环境服务业中型和小型企业占比较大,但主要收入集中在大型企业。总体来说,我国当前的环境服务企业大部分规模偏小,盈利水平较低,有待进一步提升企业规模。

表3-3 环境服务业规模占比

项目	企业规模营业收入Y(万元)	大型 Y≥40 000	中型 2 000<Y≤4 000	小型 300≤Y<2 000	微型 Y<300
环境保护服务	企业数占比	9.50%	35.90%	41.00%	13.60%
	收入占比	90.50%	8.80%	0.70%	0.10%

数据来源:第四次全国环境保护及相关产业基本情况调查。

② 技术进步

从整体看,第四次全国环境保护及相关产业基本情况调查结果显示,环境服务业技术研发数量占整个环保产业技术研发数量的5.9%;获得专利数量占整个环保产业专利数量的38%;环境保护服务业的研发资金投入强度约为7%,环境保护服务业的研发人员投入超过6%,技术进步还有很大空间。

综上,从规模结构效率和技术进步来看,环境服务企业大部分规模偏小,有待进一步提升企业规模;同时,总资产报酬率和成本费用利润率均较低,说明产业盈利水平有待提高。另外,技术资金投资强度和研发人员投入强度均未超过10%,技术进步还有很大空间。

2. 中国环境服务业运营状况

(1)环境服务业整体状况

受"大气十条""水十条"及"土十条"全面推进、排污许可制落地实施、全国生态环境保护大会提出实施打好污染防治攻坚战的"7+4"组合行动、中央生态环境保护督察及"回头看"从监管层面助力污染防治各项制度的有效落实、环境保护税开征有效调动了地方防控生态环境污染的积极性、生态环境部启动七项专项行动助力治污攻坚等政策层面多因素的拉动,环境服务从业企业数量和营业收入额近年呈现持续增长态势:2013—2017年,环境服务从业企业数量由3 685家增至5 150家,年均增长率约8.7%;环境服务从业企业实现营业收入2 943.5亿元,年均增长率约18.6%。从环境服务从业企业数量和营业收入额的持续增长可以看出,行业规模呈现稳步增长的态势(见图3-2)。

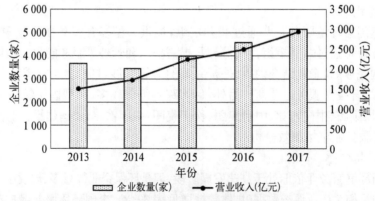

图3-2 2013—2017年环境服务业规模

数据来源:各年度全国环境服务业财务统计调查

　　环境服务业利润空间扩大,从业企业盈利能力回升。受益于中央环保专项资金补助政策的落实及税收优惠政策的推出,加之部分业内企业通过技术升级、优化运营管理、拓展业务范围等方式在扩大利润空间方面取得了一定回报,行业整体利润持续增长,盈利水平回升。2013—2017 年,环境服务业营业利润总额由 118.4 亿元增至 291.4 亿元,年均增长率约25.3%;行业年度平均营业利润率明显提升,由 2013 年的 7.96% 升至 2017 年的 9.90%。从环境服务业营业利润额和营业利润率的变化,可以看出行业的盈利表现呈现利润空间扩大、从业企业盈利能力回升的态势(见图 3-3)。

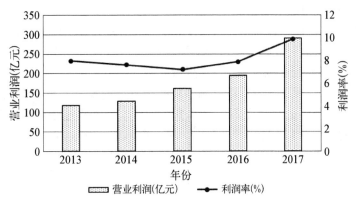

图 3-3　2013—2017 年环境服务从业企业盈利能力
数据来源:各年度全国环境服务业财务统计调查

　　环境服务从业企业营业成本递增。受近年宏观去杠杆、劳动力成本、原材料价格高企等影响,环境服务业营业成本递增趋势明显。环境服务从业企业营业成本由 2013 年的 1 094.2 亿元升至 2017 年的 2 252.4 亿元,年均增长率达 19.8%,攀升速度高于同期营业收入年均增速(18.6%)。从环境服务业营业成本的变化可以看出,从业企业成本承压方面呈现递增的态势(见图 3-4)。

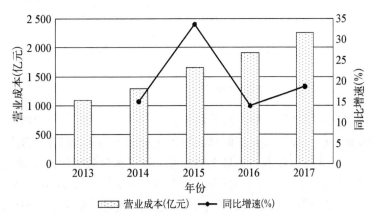

图 3-4　2013—2017 年环境服务营业成本增长情况
数据来源:各年度全国环境服务业财务统计调查

(2) 环境服务业结构状况

　　我国环境服务业财务统计口径内从业企业从事的业务主要涉及水污染治理、大气污染治理、固体废物治理、危险废物治理和环境保护监测 5 个细分领域。统计调查结果显示:2013—2017 年,水污染治理和环境保护监测领域规模领跑其他细分领域,危险废物治理企业收入、利润和成本增长明显,固体废物治理企业盈利能力提升迅速。

水污染治理、环境保护监测从业企业数量保持领先。2013 年以来,得益于水污染治理领域 PPP 项目的数量优势和相对较好的落地表现,黑臭水体治理、海绵城市、城镇污水处理设施提标改造等工作的不断推进,以及水污染治理市场的积极影响,水污染治理企业由 2013 年的 1 539 家增至 2017 年的 1 678 家。同时,国家积极推行生态环境监测体制改革、提高环境监测数据质量等要求对环境保护监测服务市场的激发,环境保护监测领域从业企业由 2013 年的 874 家增至 2017 年的 1 655 家。水污染治理、环境保护监测两个领域从业企业数量在五个领域中保持领先。

水污染治理从业企业经营业绩优于其他领域,危险废物治理从业企业经营业绩增长明显。五个领域 2017 年的营业收入和营业利润均高于 2013 年。其中,水污染治理领域营业收入和营业利润居各领域首位,2017 年实现营业收入 830.3 亿元、营业利润 80.4 亿元。危险废物治理领域从业企业在政府日益重视危险废物对环境要素质量的影响、环境风险管控日趋严格、危险废物产生量和处置需求持续增长的背景下整体业绩表现出色,2017 年实现营业收入 770.5 亿元、营业利润 56.0 亿元,仅次于水污染治理领域。2013—2017 年危险废物治理从业企业营业收入年均增长率约达 40.8%、营业利润年均增长率约达 55.3%,增幅超过其他领域(见图 3 - 5)。

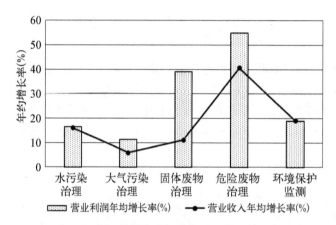

图 3 - 5　2013—2017 年环境服务业细分领域经营业绩及盈利的增长情况
数据来源:各年度全国环境服务业财务统计调查

固体废物治理从业企业盈利能力提升迅速。2013—2017 年,五个领域营业利润率均呈现不同程度的波动,其中,仅环境保护监测领域营业利润率每年均高于同期行业平均营业利润率,且为 2013—2015 年营业利润率最高的领域。因妥善处理固体废物既是改善生态环境质量的客观要求,又是保护公众健康的刚性需求,加之受 2016—2017 年国务院发布的"土十条"、各地的地方"土十条"以及《"十三五"生态环境保护规划》《全国土地整治规划》《农用地土壤环境管理办法(试行)》等政策中固废处理处置相关规定的协同推动,固体废物治理领域2016 年以 10.4%超越环境保护监测领域,首夺营业利润率榜首,2017 年作为唯一高于同期行业年度营业利润率的细分领域,以 12.1%继续强势占据榜首,且为五个领域中同期营业利润率增长最高的细分行业,2017 年较 2013 年提高了 6.8 个百分点。

危险废物治理从业企业营业成本压力递增最为明显,大气污染治理成本压力增长相对和缓。2013—2017 年,五个领域营业成本总体均呈递增趋势,但大气污染治理、固体废物治理、水污染治理和环境保护监测四个领域年均增长率低于同期行业平均增幅,其中,大气污染治理从业企业营业成本增长相对最为缓和,仅为7.0%。危险废物治理领域因近年营业收入增长迅速,加之受业内大部分企业普遍处置量较小且仅能处置几类危废等因素的影响,成本压力的增长居高不下,2017年营业成本达653.0亿元,居5个领域首位,且为唯一高于同期行业平均增长率的细分领域,年均增幅高达42.5%。

(三)中国环境服务业运行模式分析

为加强环境管理效果,提高治污设施的运行效率及污染治理的投资效益,节约运行成本等,我国逐步对环境污染治理设施实行企业化、市场化和社会化运作,并出现了多种运作管理模式。在公共基础设施建设领域,PPP模式被广泛采纳。PPP模式(Public-Private-Partnership),即公私合作模式,此模式从欧洲流行开来,主要用于基础设施等公共项目的建设,通过政府与私人部门之间签订特许权协议或合同来实现。PPP模式在基础设施项目中有效运用了市场机制,积极引入私营投资者,大大减轻了政府的财政压力,提高了投融资的效率。PPP是一个大而广的概念,其在实践过程中有多种实现形式,目前应用较广的主要有以下两种:

1. BOT模式和TOT模式

(1)基本概念

BOT(Build-Operate-Transfer)或TOT(Transfer-Operate-Transfer)模式,即建造—经营—移交或移交—经营—移交模式。这两种方式都是通过将基础设施的经营权有效期做抵押或通过出售现有资产来获得项目的融资。TOT是"移交—经营—移交(Transfer-Operate-Transfer)"的简称,它是项目融资的一种形式,具体是指中方在与外商签订特许经营协议后,把已经投产运行的交通基础设施项目移交给外商经营,凭借该设施在未来若干年内的收益,一次性地从外商手中融得一笔资金,用于建设新的交通基础设施项目;特许经营期满后,外商再把该设施无偿移交给中方。因此,TOT方式与BOT方式的根本区别在于"B"上,即不需直接由外商投资建设交通基础设施,因而避开了在"B"段过程中产生的大量风险和矛盾,比较容易使中外双方达成一致。在我国经济发展的现阶段,积极采用TOT方式,发展直接融资,对于加快交通基础设施建设尤为必要。BOT是英文"Build-Operate-Transfer"的缩写,通常直译为"建设—经营—转让"。这种译法直截了当,但不能反映BOT的实质。BOT实质上是基础设施投资、建设和经营的一种方式,以政府和私人机构之间达成协议为前提,由政府向私人机构颁布特许,允许其在一定时期内筹集资金建设某一基础设施并管理和经营该设施及其相应的产品与服务。政府对该机构提供的公共产品或服务的数量和价格可以有所限制,但保证私人资本具有获取利润的机会。整个过程中的风险由政府和私人机构分担。当特许期限结束时,私人机构按约定将该设施移交给政府部门,转由政府指定部门经营和管理。所以,BOT一词意译为"基础设施特许权"更为合适。

(2)采用BOT模式和TOT模式的典型案例

① 大连春柳河污水厂TOT+工业水厂BOT项目

(a)项目概况

春柳河污水厂早期定位为城市二级处理工艺,处理规模为8万吨/天,建设期投资约8 500万元人民币。处理厂出水只有少量回用,多数排海。该厂的问题:一是出水水质部分不达标;二是处理水量不能满足日益增加的进水量。

(b) 项目方案

政府立项,对春柳河污水厂进行 TOT 模式招标运营,并允许中标单位用 BOT 模式新建一座出水标准满足工业锅炉用水的工业水厂。

投资者获得特许经营权后,首先对春柳河污水厂进行升级改造,使其处理规模达到 12 万吨/天,出水标准满足一级 B 标准。BOT 建成的工业水厂对春柳河污水厂的一级 B 出水进行深度处理,以满足工业循环冷却水标准。

政府通过春柳河 TOT 项目获得 8 000 万元转让金,将其中 4 000 万元入股工业水厂,并负责协调城市用水大户使用其出水;其余 4 000 万元建设其他项目或者安置春柳河污水厂闲置职工等。

(c) 项目效果分析

从政府的角度讲,TOT 盘活了固定资产,以存量换增量,可将未来的收入现在一次性提取。政府可将 TOT 融得的部分资金入股 BOT 项目公司,以少量国有资本来带动大量民间资本。众所周知,BOT 项目融资的一大缺点就是政府在一定时期对项目没有控制权,而政府入股项目公司可以避免这一点。

从投资者角度来讲,BOT 项目融资的方式很大程度上取决于政府的行为。而从国内外民营 BOT 项目成败的经验看,政府一定比例的投资是吸引民间资金的前提。在 BOT 的各个阶段政府会协调各方关系,推动 BOT 项目的顺利进行,这无疑减少了投资人的风险,使投资者对项目更有信心,对促成 BOT 项目融资极为有利。TOT 使项目公司从 BOT 特许期一开始就有收入,未来稳定的现金流入使 BOT 项目公司的融资变得较为容易。

② 张家界市杨家溪污水处理厂项目

(a) 项目概况

为加强城市环境基础设施建设,保护好区域生态环境,更好地促进地方经济发展,张家界市政府决定采用 BOT 方式投资、建设、运营杨家溪污水处理厂,并授权张家界市永定城区污水处理厂项目建设指挥部负责该项目实施工作。

杨家溪污水处理厂是湖南省政府列入全省污水处理设施建设三年行动计划、2008 年必须开工、2009 年必须建成的污水处理项目,也是张家界市 2008 年 17 个重点建设工程之一。

该项目污水处理规模近期为 4 万立方米/日,远期为 8 万立方米/日,总投资 6 700 万元。杨家溪污水处理厂位于西溪坪老火车站东侧,占地 40 余亩,污水处理工艺采用成熟的 A2/O 处理工艺,污水出水水质符合 GB 18918—2002 城镇污水处理厂污染物排放标准中的一级 B 标准。

张家界市永定城区污水处理厂项目建设指挥部通过公开招标方式选择湖南首创投资有限公司为该项目投资人,由其在张家界市注册成立项目公司融资、建设、运营和维护项目设施,在特许经营期限内提供污水处理服务获取污水处理服务费,并在特许经营期届满后将项目设施无偿完好移交给政府方或其指定机构。

该项目于 2008 年 6 月开始进行公开招标,7 月完成特许经营协议谈判,8 月正式完成签约,9 月开始进行设计优化和前期准备工作,2008 年底正式开工并于 2009 年底前完工进入试运营阶段。该项目于 2010 年 5 月通过环保验收正式商业运行。

(b) 运作模式

张家界杨家溪污水处理厂采用 BOT 的方式进行建设、运营和维护。由湖南首创投资有限公司 100％出资成立张家界首创水务有限责任公司,负责项目的具体运营。张家界市人民政府授权张家界市住房和城乡建设局与张家界首创水务有限责任公司签署了《张家界杨家溪污水处理厂 BOT 项目特许经营协议》,就特许经营、项目的建设、运营、维护、双方的权利义务、违约责任、终止补偿等内容进行约定。

特许经营的形式:通过 BOT 方式引入社会资本,由社会资本投资建设并运营本项目,经营期限届满后将污水处理设施无偿移交政府或政府指定的接收单位。

特许经营的范围:在特许经营期内投资建设、运行张家界市杨家溪污水处理厂(不含管网资产),处理政府提供的污水,收取污水处理服务费。厂区红线范围外为项目建设与运行所需的市政配套设施(包括道路、上水、供电)以及污水收集管网系统建设由张家界市政府负责,不包含在项目范围内。

特许经营的期限:本项目的特许经营期限为 25 年。

计量及价格机制:由于运营期内污水处理量存在不确定性,本项目通过设计基本水量的方式为政府方和社会投资人有效分担该风险。水量不足时政府方应就基本水量支付基本污水处理服务费,污水处理厂的实际处理水量超过基本水量,超额水量部分按 60％付费。项目每两年根据人工、电费等成本变动进行调整。政府方应履行必要的审核、审批程序,并在一定时间内给予答复。

终止后补偿:因政府方或者项目公司自身的原因引起特许经营协议终止,双方需各自承担相应的责任,对另一方作出补偿;由于自然条件引起的不可抗力事件导致协议终止,双方的损失应各自承担;如果由于政策、法律法规等引起的协议终止,政府方承担补偿项目公司损失的责任。

(c)借鉴价值

张家界市杨家溪污水处理厂 BOT 项目主要目标是引入社会资本的资金以及先进技术和管理经验,提高污水处理服务的质量和效率,推进污水处理市场化改革。从目前来看,这一目标基本达到。总结经验,有如下方面可供借鉴。

一是项目实施需要营造公开透明的政策环境,建立协调机制,规范化操作。

首先,市政府成立了市级层面的项目建设指挥部,保障政府和社会资本合作积极稳妥推进。在指挥部推动下,项目的招标和谈判更加透明、决策更加科学民主,协调各职能部门更加高效。其次,政府聘请专业咨询机构提供财务、法律等顾问服务,提高项目决策的科学性、操作的规范性。顾问服务主要包括两方面内容:一是按国家有关法律法规和规章制度,设计风险和利益分担共享机制,编制特许经营协议;二是构建项目财务模型,为政府方在进行项目招标、谈判中提供参考和支持,通过公开程序确定项目的合理污水处理服务费单价。

二是需要社会资本提前介入,实现风险控制前移。

张家界市杨家溪污水处理厂 BOT 项目在招标文件中明确要求处理工艺成熟、处理效果良好,能够保证污水处理后能达标排放。社会资本在事前通过调查、踏勘等方式,根据实践经验确定了处理工艺,并在投标时按工艺特点报价。目前经运行测试,主要工艺设备符合政府要求的技术先进性和可靠性,满足投资人关注的经济性要求,达到了期初提出的整体要求。

三是要建立合理的风险分担机制和收益分享机制。

该项目在风险管理方面秉承了"由最有能力管理风险的一方来承担相应风险"的风险分配原则,即承担风险的一方应该对该风险具有控制力;承担风险的一方能够将该风险合理转移;承担风险的一方对于控制该风险有更大的经济利益或动机;由该方承担该风险最有效率;如果风险最终发生,承担风险的一方不应将由此产生的费用和损失转移给合同相对方。按照风险分配优化、风险收益对等和风险可控等原则,综合考虑政府风险管理能力、项目回报机制和市场风险管理能力等要素,本项目在政府、社会资本成立的项目公司之间设定风险分配机制,体现在相关法律协议中。

2. 合同环境服务模式

(1) 基本概念

"合同环境服务",这一概念是在 2011 年 4 月环保部出台的《关于环保系统进一步推动环保产业发展的指导意见》中正式提出的,但对其具体概念并未给予界定。2012 年 2 月环保部办公厅公布的《环境服务业"十二五"发展规划(征求意见稿)》提出,要"试点开展合同环境服务模式创新。鼓励环境服务市场主体以合同环境服务的方式面向地方政府或排污企业提供环境综合服务,以取得可量化的环境效果为基础收取服务费。"从文件中可以解读出,合同环境服务,是指环境服务市场主体以合同环境服务的方式面向地方政府或排污企业提供环境综合服务,以取得可量化的环境效果为基础收取服务费的一种服务模式。

合同环境服务主要是尊崇一种运用市场手段促进排污方进行环境治理的理念,是当下我国正在兴起的一种新的环境治理模式。我国的环境治理问题出现较早,因此,也有一些关于其他环境治理模式的探索。从我国的环境治理实践中可以发现,合同环境服务模式是"环境污染第三方治理"的一种,因此,合同环境服务应当放在环境污染第三方治理的背景下进行分析,且具有不同于其他第三方治理模式的特殊优势。环境服务业发展水平的提高标志着我国环保产业逐渐走向成熟,而合同环境服务新模式的发展将会给环境服务业注入新鲜血液,同时也会促进我国环保产业不断走向成熟,并最终促进经济走向绿色发展道路。

综上所述,合同环境服务的概念应界定为,环境服务市场主体以合同环境服务的方式面向地方政府或排污企业提供环境综合服务,以取得可量化的环境效果为基础收取服务费的一种服务模式。合同环境服务的这一概念强调了以下要素:一是将合同环境服务定位为环境污染第三方治理的一种新兴模式,强调以服务效果作为收费标准;二是指出服务的方式是签订环境服务合同,合同双方都要受到约束,即使环保义务一方是政府机构;三是揭示合同环境服务实际是将环境治理外包,突出了环境服务的市场化、专业化趋势。

(2) 采用合同环境服务模式的典型案例

① 昌科供暖中心节能项目

(a) 项目概况

北京昌科供暖中心供热对象大都是 20 世纪 90 年代初期的建筑,且原系统没有热网监控系统,无法对热网进行全面的监控与管理,换热系统、控制系统比较落后,存在较大的能源浪费现象。改造前,年蒸汽供应量约 270 000 t;年电耗约 192 万 kW·h;年补水量约 62 500 t。

(b) 项目方案

昌科供暖中心与北京中竞同创能源环境技术有限公司进行了节能改造合作,采用"节能效益分享型"的合同能源管理合作模式,从技术、设备、管理全方位实现了系统的优化。更换了老化的管式换热器;构建了热网监控系统;增加了具有气候补偿功能的自动控制系统;安装了全自动补水变频系统;对工业蒸汽用户实现了远程监测;采用"循环水泵超常规节电"技术,使循环泵工作在最高效率点上;采用"根除热网水力失调"技术,实现了热网水力平衡;安装了新型除污器等。

(c)项目效果

项目总投资约 800 万元人民币,节能收益约 500 万元/a。第一年,投资方分享 100%,客户无分享;第二年,投资方分享 90%,客户分享 10%;第三年,投资方分享 80%,客户分享 20%。项目改造后年节煤约 9 000 tce(节煤率:>18%);节电约 820 000 kW·h(节电率:>40%);节水约 12 500 t(节水率:>18%)。节能改造后每个采暖季二氧化碳减排量约为 6 300 t。

二、行业发展

(一)中国环境服务业中各细分行业总体发展概况

2017 年,我国环境服务业财务统计口径内从业企业共计 5 150 家,比上年增长 9.4%,增幅较上年下滑 6 个百分点;实现年营业收入 2 943.5 亿元,营业利润 291.4 亿元,收入和利润快速增长,分别比上年增长 19.2%、50.1%,增幅较上年分别上扬 5.0、29.5 个百分点;营业利润率实现近五年内的首次大幅提升,达 9.9%,较 2016 年提高 2 个百分点。

从企业数量看,水污染治理、环境保护监测领域从业企业数量领跑五个细分领域。2017 年,企业数量加速增长的两个领域中,大气污染治理领域较上年的增幅居各领域首位,达 17.9%,固体废物治理领域增幅较上年提高了 4.9%,增长提速幅度高于大气污染治理领域。增长放缓的两个领域中,环境保护监测领域增幅较上年下跌最大,降低了 15.5%。危险废物治理领域是唯一企业数量萎缩的领域。

从营业收入看,水污染治理、危险废物治理、大气污染治理三个领域营业收入高于上年。其中,水污染治理、危险废物治理两个领域 2017 年表现亮眼,以 830.3 亿元和 36.4% 分列 2017 年营业收入、营业收入较上年增幅两项的五个领域首位。营业收入下滑的两个领域中,环境保护监测较上年下跌最为明显,约为−10.0%。

从营业利润看,五个领域 2017 年营业利润均高于上年。2017 年营业利润增长加速的水污染治理、大气污染治理和环境保护监测三个领域中,水污染治理领域增速从 2016 年的−1.5% 大幅升至 2017 年的 72.5%,增幅居五个领域之首。营业利润增速放缓的两个领域中,固体废物治理领域增速降幅相对最大,下跌约 60 个百分点。

从营业利润率看,五个领域 2017 年营业利润率均较上年有所提高。其中,仅固体废物治理领域营业利润率(12.1%)高于同期全国环境服务业平均水平(9.9%)。2017 年营业利润率增长最多的是水污染治理领域,大气污染治理领域增幅相对最小,分别较上年提高了 2.7、0.7 个百分点。

从领域集中度看,五个领域集中度 2017 年较上年三升二降。集中度升高的水污染治理、大气污染治理和危险废物治理三个领域中,大气污染治理领域 2017 年集中度为五个领域中最高,水污染治理领域集中度较上年提升最多。集中度下滑的两个领域中,环境保护监测领域虽略低于 2016 年,但仍基本与水污染治理领域持平,固体废物治理领域 2017 年集中度为五个领域中最低。

统计数据显示,2017 年度环境服务业从业企业(执行企业会计制度)营业收入(按企业全部营业收入额计)排名 Top30 名单如下:

表 3-4 2017 年环境服务企业 Top30 排行榜

排　名	企业名称
1	格林美股份有限公司
2	深圳市铁汉生态环境股份有限公司
3	福建龙净环保股份有限公司
4	中电建水环境治理技术有限公司
5	中国电建集团中南勘测设计研究院有限公司
6	荆门市格林美新材料有限公司
7	江苏新春兴再生资源有限责任公司
8	浙江宏达金属冶炼有限公司
9	安徽华铂再生资源科技有限公司
10	浙江菲达环保科技股份有限公司
11	江西和丰环保科技有限公司
12	中冶华天工程技术有限公司
13	重庆市水务资产经营有限公司
14	北京清新环境技术股份有限公司
15	湖南邦普循环技术股份有限公司
16	重庆水务集团股份有限公司
17	浙江天能电源材料有限公司
18	深圳文科园林股份有限公司
19	重庆康达环保产业(集团)有限公司
20	太和县大华能源科技有限公司
21	武汉都市环保工程技术股份有限公司
22	中船第九设计研究院工程有限公司
23	浙江亚栋实业有限公司
24	北京高能时代环境技术股份有限公司
25	肇庆市飞南金属有响声
26	云南云水建设工程有限公司
27	杭州中艺生态环境工程有限公司
28	南方中金环境股份有限公司
29	浙江天地环保科技有限公司
30	天鸿建设集团有限公司

数据来源:中国环境保护产业协会基于年度环境服务业财务统计调查数据统计所得。

2016 年度环境服务企业 Top30 中的 19 家保持强势,继续位列 2017 年度前 30 强,有 11 家企业新入榜。

营业收入排名前 30 的从业企业,以股份有限公司或其他有限责任公司等为主,国有企业或国有独资企业仅 7 家,较上年减少 2 家。榜单上,从事危险废物治理服务的企业数量最多,占据 Top30 中的 11 席,数量与上年持平;水污染治理服务企业 6 家,较上年减少 1 家;

大气污染治理服务和其他污染治理服务企业各 5 家,分别较上年增加 1 家和 3 家;固体废物治理服务、环境保护监测服务企业各 1 家,分别较上年减少 1 家和 3 家;其他自然保护服务企业 1 家,上年无此领域企业上榜。Top30 营业收入之和约占环境服务业年度营业收入总额的 38.5%,比 2016 年提高 1.8%。

(二)中国环境服务业水污染治理领域发展情况

1.发展总体概况

2017 年,我国环境服务业财务统计口径内水污染治理从业企业共计 1 678 家,比上年增长 3.1%,增幅较上年降低约 6.4%,年营业收入达 830.3 亿元,比上年增长 24.2%,增幅较上年提高 16 个百分点,营业利润 80.4 亿元,增幅从 2016 年的-1.5%飙升至 72.5%,领域年度平均利润率 9.7%,较 2016 年提高 2.7 个百分点。水污染治理服务企业 Top20 名单如下:

表 3-5　2017 年水污染治理服务企业 Top20 排行榜

排　名	企业名称
1	中电建生态环境集团有限公司
2	中国电建集团中南勘测设计研究院有限公司
3	中冶华天工程技术有限公司
4	重庆市水务资产经营有限公司
5	云南云水建设工程有限公司
6	南方中金环境股份有限公司
7	宝钢工程技术集团有限公司
8	浙江浙大中控信息技术有限公司
9	江苏天雨环保集团有限公司
10	龙江环保集团股份有限公司
11	北京市市政工程设计研究总院有限公司
12	广西博世科环保科技股份有限公司
13	浦华环保股份有限公司
14	北京燕山威立雅水务有限责任公司
15	广州市自来水工程公司
16	长春一汽综合利用股份有限公司
17	中电环保股份有限公司
18	杭州市排水有限公司
19	常熟市滨江城市建设经营投资有限责任公司
20	江苏维尔利环保科技股份有限公司

数据来源:中国环境保护产业协会基于年度环境服务业财务统计调查数据统计所得。

2016 年度水污染治理服务企业 Top20 中的 15 家继续位列 2017 年度前 20,5 家企业新入榜。榜单前 4 席均为国有企业或国有独资企业。

水污染治理领域营业收入排名前 20 的企业,以 1.2%的领域从业企业数量占比贡献了该领域年度营业收入总额的 45.3%,营业收入占比较 2016 年提高 3.9 个百分点。领域集中度进一步提高。

2. 典型企业案例:中电建生态环境集团有限公司

中电建生态环境集团有限公司,是中国电力建设股份公司旗下专业从事水环境治理与水生态修复,从事投资、建设、运营管理,引领水利建设、环境治理等战略性新兴业务的重要子企业;是中国电力建设股份公司紧跟国家绿色发展理念,抢抓新兴市场机遇,整合水利、生态环保、河流景观治理等工程领域咨询、设计、技术、施工、业绩和品牌资源,搭建的水利、环境产业高端营销平台。

中电建生态环境集团有限公司是世界 500 强企业、国资委管理中央企业——中国电力建设股份有限公司旗下专业从事生态环境治理的平台公司。公司组建于 2015 年 12 月 29日,前身为"中电建水环境治理技术有限公司"(2019 年 7 月 26 日更为现名),总部位于深圳市宝安区。公司组建以来,持续高质量快速发展,已成为国家高新技术企业、中国电建重要子企业,国内知名、行业领先的环保企业集团。公司注册资本金 33.44 亿元,累计中标金额超 800 亿元,营业收入超 300 亿元。

公司拥有市政公用工程总承包、水利水电工程总承包、环保工程专业承包三项壹级资质,水利水电、生态建设和环境工程、市政公用工程等五个专业工程咨询资格,城镇集中式污水处理设施运营服务证书(二级),广东省环境污染治理能力评价证书(废水甲级、固废甲级、污染修复甲级),是广东省环保产业 AAA 级信用企业和广东省守合同重信用企业。

公司坚持"扎根深圳、立足广东、面向全国、走向世界"的营销方针,在国内设立六大区域,设立分子公司二十余家,经营区域覆盖京津冀、雄安新区、中原城市群、长江中游城市群、长江三角洲城市群、粤港澳大湾区、成渝城市群、关中平原城市群等区域;在海外收购了德国卡尔博气体净化技术有限公司,业务涉及美国、德国、瑞典、芬兰、印度等国家。

公司坚持"系统治理,流域统筹"的治理理念,建立了"六大技术系统""四大技术指南",累计获授权专利 70 余项,发布企业标准、地方标准、团体标准、行业标准 30 余项,拥有两个研发平台(博士后科研工作站、博士工作站)和一个水环境治理专业刊物,打造了行业领先的技术水平。公司是雄安新区《白洋淀生态环境治理和保护规划》的主要参编单位,广东省全面推行"河长制""南粤河更美"行动计划的技术支撑单位,《深圳市防洪防潮规划(2014—2020 年)中期评估》等 4 项市级重大课题的研究实施单位,水环境治理产业技术创新战略联盟(152 家国家试点联盟之一)发起单位。

公司秉承"责任、创新、诚信、共赢"的企业核心价值观,治理环境、修复生态、造福于民,正在深圳、广州、东莞、成都、西安、雄安新区、南昌、鹰潭及河南等地域承担一大批重点工程、民生工程;其中,组织实施的深莞茅洲河流域水环境治理项目为国内首个超 100 亿的大型水环境治理项目,现已初步实现"水清岸绿、鱼翔浅底"的治理目标,从一条只能掩鼻匆匆过的"黑臭河",逐步回归为可以河边休闲健身走的"景观河"。在项目实践中,公司充分发挥平台公司的引领作用,带一个专业的综甲设计院为龙头,集十几个成员施工企业为骨干,汇数十个地方企业为合作伙伴,形成大兵团作战的城市水环境治理 EPC 工程模式。几年来,公司闻鸡起舞、砥砺前行,为我国生态文明建设做出突出贡献,获得国家有关部委、党委政府、业主及社会各界的高度赞誉。

（三）中国环境服务业大气污染治理领域发展情况

1. 发展总体概况

2017年，从事大气污染治理服务的企业共计534家，比上年增长17.9%，增幅较上年提高1.1%，分别实现年营业收入、营业利润460.5亿元和44.1亿元，收入和利润分别比上年增长2.8%和11.7%，其中，收入增速放缓，较上年下滑约23.0%，利润加速增长，增幅较上年提高0.4%，领域年度平均利润率9.6%，较2016年提升0.7%。大气污染治理服务企业Top 20名单如下：

表3-6　2017年大气污染治理服务企业Top 20排行榜

排　名	企业名称
1	福建龙净环保股份有限公司
2	浙江菲达环保科技股份有限公司
3	北京清新环境技术股份有限公司
4	武汉都市环保工程技术股份有限公司
5	浙江天地环保科技有限公司
6	浙江天洁环境科技股份有限公司
7	航天凯天环保工程有限公司
8	重庆远达烟气治理特许经营有限公司
9	中节能六合天融环保科技有限公司
10	山东国舜建设集团有限公司
11	北京博奇电力科技有限公司
12	江苏新世纪江南环保股份有限公司
13	南京龙源环保有限公司
14	浙江德创环保科技股份有限公司
15	同方环境股份有限公司
16	安徽欣创节能环保科技股份有限公司
17	江苏方天电力技术有限公司
18	山东三维石化工程股份有限公司
19	航天环境工程有限公司
20	华电环保系统工程有限公司

数据来源：中国环境保护产业协会基于年度环境服务业财务统计调查数据统计所得。

上年度大气污染治理服务企业Top 20中的近3/4进入2017年度前20，6家企业新入榜。领军企业多为股份有限公司等非国有企业，前5中仅1家国有企业。

大气污染治理领域营业收入排名前20的企业，占该领域从业企业总量的3.7%，营业收入之和占该领域年度营业收入总额的72.8%，较2016年上升11.4个百分点。领域集中度高，且较上年有所提升。

2. 典型企业案例：福建龙净环保股份有限公司

福建龙净环保股份有限公司（简称"龙净环保"）是中国环保产业的领军企业和国际知名

的大气环保装备制造企业,四十余年来始终专注于环保领域研发及应用,致力于提供生态环境综合治理系列方案,业务涵盖大气污染治理、水污染处理、固废处理、土壤修复。产品技术全面达到国际先进水平,部分达到国际领先水平,产品产销量连续十几年位居全国同行业第一,产品销遍全国 34 个省、市、自治区,并出口欧洲、亚洲、非洲、南美洲等地四十多个国家和地区。

龙净环保于 2000 年 12 月在上海证券交易所成功上市,成为全国大气环保装备制造企业首家上市公司。公司现有总资产超过 140 亿元,拥有员工近 7 000 名。在北京、上海、西安、武汉、天津、宿迁、盐城、张家港、新疆、厦门等地建有研发和生产基地,构建了全国性的网络布局。

公司在全国环保行业建立了首个"国家级企业技术中心",拥有"国家地方工程联合研究中心""院士专家工作站""企业博士后科研工作站""国际科合合作基地"等技术创新平台。近年公司先后承担国家和地方科技创新项目 99 项、企业内部课题 107 项,承担国家和行业标准制标任务 95 项,获有效专利 665 件(发明专利 143 件),获省级以上优秀(重点)新产品认定 33 项,获国家科技进步奖 2 项、省(部)市级科技创新奖励 83 项,综合实力居全国同行之首。

龙净环保最早的前身系龙岩无线电厂,1971 年 4 月筹办并开始创业历程。1976 年 12 月因生产发展需要新立厂名龙岩空气净化设备厂,形成一套班子、两块牌子。1983 年 4 月,龙岩无线电厂与龙岩空气净化设备厂分开独立经营,龙岩无线电厂迁至龙岩市排头村。经过发展,龙岩空气净化设备厂 1989 年成为国家二级企业,龙岩无线电厂 1991 年成为省级先进企业。1992 年 10 月,为促进生产要素的优化组合,优势互补,两厂合并成立龙岩机械电子工业公司。1995 年 12 月,龙岩机械电子工业公司更名为福建龙净企业集团公司,并在此基础上组建福建龙净企业集团。1998 年元月,福建龙净企业集团公司进行整体改制,作为主发起人设立福建龙净股份有限公司。1999 年 10 月,福建龙净股份有限公司进行增资扩股,福建东正投资股份有限公司成为龙净第一大股东。2000 年 7 月,更名为福建龙净环保股份有限公司。2000 年 12 月,龙净环保股票在上海证券交易所成功发行并上市,成为公众公司。

2004 年,国家发改委、财政部、海关总署、国家税务总局联合认定福建龙净环保股份有限公司技术中心为"国家认定企业技术中心"。龙净国家认定技术中心下设电除尘设备设计研究院、电袋与袋式除尘设备设计研究院、脱硫脱硝设计研究院、电控设备设计研究院、物料输送设计研究院以及实验研究中心和技术中心办公室。多年来,技术中心围绕除尘、脱硫、脱硝以及物料输送等大气污染控制技术与装备的研发及工程应用,在人才、技术、工程等各个方面进行了系统的探索,取得了重要的突破,为持续保持行业领先地位打下了坚实的基础。

在引进和培养人才方面,龙净牢牢确立"以人为本,追随人才"的核心理念,依托国家认定技术中心平台,以开放的心态,面向海内外不拘一格引进了德、英、美、日、澳等国家一大批海归博士、海外院士和国内行业著名专家,建立了以顶级专家为技术带头人,技术骨干为中坚力量,大批青年技术人员为主体的老中青结合的梯次分明、学科合理、富有战斗力的技术人才队伍,为公司连续实现科技创新重大突破提供了有力的支撑。目前,技术中心拥有各类专业技术人员上千人,其中,享受国务院津贴专家 6 人、博士 15 人、硕士 148 人。

在技术开发方面,龙净技术中心通过大量的实验研究和技术研发,开发出多项填补国内空白,达到国际先进水平的烟气除尘、脱硫、脱硝等大气污染控制技术和设备。在除尘领域,龙净引进消化吸收再创新美国 GE 公司电除尘技术,开创了我国顶部振打电除尘技术先河,通过自主开发多种新技术和不断改进完善,使顶部振打电除尘技术在中国的应用取得了巨大的成功;龙净在国内开发成功有机结合电除尘与布袋除尘技术优势的电袋复合除尘器,开创并打造了我国电袋复合除尘产业,使我国电袋除尘技术与工程业绩达到国际领先水平。自主开发国产电除尘大功率高频电源,并通过持续创新使该技术与当前国际先进水平相当,打破国外技术垄断。近年来,龙净又在业内率先自主研发成功湿式电除尘、低低温电除尘、双区电除尘、智能控制等多种高效除尘及供电电源技术,使龙净除尘技术种类行业产品丰富。在脱硫领域,龙净在国内同时引进德国石灰石石膏湿法和循环流化床干法烟气脱硫技术。特别是干法烟气脱硫技术,龙净成功解决了火电厂大型化应用的世界性技术难题,实现了干法脱硫在我国燃煤锅炉的广泛应用,并在国际上实现了烧结等领域应用,推动了世界干法脱硫技术的发展。龙净石灰石石膏湿法脱硫技术在火电行业大规模应用,自主开发的钙基强碱石膏湿法脱硫、脱硫副产物资源化利用等多项新技术的应用快速推进。在脱硝领域,龙净不但同时掌握了选择性催化还原脱硝(SCR)和选择性非催化还原脱硝(SNCR)设备设计能力,而且自主开发了具有自主知识产权的催化氧化吸收(COA)脱硝技术,成为行业烟气脱硝技术种类丰富的企业,应用业绩处于行业前茅。在工程应用方面,龙净依靠领先的技术优势,先后建立了印度阿达尼 7×66 万千瓦机组的电除尘器、100 万千瓦机组电袋复合除尘器、66 万千瓦机组干法脱硫、600 平方米烧结机烟气脱硫、100 万千瓦机组烟气调质等一大批示范工程。龙净技术中心先后承担了 80 余项国家、省部级重点攻关项目,主持 43 项国家、行业标准制订任务,获 379 项专利和 53 项省部级以上科技(新产品)奖励。龙净在连续四年(2006—2009)获福建省人民政府优秀新产品一等奖,BEH 电除尘器 2011 年获福建省优秀新产品奖特等奖,打破了该奖设立 20 年的空缺,2012—2013 年连续获得三项环保部及福建省科技进步一等奖,2014 年龙净"电袋复合除尘技术及产业化"项目获国家科技进步奖二等奖,打破全国除尘领域国家科学技术奖 15 年空缺的历史,展现了企业强大的持续创新能力。

针对大气颗粒物、SO_2、NO_x 及其他污染物超低排放协同提效的迫切需求,龙净技术中心通过承担多项 863 计划等课题,以及与中科院、清华大学、上海交大、东南大学、华北电力大学、美国能源与环境研究中心等国内外一流高校、院所紧密合作,在低温烟气高效处理技术、湿式电除尘大型化应用、电袋除尘细颗粒物捕集、多污染物协同提效等技术的开发与工程应用取得了新的重大突破。

(四)中国环境服务业固体废物治理领域发展情况

1.发展总体概况

2017 年,从事固体废物治理的企业共计 304 家,比上年增长 13.4%,增幅较上年提高 4.9%,年营业收入 221.9 亿元,增速从 2016 年的 13.7% 跌至−4.8%,实现营业利润 26.8 亿元,比上年增长 10.7%,增幅较上年约降低 60 个百分点,领域年度平均利润率 12.1%,较 2016 年上涨 1.7%。固体废物治理服务企业 Top 20 名单如下:

表 3-7　2017 年固体废物治理服务企业 Top20 排行榜

排　名	企业名称
1	北京高能时代环境技术股份有限公司
2	重庆三峰环境产业集团有限公司

排　名	企业名称
3	湖北楚凯冶金有限公司
4	江苏天楹环保能源成套设备有限公司
5	浙江龙德环保热电有限公司
6	中冶节能环保有限责任公司
7	禄丰云铜锌业冶炼有限公司
8	上海环境卫生工程设计院有限公司
9	重庆市环卫集团有限公司
10	佛山市南海绿电再生能源有限公司
11	湖南恒凯环保科技投资有限公司
12	浙江博世华环保科技有限公司
13	杭州华创实业有限公司
14	上海天汉环境资源有限公司
15	四川深蓝环保科技有限公司
16	深圳市朗坤环境集团股份有限公司
17	杭州新世纪能源环保工程股份有限公司
18	清远绿由环保科技有限公司
19	上海新金桥环保有限公司
20	南京中船绿洲环保有限公司

数据来源:中国环境保护产业协会基于年度环境服务业财务统计调查数据统计所得。

上年度固体废物治理服务企业 Top 20 中的 1/2 进入 2017 年度前 20,10 家企业新入榜。榜单中有 3/4 为私营有限责任公司或股份有限公司,国有企业仅占 5 席。

固体废物治理领域营业收入排名前 20 的企业,占领域从业企业总量的 6.6%,其营业收入之和约占该领域年度营业收入总额的 57.9%,较 2016 年下跌 5.5 个百分点。领域集中度相对较低,且较上年有所下降。

2. 典型企业案例:北京高能时代环境技术股份有限公司

北京高能时代环境技术股份有限公司脱胎于中科院高能物理研究所,是国内最早专业从事固废污染防治技术研究、成果转化和提供系统解决方案的国家级高新技术企业之一。公司于 1992 年成立,2014 年在 A 股主板上市,总资产近百亿。2016 年,公司入列国家企业技术中心;2017 年,核心技术获评"国家科学技术进步二等奖"。

经过近 30 年的沉潜,高能环境以技术创新推动产业转型升级,形成了工程承包与投资建设运营相结合的经营模式。业务范围囊括环境修复和固废处理处置两大领域,形成了以环境修复、危废处理处置、生活垃圾处理为核心业务板块的综合型环保服务平台。旗下汇集了 87 家分子公司,实现了集团规模化、业务多元化发展,是一个具有卓越竞争力的环保行业领军企业。

公司目前与国内外知名的科研院所及环保企业建立了长期的战略合作关系,并获批成立"中关村科技园区海淀园博士后工作站分站"及"院士专家工作站"。拥有高素质的专业从事环保技术研发、咨询的技术团队和环保工程服务管理团队；培养了一批经验丰富、获得国内国际认证的高级技师。截至目前，拥有 275 项专利技术和 20 项软件著作权，主、参编 68 项国家、行业标准和技术规范，完成近千项国内外大型环保工程，并荣膺"全国优秀施工企业"。其中，苏州七子山垃圾填埋场扩建工程获评"全国市政金杯示范工程"；苏州溶剂厂土壤修复项目成为全国污染治理修复的标杆；腾格里沙漠环境治理项目树立了中国环保行业应急处理的典范。

苏州七子山老填埋场于 1993 年建成并运营，2009 年完成封场，累计填埋垃圾约 780 万吨。为继续接纳生活垃圾，扩建工程于 2012 年 8 月启动，分为二期原生垃圾填埋库区（黄海标高 43 m～70 m），三期库区飞灰垃圾填埋库区（黄海标高 80 m～97 m），新增库容 800 万立方米，是对老场库区进行竖向堆高填埋，是我国填埋场建设史上第一个严格意义上的竖向扩容工程。该项目获得 2014 年全国市政金杯示范工程奖。

此外，公司参与的苏州市固废填埋场项目是国内同行业中第一个采用政府监管、市场化运作的项目，也是国家治理太湖流域的重点项目。该项目 2005 年 12 月 30 日奠基，2006 年 10 月 14 日开工，经过 8 个月的紧张施工，项目按期实现投运，并获得省环保厅颁发的试运行许可证。该项目一期库容 20 万立方米，并将根据实际填埋量及时进行二、三期库区的扩建，将保证苏州市所产生的危险废弃物全部得到安全处置。项目分为临时仓库、预处理车间、填埋区和渗滤液处理四个部分，均严格按国家相关技术规范和要求设计施工。

（五）中国环境服务业危险废物治理领域发展情况

1. 发展总体概况

2017 年，危险废物治理从业企业共计 483 家，增幅从 2016 年的 10.9％跌至－2.8％，年营业收入 770.5 亿元，比上年大幅上扬 36.4％，增幅较 2016 年提高 28.6％，实现营业利润 56.0 亿元，比上年飙升 62.8％，但增幅较上年约降低 47 个百分点，领域年度平均利润率 7.3％，较上年增长 1.2％。危险废物治理服务企业 Top 20 名单如下：

表 3－8　2017 年危险废物治理服务企业 Top 20 排行榜

排　名	企业名称
1	格林美股份有限公司
2	荆门市格林美新材料有限公司
3	江苏新春兴再生资源有限责任公司
4	浙江宏达金属冶炼有限公司
5	安徽华铂再生资源科技有限公司
6	江西和丰环保科技有限公司
7	湖南邦普循环科技有限公司
8	浙江天能电源材料有限公司
9	太和县大华能源科技有限公司
10	浙江亚栋实业有限公司
11	肇庆市飞南金属有限公司
12	湖北金洋冶金股份有限公司

排　名	企业名称
13	安徽省华鑫铅业集团有限公司
14	江西省君鑫贵金属科技材料有限公司
15	杭州富阳申能固废环保再生有限公司
16	宁波科环新型建材股份有限公司
17	贵研资源（易门）有限公司
18	江西省汉氏贵金属有限公司
19	东江环保股份有限公司
20	安徽省陶庄湖废弃物处置有限公司

数据来源：中国环境保护产业协会基于年度环境服务业财务统计调查数据统计所得。

上年度危险废物治理服务企业排名前 20 的企业中，5 家未进入 2017 年度 Top 20。私营有限责任公司或股份有限公司等非国有企业领衔的榜单中，仅 1 家国有企业。

营业收入排名前 20 的危险废物治理从业企业，以 4.1% 的领域从业企业数量占比贡献了该领域年度营业收入总额的近 72.3%，营业收入占比较 2016 年小幅下滑 1.1%。领域集中度相对较高。

2. 典型企业案例：格林美股份有限公司

格林美股份有限公司于 2001 年 12 月 28 日在深圳注册成立，2010 年 1 月登陆深圳证券交易所中小企业板，股票代码 002340，总股本 41.49 亿股，净资产 98.78 亿元，在册员工近 5 000 人。

十多年来，格林美累计投资百亿元，建成覆盖中国广东、湖北、江西、河南、天津、江苏、山西、内蒙古、浙江、湖南、福建 11 省与直辖市的十六大循环产业园。投资南非、印尼、韩国，以绿色产业对接"一带一路"倡议，积极参与全球废物循环利用产业合作。

目前，格林美已建成 7 个电子废弃物绿色处理中心、7 个电池材料再制造中心、6 个报废汽车回收处理中心、3 个动力电池回收与动力电池梯级再利用中心、3 个废塑料再造中心、3 个危险固体废物处理中心、2 个硬质合金工具再造中心、2 个稀有稀散金属回收处理中心、1 个报废汽车零部件再造中心，建成废旧电池与动力电池大循环产业链，钴镍钨资源回收与硬质合金产业链，电子废弃物循环利用产业链，报废汽车综合利用产业链，废渣、废泥、废水循环利用产业链等五大产业链。

格林美年回收处理废弃物资源总量 400 万吨以上，年回收处理小型废旧电池占中国报废总量的 10% 以上，年回收钴资源与中国原钴开采量相当，年回收钨资源占中国原钨开采量的 8%，年回收锗资源占世界锗产量的 6%，年循环再造锂离子电池正极原料占中国市场的 20% 以上，年回收报废家电 1 000 万台以上，占中国总量的 15% 以上，年处理报废线路板占中国总量的 20% 以上，循环再造钴、镍、铜、钨、金、银、钯、铑、锗、铟、稀土等 25 种稀缺资源以及超细粉末、新能源汽车用动力电池材料、塑木型材等多种高技术产品，形成了完整的稀有金属资源化循环产业链。

格林美现已成为具备核心竞争力的废旧电池与钴镍钨资源循环利用基地、超细钴粉制造基地、三元动力原料再制造基地、电子废弃物与报废汽车循环利用基地，成为国家城市矿山循环利用示范基地，国家电子废弃物循环利用工程技术研究中心依托格林美组建，被国家部委先后授予国家循环经济试点企业、全国循环经济工作先进单位、国家循环经济教育示范基地、国家"城市矿产"示范基地、国家技术创新示范企业、国家知识产权示范企业、全国中小学生环境教育社会实践基地等荣誉称号,成为践行中国绿色发展理念的优秀实践者。

格林美一直践行"资源有限"循环无限的产业理念,潜心开发先进的循环技术,不断扩大废物处理规模,构建了废旧电池与钴镍钨稀有金属废弃物循环利用、电子废弃物循环利用与报废汽车循环利用三大核心循环产业群。格林美循环产业贯通中国,覆盖广东、湖北、湖南、江西、河南、山西、内蒙古、浙江、江苏、天津、福建 11 省(直辖市),纵横 3 000 公里;建成 7 个电池材料再制造中心、7 个电子废弃物处理中心、6 个报废汽车回收处理中心、3 个动力电池回收与动力电池梯级再利用中心、3 个废塑料再造中心、3 个危险固体废物处理中心、2 个硬质合金工具再造中心、2 个稀有稀散金属回收处理中心、1 个报废汽车零部件再造中心。年处理废弃物总量 400 万吨以上,与 5 亿人建立废弃物处理合作关系;辐射世界,投资南非、印尼、韩国,创造中国企业对接"一带一路"倡议的绿色产业模式,积极参与全球废物循环利用产业合作,努力创建 21 世纪的伟大环保企业。

格林美以"城市矿山+新能源材料"为战略,创新驱动废旧电池与动力电池材料、稳健发展电子废弃物循环利用、快速完善报废汽车循环利用,夯实钴镍钨传统业务,再生资源回收迈入新征程,积极发展环境治理。通过五大产业链的业务整合,固化核心业务,快速推进新兴业务发展,全面推动公司向稳定化、技术创新与精细化方向深度耕耘,为打造效益良好、核心竞争力强大的环保企业奠定坚实基础,巩固废物行业的全国领先地位,形成了具备核心竞争力的循环产业链布局。

(六)中国环境服务业环境保护监测领域发展情况

1. 发展总体概况

2017 年,环境保护监测从业企业共计 1 655 家,比上年增长 12.4%,增幅较上年下跌 15.5%,年营业收入约 333.8 亿元,增幅从 2016 年的 15.5%跌至−10.0%,营业利润 32.7 亿元,增速从上年的−6.1%升至 1.2%,领域年度平均利润率 9.8%,较 2016 年上升 1.1 个百分点。环境保护监测服务企业 Top 20 名单如下:

表 3-9　2017 年环境保护监测服务企业 Top20 排行榜

排　名	企业名称
1	中船第九设计研究院工程有限公司
2	岛津企业管理(中国)有限公司
3	聚光科技(杭州)股份有限公司
4	中国电力工程顾问集团华东电力设计院有限公司
5	宇星科技发展(深圳)有限公司
6	北京雪迪龙科技股份有限公司
7	中国电力工程顾问集团东北电力设计院有限公司
8	太原罗克佳华工业有限公司
9	上海市机电设计研究院有限公司
10	中国市政工程东北设计研究总院有限公司

排　名	企业名称
11	上海市隧道工程轨道交通设计研究院
12	浙江嘉科信息科技有限公司
13	中国新型建材设计研究院有限公司
14	广州广电计量检测股份有限公司
15	江苏天瑞仪器股份有限公司
16	力合科技(湖南)股份有限公司
17	依米康科技集团股份有限公司
18	江西和信发实业有限公司
19	上海华测品标检测技术有限公司
20	中节能天融科技有限公司

数据来源:中国环境保护产业协会基于年度环境服务业财务统计调查数据统计所得。

上年度环境保护监测服务企业 Top 20 中的 11 家出现在 2017 年度前 20 中,9 家企业新入榜。榜单中国有企业占据 7 席。

涉猎环境保护监测业务,营业收入排名前 20 的企业,以 1.2% 的领域从业企业数量占比贡献了该领域年度营业收入总额的 50.7%,Top 20 营业收入占比较上年下跌 10.1%。领域集中度较 2016 年有所下滑。

2. 典型企业案例:中船第九设计研究院工程有限公司

中船第九设计研究院工程有限公司由原中船第九设计研究院改制而成,隶属于中国船舶工业集团公司。公司是一家多专业、综合技术强的大型工程公司,是从事工程咨询、工程设计、工程项目总承包的骨干单位,能承担多类大型项目的工程总承包业务。在中国创建世界第一造船大国中,承担着践行环渤海湾地区、长三角地区、珠三角地区的船舶工业规划设计"国家队"的角色。

公司已取得了国家有关部委批准的船舶、军工、机械、水运、建筑、市政、环保、城市规划等领域的工程设计综合甲级以及工程咨询、工程监理等多项甲级资质、房屋建筑工程施工总承包一级资质,具备了对外工程总承包、境外设计顾问及施工图审查的资质。本公司是"全国工程设计百强单位""全国优秀企业形象单位""上海市文明单位""上海市优秀工业企业形象单位""上海市高新技术企业单位"。

公司现有从业人员 1 000 多人,正式职工 750 多人,其中,各类专业技术人员 700 多人(研究员 50 人、高级工程师 210 人、工程师 270 人;注册建筑师、注册结构师、注册造价师、注册监理工程师等各类注册工程师 380 余人)。公司先后有 30 多名专家享受国家特殊贡献和特殊津贴,相继有 4 位工程技术人员获中国工程设计大师称号,1 位获中国工程监理大师称号。

成立于 1979 年的环境工程设计研究专业主要从事环境污染防治工程设计和总承包、规划和建设项目环境影响评价工作,具有国家甲级从业资质。

环境工程设计研究专业拥有一支由研究员级高级工程师、高级工程师、工程师等各层次技术人员组成的高素质环保专业队伍,现有员工 30 多人,其中,注册环保工程师 12 人、注册环评工程师 10 人。该专业可以承担:城市污水及工业废水处理、废气及粉尘治理、噪声振动控制、固体废物处置等环保成套工程的咨询、设计、项目总承包,环境影响评价,以及环保新产品、新技术的开发、研究和技术服务等。

环境工程设计研究专业承担了船舶、机械、电子、轻纺、建材、轻工、食品、冶金、市政等行业的数百项大中型环境工程设计、环境影响评价和工程承包项目,其中涉及高浓度有机废水、电镀混合废水、微电子行业废水、市政污水、中水回用及微污染水源治理;油漆(涂装)废气、工业炉窑烟气、机械加工粉尘等有毒、有害气体的净化治理;大型动力站房和市政道路的隔振降噪,具有特殊声学要求的实验室设计及建筑设备的隔振与噪声治理等。

三、区域发展

(一)区域发展总体情况

东部地区凭借其区域内经济圈、经济区相互间协同发展的优势,沿海城市聚集形成的发展优势,以及较为充沛的资本量、黄金水道和铁路、公路干线、港口群等形成的立体交通网络、人才荟萃聚集带来的优势,形成了可观的行业市场,环境服务业发展在四大区域中相对最好。同时,近年污染防治受污染源影响,环境综合治理逐渐转向区域治理的发展趋势,结合东部对其他区域环境服务业发展的牵引、带动作用,以及政府精准实施和定向调控环境服务业扶持和优惠政策,催化了行业发展相对迟缓地区的行业潜在市场向现实市场过渡,后发优势得以培育和挖掘,个别地区与东部地区的差距初步呈现缩小的态势。

环境服务业在全国各地均有分布,且具有较高的区域集中度。广东、浙江和江苏等省区位优势明显,成为环境服务业发展相对较好的地区。北京市从业单位数量虽位于全国中下游,但因其作为首都而具备的政策传导快、实施力度大、经济基础雄厚、公众环境意识较强、环境管理要求相对严格、行业专业人才集聚等优势,加之管理理念先进的规模以上环境服务从业企业占比较大,事业单位握有大批财政支持的行业项目等,使其以 2.1%～3.1% 的单位数量占比完成了对行业年收入 7.2%～12.9% 的贡献。

(二)区域间企业数量比较

从单位分布看,单位数量排名前 5 的地区聚集了行业 41% 的单位,仅 6.6%～7.8% 的单位落户于天津市、青海省、陕西省、宁夏回族自治区、海南省、甘肃省、西藏自治区、新建生产建设兵团等排名最后的 10 个地区。

从全国区域看来,半数集中于东部地区,东北地区从业企业最少,但其与东部地区的差距正逐步缩小。东部地区的企业数量虽稳居四大区域首位,但近年表现一般,2016 年区域内仅 2/5 省份企业数量同比上年有所增长,增速在四大区域中垫底,占比跌至五年中最低。东北地区增速自 2014 年起连续 3 年超过年度行业均值,位居四大区域首位,占全国比重不断提高,2016 年为 10.4%,较 2012 年提高 5.2 个百分点。其中,吉林省和黑龙江省近两年表现亮眼,2015 年和 2016 年前者增速分别为 124.2%、65.5%,后者增速分别为 109.7%、84.6%,两省份带动东北地区企业数量的高速增长。西部地区自 2015 年起保持两位数的增长,企业数量占比稳中有升,2016 年达 24.7%。中部地区除 2013 年外均呈正增长,增速持续上扬,企业数量占比在 13.9%～15.2% 区间徘徊。

表 3 - 10   2012—2016 年环境服务业从业单位数 TOP5 的地区

排 名	2012 年		2013 年		2014 年		2015 年		2016 年	
	地区	从业单位数	地区	从业单位数	地区	从业单位数	地区	从业单位数	地区	从业单位数
1	江苏	763	江苏	598	江苏	541	江苏	598	浙江	661
2	广东	468	广东	526	广东	529	广东	594	广东	639
3	重庆	444	浙江	484	浙江	415	浙江	524	江苏	573
4	浙江	419	重庆	461	重庆	382	重庆	396	重庆	532
5	河北	268	河北	264	云南	269	云南	270	吉林	324

数据来源:各年度全国环境服务业财务统计调查

(三)区域间企业年收入比较

从年收入看,54%以上的收入来自年收入排名前 5 的地区,而包括宁夏回族自治区、内蒙古自治区、青海省、海南省、陕西省、甘肃省、西藏自治区、新疆生产建设兵团等在内的排名最后的 10 个地区,仅占年收入总额的 1.6%~3.1%。

依据国家统计局《中国统计年鉴 2018》中的东部、中部、西部和东北地区的划分标准,基于环境服务业财务统计调查数据,四大区域环境服务业发展呈现东部地区营业收入规模、营业利润额与其他三大地区之间差距的拉大放缓的态势。

从全国区域看来,行业营收总额的约 2/3 来自东部地区,中部地区正逐步缩小与东部的差距,东北地区贡献最少。东部地区营收规模占全国比重自 2013 年起持续小幅下跌,但 2016 年仍达 64.6%。其中,广东省领航东部地区,除 2013 年外均保持 42%以上的高速增长,营收规模占比稳步上升,2016 年东部 26.9%的营业收入来自该省,较 2012 年提高 13.3%。中部地区营收规模占比稳中有升,2016 年为 18.6%,较 2012 年提高 5.5%,与东部地区的差距逐步缩小,区域内半数省份 2016 年的营业收入出现下滑,区域营收增速虽较上年回落,但高于年度行业均值。西部地区营收规模占比在 12.1%~15.5%区间徘徊,营业收入自 2015 年起进入 20%以上的高速增长区间。其中,重庆市营收规模领跑西部地区,新疆维吾尔自治区近两年以逾 76%的增速实现其在西部营收占比的上升,表现突出。东北地区营收规模占比最小,从未超过 5%,营收增速波动较大。其中,吉林省自 2014 年起超越辽宁省,以超 57%的区域营收规模占比称霸东北地区,增速继 2014 年达到 5 年内的高点后有所回落,2016 年为 10.9%。

表 3 - 11   2012—2016 年环境服务业年收入 TOP5 的地区

排 名	2012 年		2013 年		2014 年		2015 年		2016 年	
	地区	年收入	地区	年收入	地区	年收入	地区	年收入	地区	年收入
1	江苏	240.6	浙江	268.3	浙江	307	浙江	346.4	广东	460.7
2	北京	160.6	江苏	246.2	江苏	268.7	广东	332.8	浙江	352.1
3	浙江	148.1	北京	212.4	广东	225.7	江苏	264.7	江苏	244.7
4	重庆	131.7	广东	153.4	北京	169	上海	205.3	上海	206.4
5	广东	124.2	重庆	129.4	重庆	109.6	北京	171	北京	192.7

数据来源:各年度全国环境服务业财务统计调查

（四）区域间企业利润率比较

东部地区对利润总额贡献最大,西部地区盈利能力上升势头较为强劲。2013—2017年,东部地区贡献了60%以上的行业营业利润,2017年达175.8亿元,但年均增长率位居末位(19.4%),且低于排名首位的西部地区约22个百分点。营业利润率方面,西部地区2017年以19.4%领跑,较2013年提高了约10个百分点,增长幅度远高于其他地区。这表明国家发布的《西部大开发"十二五"规划》《西部大开发"十三五"规划》两个五年规划中所提出的加大生态环境保护力度等要求,对该地区环境服务从业企业盈利能力提升方面的积极影响逐步显现(见图3-6)。

从全国区域来看,行业营业利润总额的逾2/3出自东部地区,东北地区对利润总额贡献最小。东部地区大部分时间保持两位数的增长,其作为营业利润丰厚的业内企业的主要聚集区域,贡献了营业利润总额的66.9%~75.1%。其中,广东省近两年保持40%以上的高速增长,利润占比持续走高,2016年东部营业利润的28.6%来自该省,占比较2012年提高10.9%。营业利润总额的约1/7来自西部地区,2016年,区域内2/3省(自治区、直辖市)的营业利润较上年有显著提高,带动了整个区域营业利润的提升,增速居四大区域首位。其中,重庆市依旧在西部地区一地独大,2016年利润占比虽呈下滑趋势,仍逼近区域总额的1/2,增速达43.4%,较2015年大幅提高41.2%。中部地区营业利润占全国比重在9.8%~13.1%区间内震荡,增速波动较大。其中,湖南省领跑中部地区,2016年利润增速达78.7%,利润占区域总额的40.1%,较上年提高10.1%。东北地区对利润总额贡献最小,仅占全国的2.5%~5.7%,由于区域内利润占比前两位的辽宁省和吉林省2016年营业利润大幅下滑,导致区域增速于2016年回落。

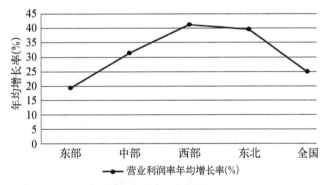

图3-6 2013—2017年环境服务业各区域营业利润年均增长率
数据来源:各年度全国环境服务业财务统计调查

（五）区域间企业营业成本比较

西部地区营业成本增长相对缓和,东部地区营业成本增幅收窄,2013—2017年,四大区域的营业成本逐年升高。其中,东部地区因环境服务业规模超过其他区域,该区域行业整体营业成本持续位列各区域首位,2017年达1441.6亿元,年均增长率仅略高于西部地区1.7个百分点,为15.6%,且低于同期行业增速(19.8%)。西部地区营业成本增长相对最为缓慢,2017年约235.4亿元,年均增幅低于其他区域和同期行业增速,为13.9%。可以看到,东部地区可能得益于集聚于该地区的环境服务业龙头企业或大型企业较多,这些企业较为重视提高自身经营成本的管控能力,区域整体营业成本虽因多重外部因素有所增长,但增幅得到有效控制;西部地区可能受益于"西部大开发"税收优惠政策中对西部企业减免15%的企业所得税等实质性利好条款,加之地区人力及原材料成本增幅相对较小,使得该地区环境服务业成本压力增长相对缓和(见图3-7)。

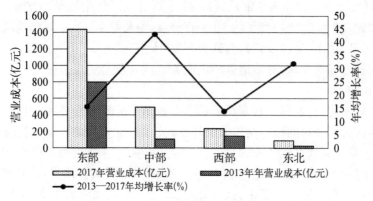

图3-7 2013、2017年环境服务业各区域营业成本情况
数据来源:各年度全国环境服务业财务统计调查

四、政策导向

我国环境服务业发展实质上起步于20世纪90年代。追溯政策的起源,环境服务业的概念最早出现于2001年2月,经国家统计局批准(国统函〔2001〕5号),国家环境保护总局发出《关于开展2000年全国环境保护相关产业基本情况调查的通知》(环发〔2001〕11号),其中,界定的调查范围包括环境保护产品生产、资源综合利用各领域、环境保护服务、洁净产品生产。"环境保护服务"首次被提出,其中,环境保护服务指为环境保护提供的相关服务活动,包括环境技术咨询服务、环保设施运营服务、环境影响评价服务、环境监测服务、环境信息服务、环境污染治理服务、环境工程设计服务,等等。2001年,《国家环境保护"十五"计划》公布,文件中首次提出"逐步开放环境服务市场,进一步开放环保产品市场,鼓励有竞争力的环保产品生产企业和环境服务企业开拓国际市场",此后环境服务业逐渐进入人们的视线。紧接着,2002年的《2000年全国环境保护相关产业状况公报》首次公布了我国环境服务业的发展实况。

2010年10月10日,《国务院关于加快培育和发展战略性新兴产业的决定》由国务院以国发〔2010〕32号文下发公布,其中提出,节能环保产业是我国未来的战略性新兴产业之一,并进一步指出节能环保产业的发展重点是要"推进市场化环保服务体系建设"。

2011年4月5日,环境保护部印发《环境保护部关于环保系统进一步推动环保产业发展的指导意见》。其中指出,虽然当前我国环保产业领域不断拓展,环境服务业取得了一定发展,已经形成具有一定规模、门类基本齐全的产业体系,但环保产业对国民经济的总体贡献率低,其中,环境服务业仍存在发育不良、产业层次不高、市场规范不够、参与国际竞争能力不强的问题。未来,我国一要大力推进环境保护设施的专业化、社会化运营服务;二要大力发展环境咨询服务业;三要鼓励发展提供系统解决方案的综合环境服务业。这也是我国第一次出台国家级政策文件,对环境服务业的发展制定了明确的未来目标。

2011年10月17日,国务院以国发〔2011〕35号印发《关于加强环境保护重点工作的意见》指出,要"着重发展环保设施社会化运营、环境咨询、环境监理、工程技术设计、认证评估等环境服务业"。

2011 年 12 月 15 日,《国务院关于印发国家环境保护"十二五"规划的通知》印发实施。通知指出,要大力发展环保产业。实行环保设施运营资质许可制度,推进污染设施建设和运营的专业化、社会化、市场化进程;制定环保产业统计标准;研究制定提升工程投融资、设计和建设、设施运营和维护、技术咨询、清洁生产审核、产品认证和人才培训等环境服务业水平的政策措施。

2012 年 2 月 24 日,环境保护部印发《关于加快完善环保科技标准体系的意见》,指出要大力推进环境服务业。不断提高污染治理设施运营的社会化和专业化水平,开展设计建设运营一体化和合同环境服务等新型服务模式的试点工作;重点发展环保设施社会化运营、环境咨询、环境监理、工程技术设计、认证认可等环境服务业,逐步推进环境监测服务社会化;加强国家级环保认证体系建设,积极会同相关部门加大财政、税收等政策支持力度;建立环境服务业统计、信息、技术标准等体系,实施环境信息公开制度,推动环境基本公共服务均等化,引导和支持环境服务业的发展。

2013 年 9 月 10 日,国务院以国发〔2013〕37 号印发《关于印发大气污染防治行动计划的通知》,指出要大力培育节能环保产业,扩大国内消费市场,积极支持新业态、新模式,培育一批具有国际竞争力的大型节能环保企业,大幅增加大气污染治理装备、产品、服务产业产值,有效推动节能环保、新能源等战略性新兴产业发展。

2014 年 12 月 27 日,国务院办公厅以国办发〔2014〕69 号印发《关于推行环境污染第三方治理的意见》,其中,扩大第三方治理市场治理规模、加快创新发展、发挥行业组织作用、规范市场秩序和完善监管体系是健全第三方治理市场的主要手段。

2016 年 11 月 24 日,看国务院关于印发"十三五"生态环境保护规划的通知》重点指出要推进节能环保产业发展。鼓励发展节能环保技术咨询、系统设计、设备制造、工程施工、运营管理等专业化服务;大力发展环境服务业,推进形成合同能源管理、合同节水管理、第三方监测、环境污染第三方治理及环境保护政府和社会资本合作等服务市场,开展小城镇、园区环境综合治理托管服务试点;规范环境绩效合同管理,逐步建立环境服务绩效评价考核机制;发布政府采购环境服务清单。鼓励社会资本投资环保企业,培育一批具有国际竞争力的大型节能环保企业与环保品牌。

2016 年 11 月 29 日,《国务院关于印发"十三五"国家战略性新兴产业发展规划的通知》重点指出,一要加快发展先进环保产业,推动主要污染物监测防治技术装备能力提升,加强先进适用环保技术装备推广应用和集成创新,积极推广应用先进环保产品,促进环境服务业发展,全面提升环保产业发展水平;到 2020 年,先进环保产业产值规模力争超过 2 万亿元。二要提升环境综合服务能力,提高环境监管智能化水平,深入推进环境服务业试点工作;发展环境修复服务,推广合同环境服务,促进环保服务整体解决方案推广应用;开展环境污染第三方治理试点和环境综合治理托管服务试点,在城镇污水垃圾处理、工业园区污染集中处理等重点领域深入探索第三方治理模式。

2017 年 3 月 2 日,商务部等 13 部门关于印发《服务贸易发展"十三五"规划》的通知,其中在打造环渤海服务贸易集聚圈、加强与发达国家服务贸易合作、继续提升服务进口质量、落实完善服务贸易财税政策部分均提及了环境服务业发展规划,此外,重点指出,要健全和完善环境服务贸易定义、分类、统计和技术标准体系,加快培育壮大环境服务业,增强环境服务国际竞争力,推动我国环境服务企业服务"一带一路"沿线国家和地区;扩大环境治理、生态保护及修复、野生动植物保护等领域的对外援助;着力培育国际环境服务贸易领域的专业咨询服务机构,扩大环境服务贸易规模,优化环境服务贸易结构;鼓励国内企业到境外进行环境投资和并购,逐步提升我国环境服务业国际竞争能力;努力实现环境服务出口额比"十二五"时期翻一番。

2018 年 6 月 16 日,中共中央、国务院印发《关于全面加强生态环境保护坚决打好污染防治攻坚战的意见》大力发展节能和环境服务业,推行合同能源管理、合同节水管理,积极探索区域环境托管服务等新模式。

除了国家级政策文件的出台,我国各省市地区也积极出台相关文件,推动环境服务业发展。据 CNKI 网站法律法规信息不完全统计,2005 年以来我国各省市地区政府出台涉及环境服务业发展的文件总计 232 项,这其中并不包括转发执行上级政策文件,可见我国各级政府对环境服务业发展的重视程度。从时间维度看来,2014—2017 年涉及我国环境服务业发展的政策文件数量最多,年均达到 28.5 项,我国环境服务业发展迎来了高速发展时期。江苏地处东部沿海地区,工业化水平高,因此,环境服务业发展起步早、发展快,走在全国前列。在接下来的报告中,将依次从环境服务行业、具体企业载体和政策的角度,对江苏省环境服务业的发展情况进行介绍。

参考文献

[1] 张昊.环境咨询服务业的发展现状及趋势研究[J].科技创新与应用,201(29):67 - 68.

[2] 柴蔚舒,李宝娟,赵子骁等.基于统计数据的中国环境服务业发展态势分析[J].中国环保产业,2018,246(12):26 - 31.

[3] 柴蔚舒,李宝娟,赵子骁等.简析我国近期环境服务业发展[J].中国环保产业,2017(8):29 - 34.

[4] 何博宇.浅论我国环境咨询服务业的发展现状及趋势[J].中小企业管理与科技,2016(36):115 - 116.

[5] 李丽平,段炎斐.全球环境服务业发展趋势及驱动力[J].环境经济,2011(11):33 - 37.

[6] 宋鸿.世界环境服务业发展动态[J].竞争情报,2015,11(2):48 - 55.

[7] 柴蔚舒,王妍,李宝娟等.我国环境服务业的发展现状及问题和对策[J].中国环保产业,2016(8):18 - 21.

[8] 刘欣欣.合同环境服务制度研究[D].河北大学,2016.

[9] 黎莹,钟晓红,傅涛.我国环境服务业发展路径的思考[J].环境与可持续发展,2012,37(6):48 - 51.

[10] 柴蔚舒,李宝娟,赵子骁等.我国环境服务业近年发展态势分析[J].中国环保产业,2017,No.234(12):27 - 32.

[11] 王杰一.中国环境服务贸易发展分析[D].东北财经大学,2014.

[12] 裴莹莹,罗宏,薛婕等.中国环境服务业的 SCP 范式分析[J].中国环境管理,2018,10(3):89 - 93.

[13] 李健.中国环境服务业发展研究[D].辽宁大学,2015.

年　份	序　号	文件名称	来　源	发布时间
2019	1	甘肃省人民政府办公厅关于印发新时代甘肃融入"一带一路"建设打造文化枢纽技术信息生态"五个制高点"实施方案的通知	甘肃省人民政府网站	2019/11/27
	2	吉林省人民政府办公厅关于加快推进环保产业振兴发展的若干意见	吉林省人民政府网站	2019/9/9
	3	驻马店市人民政府办公室关于印发驻马店市加快工业结构调整助推污染防治攻坚工作方案的通知	驻马店市人民政府网站	2019/3/21
	4	普洱市人民政府办公室关于印发《普洱市"十三五"节能减排综合工作方案》的通知	普洱市人民政府网站	2019/1/4
2018	1	石家庄市人民政府关于印发《石家庄市打赢蓝天保卫战三年行动计划（2018—2020 年）》的通知	石家庄市人民政府网站	2018/12/29
	2	驻马店市人民政府办公室关于印发驻马店市污染防治攻坚战三年行动计划（2018—2020年)的通知	驻马店市人民政府网站	2018/10/16
	3	新余市人民政府办公室关于印发新余市推进环境污染第三方治理工作实施方案的通知	新余市人民政府网站	2018/9/22
	4	汉中市人民政府关于印发汉中市"十三五"生态环境保护规划的通知	汉中市人民政府网站	2018/8/31
	5	中共北京市委、北京市人民政府关于全面加强生态环境保护坚决打好北京市污染防治攻坚战的意见	北京市环境保护局网站	2018/7/12
	6	驻马店市人民政府办公室关于印发驻马店市支持企业做优做强促进产业转型升级的工作方案的通知	驻马店市人民政府网站	2018/4/4
	7	凭祥市人民政府办公室关于印发凭祥市进一步加强工业污染源全面达标排放工作实施方案的通知	凭祥市人民政府网站	2018/2/28
	8	关于印发良庆区进一步加强工业污染源全面达标排放工作实施方案的通知	南宁市良庆区人民政府网站	2018/2/26
	9	北海市人民政府办公室关于印发北海市进一步加强工业污染源全面达标排放工作实施方案的通知	北海市人民政府网站	2018/1/25
2017	1	驻马店市人民政府办公室关于印发驻马店市装备制造业转型升级行动计划（2017—2020年)的通知	驻马店市人民政府网站	2017/12/7
	2	桂林市人民政府办公室关于印发桂林市环境保护"十三五"规划的通知	桂林市人民政府网站	2017/11/21
	3	陕西省人民政府关于印发"十三五"生态环境保护规划的通知	陕西省人民政府网站	2017/10/10

年　份	序　号	文件名称	来　源	发布时间
	4	北京市环境保护局关于印发《北京市环境保护局"十三五"时期科技管理工作方案》的通知	北京市环境保护局网站	2017/8/25
	5	临清市人民政府关于印发临清市落实《水污染防治行动计划》实施方案的通知	临清市人民政府网站	2017/8/24
	6	巴彦淖尔市人民政府办公室关于印发推行环境污染第三方治理和服务实施方案(试行)的通知	巴彦淖尔市人民政府网站	2017/8/3
	7	河池市人民政府办公室关于印发2017年全市服务业发展主要目标和工作要点分工方案的通知	河池市人民政府网站	2017/7/31
	8	内江市市中区人民政府办公室关于印发《内江市市中区大气污染防治行动计划实施细则2017年度实施计划》的通知	内江市市中区人民政府网站	2017/7/17
	9	佳木斯市人民政府办公室关于印发佳木斯市生态环境保护十三五规划的通知	佳木斯市人民政府网站	2017/7/17
	10	对十二届全国人大五次会议第5723号建议的答复	中华人民共和国环境保护部网站	2017/7/6
2017	11	重庆市环境保护局关于印发重庆市实施工业污染源全面达标计划2017年度工作方案的通知	重庆市人民政府网站	2017/6/26
	12	赤峰市人民政府关于印发赤峰市水体达标方案的通知	赤峰市人民政府网站	2017/6/22
	13	关于印发辽阳市控制污染物排放许可制实施计划的通知	辽阳市人民政府网站	2017/5/31
	14	关于印发《攀枝花市推行环境污染第三方治理的实施意见》的通知	攀枝花市人民政府网站	2017/5/25
	15	四川省人民政府办公厅关于印发四川省大气污染防治行动计划实施细则2017年度实施计划的通知	四川省人民政府网站	2017/5/25
	16	内江市人民政府办公室关于印发《内江市大气污染防治行动计划实施细则2017年度实施计划》的通知	内江市人民政府网站	2017/5/19
	17	辽源市人民政府办公室关于印发辽源市服务业发展"十三五"规划的通知	辽源市人民政府网站	2017/5/9
	18	钦州市人民政府办公室关于印发钦州市2017年服务业发展主要目标任务和工作要点分工方案的通知	钦州市人民政府网站	2017/5/9

年　份	序　号	文件名称	来　源	发布时间
2017	19	自治区人民政府办公厅关于促进服务业加快发展的意见	宁夏回族自治区人民政府网站	2017/5/4
	20	阜新市人民政府办公室关于印发阜新市控制污染物排放许可制实施计划的通知	阜新市人民政府网站	2017/5/3
	21	关于印发《安顺市十大行业治污减排全面达标排放实施方案》和《安顺市贯城河河道污染源治理工程实施方案》的通知	安顺市人民政府网站	2017/4/1
	22	本溪市人民政府办公厅关于印发本溪市控制污染物排放许可制实施计划的通知	本溪市人民政府网站	2017/3/27
	23	四川省环境保护厅关于印发《四川省工业污染源全面达标排放计划》的通知	四川省环境保护厅网站	2017/3/22
	24	省人民政府办公厅关于印发《贵州省环境保护十大污染源治理工程实施方案》和《贵州省十大行业治污减排全面达标排放专项行动方案》的通知	贵州省人民政府网站	2017/3/10
	25	市人民政府关于印发黄石市生态环境保护十三五规划的通知	黄石市人民政府网站	2017/3/9
	26	娄底市人民政府关于印发《娄底市"十三五"科技发展规划》的通知	娄底市人民政府网站	2017/3/8
	27	关于开展2016年全区环境服务业财务统计工作的通知	宁夏回族自治区环境保护厅网站	2017/2/28
2016	1	黑龙江省人民政府关于印发黑龙江省生态环境保护"十三五"规划的通知	黑龙江省人民政府网站	2016/12/30
	2	北京市人民政府关于印发《北京市"十三五"时期环境保护和生态建设规划》的通知	北京市人民政府网站	2016/12/28
	3	天水市人民政府办公室关于印发天水市十三五社会事业发展规划的通知	天水市人民政府网站	2016/12/19
	4	天水市人民政府办公室关于印发天水市"十三五"科技创新规划的通知	天水市人民政府网站	2016/12/7
	5	陕西省环境保护厅办公室关于印发《陕西省环境保护厅关于推进生态扶贫工作的实施意见》的通知	陕西省环境保护厅网站	2016/10/31
	6	厦门市生态文明建设领导小组办公室关于转发《福建省生态文明建设领导小组办公室关于印发〈福建省"十三五"生态省建设专项规划任务分工方案〉的通知》	厦门市发展和改革委员会网站	2016/10/28
	7	四平市人民政府办公室印发关于进一步加强县级政府生态建设和环境保护职能作用实施方案的通知	四平市人民政府网站	2016/9/29

续表

年　份	序　号	文件名称	来　源	发布时间
2016	8	关于印发营口市积极发挥新消费引领作用加快培育形成新供给新动力实施方案的通知	营口市人民政府网站	2016/8/15
	9	四平市人民政府关于积极发挥新消费引领作用加快培育形成新供给新动力的实施意见	四平市人民政府网站	2016/8/11
	10	大连市人民政府关于创新重点领域投融资机制鼓励社会投资的实施意见	大连市人民政府网站	2016/7/27
	11	七台河市人民政府办公室关于印发七台河市水污染防治行动计划工作方案的通知	七台河市人民政府网站	2016/7/26
	12	鄂尔多斯市人民政府办公厅关于印发推行环境第三方治理和服务实施方案(试行)的通知	鄂尔多斯市人民政府网站	2016/7/21
	13	驻马店市人民政府关于印发中国制造2025驻马店行动纲要的通知	驻马店市人民政府网站	2016/7/9
	14	驻马店市人民政府关于印发《驻马店市国民经济和社会发展第十三个五年规划纲要》的通知	驻马店市人民政府网站	2016/7/5
	15	驻马店市人民政府办公室关于印发驻马店市重点产业2016年度行动计划的通知	驻马店市人民政府网站	2016/7/5
	16	广东省人民政府办公厅关于加快推进我省环境污染第三方治理工作的实施意见	广东省人民政府网站	2016/5/31
	17	黑河市人民政府办公室关于印发《黑河市水污染防治工作方案》的通知	黑河市人民政府网站	2016/5/25
	18	佳木斯市人民政府关于推行环境污染第三方治理的实施意见	佳木斯市人民政府网站	2016/5/9
	19	哈尔滨市人民政府关于印发哈尔滨市水污染防治工作方案的通知	哈尔滨市人民政府网站	2016/5/4
	20	广安市人民政府办公室关于印发广安市大气污染防治行动计划实施细则2016年度实施计划的通知	广安市人民政府网站	2016/4/29
	21	商城县人民政府关于印发商城县国民经济和社会发展第十三个五年规划纲要的通知	信阳市商城县人民政府网站	2016/4/13
	22	福建省人民政府办公厅关于印发福建省"十三五"生态省建设专项规划的通知	福建省人民政府网站	2016/4/7
	23	辽宁省人民政府关于印发辽宁省积极发挥新消费引领作用加快培育形成新供给新动力实施方案的通知	辽宁省发展和改革委员会网站	2016/4/1
	24	镇江市人民政府办公室关于2016年镇江市现代服务业发展的工作意见	镇江市人民政府网站	2016/3/18

续表

年 份	序 号	文件名称	来 源	发布时间
2016	25	宁德市人民政府关于印发推进环境污染第三方治理实施细则的通知	宁德市人民政府网站	2016/3/2
	26	西安市人民政府办公厅关于进一步加强环境监管执法的通知	西安市人民政府网站	2016/2/4
	27	黑龙江省人民政府关于印发黑龙江省水污染防治工作方案的通知	黑龙江省人民政府网站	2016/1/10
	28	榆林市人民政府办公室关于印发榆林市环境污染第三方治理实施方案的通知	榆林市人民政府网站	2016/1/4
2015	1	鸡西市人民政府印发鸡西市水污染防治行动计划实施方案的通知	鸡西市人民政府网站	2015/12/31
	2	福建省人民政府关于创新重点领域投融资机制鼓励社会投资的实施意见	福建省人民政府网站	2015/12/31
	3	宝鸡市人民政府办公室关于印发宝鸡市推行环境污染第三方治理实施方案的通知	宝鸡市人民政府网站	2015/12/16
	4	四川省人民政府办公厅关于推行环境污染第三方治理的实施意见	四川省人民政府网站	2015/12/3
	5	北京市人民政府办公厅关于推行环境污染第三方治理的实施意见	北京市人民政府网站	2015/11/20
	6	厦门市人民政府办公厅关于印发厦门市环境监管能力建设规划（2015—2020 年）的通知	厦门市人民政府网站	2015/10/23
	7	黑龙江省人民政府办公厅关于推行环境污染第三方治理的实施意见	黑龙江省人民政府网站	2015/9/17
	8	湖南省人民政府关于印发《湖南省贯彻落实国家〈长江中游城市群发展规划〉实施方案》的通知	湖南省人民政府网站	2015/8/25
	9	南平市人民政府办公室关于印发南平市大气污染防治行动计划 2015 年度实施方案的通知	南平市人民政府网站	2015/7/17
	10	陕西省人民政府办公厅关于印发加快推进环境污染第三方治理实施方案的通知	陕西省人民政府网站	2015/7/14
	11	陕西省人民政府办公厅关于进一步加强环境监管执法的通知	陕西省人民政府网站	2015/7/10
	12	汶川县人民政府办公室关于印发汶川县2015 年大气污染防治行动计划实施方案的通知	阿坝藏族羌族自治州汶川县人民政府网站	2015/7/6
	13	石家庄市人民政府办公厅印发关于推行环境污染第三方治理实施方案的通知	石家庄市人民政府网站	2015/5/30

续表

年 份	序 号	文件名称	来 源	发布时间
2015	14	德阳市人民政府办公室关于印发德阳市大气污染防治行动计划实施细则2015年度实施计划的通知	德阳市人民政府网站	2015/5/26
	15	达州市人民政府办公室关于印发达州市城区大气污染防治行动计划2015年度实施计划的通知	达州市人民政府网站	2015/4/22
	16	安徽省人民政府办公厅关于推行环境污染第三方治理的实施意见	安徽省人民政府网站	2015/4/18
	17	四川省人民政府办公厅关于印发四川省大气污染防治行动计划实施细则2015年度实施计划的通知	四川省人民政府网站	2015/3/25
	18	北京市财政局、北京市国家税务局、北京市地方税务局关于公布北京市2013年度第三批和2014年度第三批取得非营利组织免税资格单位名单的通知	北京市财政局网站	2015/2/26
2014	1	南平市人民政府办公室关于印发贯彻落实南平市大气污染防治行动计划实施细则责任分工方案的通知	南平市人民政府网站	2014/12/31
	2	淄博市人民政府办公厅转发市发展改革委《淄博市推进战略性新兴产业加速发展2014—2020年行动计划》的通知	淄博市人民政府网站	2014/12/25
	3	关于加快循环经济发展的若干意见	台州市人民政府网站	2014/12/8
	4	晋中市人民政府办公厅关于建立健全晋中市生态环境保护多元投入机制的实施意见	晋中市人民政府网站	2014/12/1
	5	四川省环境保护厅关于印发《关于加强省级环境污染防治专项资金项目内部统筹工作的意见》的通知	四川省环境保护厅网站	2014/11/24
	6	德阳市旌阳区人民政府办公室关于印发《德阳市旌阳区大气污染防治行动计划实施细则》的通知	德阳市旌阳区人民政府网站	2014/10/10
	7	东山县人民政府办公室关于印发贯彻落实《东山县大气污染防治行动计划实施细则》责任分工方案的通知	漳州市东山县人民政府网站	2014/9/26
	8	将乐县人民政府关于印发大气污染防治行动计划实施细则的通知	三明市将乐县人民政府网站	2014/8/20
	9	将乐县人民政府办公室关于贯彻落实将乐县大气污染防治行动计划实施细则责任分工方案的通知	三明市将乐县人民政府网站	2014/8/19
	10	鄂尔多斯市交通运输局关于转发《内蒙古自治区人民政府办公厅印发〈内蒙古自治区人民政府关于贯彻落实大气污染防治行动计划的意见〉重点工作部门分工方案》的通知	鄂尔多斯市人民政府网站	2014/8/1

年 份	序 号	文件名称	来 源	发布时间
	11	漳州市人民政府办公室关于印发贯彻落实《漳州市大气污染防治行动计划实施细则》责任分工方案的通知	漳州市人民政府网站	2014/7/18
	12	浙江省人民政府办公厅关于印发浙江省大气污染防治行动计划重点工作部门分工方案的通知	浙江省人民政府网站	2014/7/16
	13	三明市人民政府办公室关于印发贯彻落实《三明市大气污染防治行动计划实施细则》责任分工方案的通知	三明市人民政府网站	2014/7/11
	14	内江市人民政府关于印发内江市大气污染防治行动计划实施细则的通知	内江市人民政府网站	2014/7/9
	15	关于批转《乌鲁木齐市大气污染防治行动计划实施方案》的通知	乌鲁木齐市人民政府网站	2014/7/4
	16	凉山州人民政府办公室关于印发凉山州大气污染防治行动计划实施细则的通知	凉山彝族自治州人民政府网站	2014/6/10
	17	福建省人民政府办公厅关于印发贯彻落实《福建省大气污染防治行动计划实施细则》责任分工方案的通知	福建省人民政府网站	2014/6/6
	18	天水市人民政府关于贯彻落实甘肃省人民政府加快发展节能环保产业的实施意见	天水市人民政府网站	2014/5/26
2014	19	东山县人民政府关于印发东山县大气污染防治行动计划实施细则的通知	漳州市东山县人民政府网站	2014/5/23
	20	内蒙古自治区人民政府办公厅关于印发《〈内蒙古自治区人民政府关于贯彻落实大气污染防治行动计划的意见〉重点工作部门分工方案》的通知	内蒙古自治区人民政府网站	2014/5/20
	21	关于做好环保服务业试点工作的通知	天津市环境保护局网站	2014/5/16
	22	莆田市人民政府关于印发莆田市大气污染防治行动计划实施细则的通知	莆田市人民政府网站	2014/5/13
	23	省人民政府关于印发贵州省大气污染防治行动计划实施方案的通知	贵州省人民政府网站	2014/5/6
	24	白山市人民政府办公室关于印发白山市落实大气污染防治行动计划实施方案的通知	白山市人民政府网站	2014/5/4
	25	忠县人民政府关于加强大气污染防治工作的实施意见	重庆市忠县人民政府网站	2014/4/21
	26	重庆市九龙坡区人民政府关于印发贯彻落实大气污染防治行动计划实施细则的通知	重庆市九龙坡区人民政府网站	2014/4/10
	27	漳州市人民政府关于印发大气污染防治行动计划实施细则的通知	漳州市人民政府网站	2014/4/1
	28	淮南市人民政府关于印发淮南市大气污染防治行动计划实施方案的通知	淮南市人民政府网站	2014/3/26

续表

年　份	序　号	文件名称	来　源	发布时间
2014	29	肥东县人民政府关于印发肥东县大气污染防治目标阶段性工作方案的通知	合肥市肥东县人民政府网站	2014/3/25
	30	辽宁省人民政府关于印发辽宁省大气污染防治行动计划实施方案的通知	辽宁省人民政府网站	2014/3/13
	31	市政府办公室关于印发《2014年常州市现代服务业发展工作要点》的通知	常州市人民政府网站	2014/3/3
	32	陕西省人民政府关于加强环境保护推进美丽陕西建设的决定	陕西省人民政府网站	2014/2/28
	33	安庆市人民政府关于印发安庆市大气污染防治行动计划实施细则的通知	安庆市人民政府网站	2014/2/21
	34	乌海市人民政府办公厅关于印发《乌海市大气污染防治行动计划实施细则》的通知	乌海市人民政府网站	2014/2/21
	35	淮北市人民政府关于印发淮北大气污染防治实施细则的通知	淮北市人民政府网站	2014/2/16
	36	成都市人民政府关于印发成都市大气污染防治行动方案(2014—2017年)的通知	成都市人民政府网站	2014/2/14
	37	铜陵市人民政府关于印发铜陵市大气污染防治行动计划实施方案的通知	铜陵市人民政府网站	2014/1/28
	38	福州市人民政府关于印发福州市大气污染防治行动计划实施细则的通知	福州市人民政府网站	2014/1/27
	39	内江市人民政府转发《省政府关于进一步加快发展节能环保产业的实施意见》的通知	内江市人民政府网站	2014/1/26
	40	福建省人民政府关于印发大气污染防治行动计划实施细则的通知	福建省人民政府网站	2014/1/5
	41	阿拉善盟行政公署关于印发阿拉善盟大气污染防治行动计划实施方案的通知	阿拉善盟行政公署网站	2014/1/2
2013	1	内蒙古自治区人民政府关于贯彻落实大气污染防治行动计划的意见	内蒙古自治区人民政府网站	2013/12/31
	2	安徽省人民政府关于印发安徽省大气污染防治行动计划实施方案的通知	安徽省人民政府网站	2013/12/30
	3	四川省人民政府关于进一步加快发展节能环保产业的实施意见	四川省人民政府网站	2013/12/27
	4	重庆市人民政府关于贯彻落实大气污染防治行动计划的实施意见	重庆市人民政府网站	2013/12/26
	5	吉林省人民政府关于印发吉林省落实大气污染防治行动计划实施细则的通知	吉林省人民政府网站	2013/12/24

年 份	序 号	文件名称	来 源	发布时间
2013	6	烟台市人民政府办公室关于印发烟台市落实全省大气污染防治一期行动计划实施细则的通知	烟台市人民政府网站	2013/12/23
	7	梧州市人民政府办公室关于印发我市贯彻落实国务院质量发展纲要 2011—2020 年推动质量强梧战略实施方案的通知	梧州市人民政府网站	2013/11/6
	8	晋中市人民政府关于印发晋中市落实大气污染防治行动计划实施方案（2013—2017 年）的通知	晋中市人民政府网站	2013/10/23
	9	常德市鼎城区人民政府办公室关于印发《鼎城区落实全省十大环保工程实施方案》和《鼎城区实施全省十大环保工程目标考核办法》的通知	常德市鼎城区人民政府网站	2013/10/15
	10	桂林市人民政府办公室关于贯彻落实国务院质量发展纲要（2011—2020 年）的实施意见	桂林市人民政府网站	2013/9/13
	11	台前县人民政府关于进一步加强环境保护工作的意见	濮阳市台前县人民政府网站	2013/8/21
	12	驻马店市人民政府关于印发驻马店市 2013—2015 年战略性新兴产业发展规划纲要的通知	驻马店市人民政府网站	2013/7/16
	13	乐山市人民政府关于加强环境保护重点工作的实施意见	乐山市人民政府网站	2013/7/3
	14	河池市人民政府办公室关于印发河池市贯彻落实国务院《质量发展纲要（2011—2020 年）》推动质量强市战略实施方案的通知	河池市人民政府网站	2013/6/30
	15	来宾市人民政府办公室关于贯彻落实国务院质量发展纲要（2011—2020 年）的实施意见	来宾市人民政府网站	2013/6/25
	16	常德市人民政府办公室关于印发《常德市落实全省十大环保工程实施方案》和《常德市实施全省十大环保工程目标考核办法》的通知	常德市人民政府网站	2013/6/24
	17	北海市人民政府办公室印发北海市贯彻落实国务院《质量发展纲要（2011—2020 年）》推动质量强市战略实施方案的通知	北海市人民政府网站	2013/5/29
	18	汝州市人民政府办公室关于转发《〈河南省环境保护"十二五"规划〉重点工作部门分工方案》的通知	汝州市人民政府网站	2013/5/13
	19	市政府办公室关于印发《常州市加快发展现代服务业三年行动计划(2013—2015)》的通知	常州市人民政府网站	2013/5/9
	20	市政府关于印发推进可持续发展"1+2"实施意见的通知	南京市人民政府网站	2013/5/6
	21	河南省财政厅关于印发 2013 年企业服务工作实施意见的通知	河南省财政厅网站	2013/4/3

续表

年 份	序 号	文件名称	来 源	发布时间
2013	22	自治区人民政府关于印发宁夏回族自治区战略性新兴产业发展"十二五"规划的通知	宁夏回族自治区人民政府网站	2013/3/30
	23	北京市大兴区人民政府关于印发进一步加强绿色就业工作意见的通知	北京市大兴区人民政府网站	2013/3/12
	24	新余市人民政府关于推进合同环境服务工作的意见	新余市人民政府网站	2013/2/20
	25	河南省人民政府办公厅关于印发河南省环境保护"十二五"规划重点工作部门分工方案的通知	河南省人民政府网站	2013/2/20
	26	济宁市人民政府关于印发济宁市环境保护"十二五"规划的通知	济宁市人民政府网站	2013/1/12
	27	广西壮族自治区人民政府关于印发广西循环经济发展"十二五"规划的通知	广西壮族自治区人民政府网站	2013/1/9
2012	1	辽宁省人民政府关于印发辽宁省环境保护"十二五"规划的通知	辽宁省人民政府网站	2012/12/27
	2	关于印发《中关村战略性新兴产业集群创新引领工程(2013—2015 年)》的通知	中关村科技园区管理委员会网站	2012/12/21
	3	吉林省人民政府办公厅关于印发吉林省环境保护"十二五"规划的通知	吉林省人民政府网站	2012/12/11
	4	关于印发伊春市环境保护及相关产业基本情况调查实施方案的通知	伊春市人民政府网站	2012/11/9
	5	珙县人民政府关于加快推进生态县建设的意见	宜宾市珙县人民政府网站	2012/11/8
	6	山东省人民政府关于印发山东省战略性新兴产业发展"十二五"规划的通知	山东省人民政府网站	2012/11/2
	7	关于进一步加强"十二五"环境保护重点工作的实施意见	内江市市中区人民政府网站	2012/10/30
	8	广西壮族自治区人民政府办公厅关于贯彻国务院《质量发展纲要(2011—2020 年)》的实施意见	广西壮族自治区人民政府网站	2012/10/28
	9	辽宁省人民政府关于加强环境保护重点工作的实施意见	辽宁省人民政府网站	2012/10/23
	10	新乡市人民政府关于加强环境保护促进中原经济区建设的实施意见	新乡市人民政府网站	2012/10/12
	11	菏泽市人民政府关于印发菏泽市环境保护"十二五"规划的通知	菏泽市人民政府网站	2012/9/17
	12	广州市人民政府办公厅关于印发广州市战略性新兴产业发展规划的通知	广州市人民政府网站	2012/9/14

年 份	序 号	文件名称	来 源	发布时间
	13	郑州市发展和改革委员会关于转发《河南省"十二五"战略性新兴产业发展规划》的通知	郑州市发展和改革委员会网站	2012/9/13
	14	宜宾市人民政府关于加强环境保护重点工作及贯彻四川省环境保护"十二五"规划的实施意见	宜宾市人民政府网站	2012/9/3
	15	河南省人民政府关于加强环境保护促进中原经济区建设的意见	河南省人民政府网站	2012/8/28
	16	成都市人民政府关于进一步加强环境保护重点工作的实施意见	成都市人民政府网站	2012/8/22
	17	云南省人民政府关于加强环境保护重点工作的意见	云南省环境保护厅网站	2012/6/14
	18	青海省环境保护厅转发青海省人民政府《关于加强环境保护工作意见》的通知	青海省环境保护厅网站	2012/5/25
	19	四川省人民政府关于加强环保重点工作及贯彻国家环境保护"十二五"规划的实施意见	四川省人民政府网站	2012/5/2
	20	广安市人民政府关于加强环境保护重点工作的意见	广安市人民政府网站	2012/4/26
	21	四川省商务厅关于印发《四川省商务发展第十二个五年规划纲要》的通知	四川省商务厅网站	2012/4/20
2012	22	绍兴市人民政府关于进一步加强环境保护工作的实施意见	绍兴市人民政府网站	2012/4/19
	23	关于印发省环保厅 2012 年科技标准工作思路和安排的通知	黑龙江省环境保护厅网站	2012/4/5
	24	郴州市人民政府关于印发《郴州市"十二五"科学技术发展规划》的通知	郴州市人民政府网站	2012/3/29
	25	印发关于加快我省环保产业发展意见的通知	广东省人民政府网站	2012/3/27
	26	亳州市人民政府关于进一步加强环境保护重点工作的实施意见	亳州市人民政府网站	2012/3/21
	27	四川省人民政府办公厅关于印发 2012 年推进服务业发展规划加快实施工作方案的通知	四川省人民政府网站	2012/3/16
	28	印发广东省战略性新兴产业发展"十二五"规划的通知	广东省人民政府网站	2012/3/6
	29	安徽省人民政府关于加强环境保护重点工作的实施意见	安徽省人民政府网站	2012/2/27
	30	黑龙江省人民政府关于加强环境保护重点工作的实施意见	黑龙江省人民政府网站	2012/2/24
	31	浙江省人民政府关于进一步加强环境保护工作的意见	浙江省人民政府网站	2012/2/20

续表

年　份	序　号	文件名称	来　源	发布时间
2012	32	关于印发吉安市环境保护"十二五"规划的通知	吉安市人民政府网站	2012/2/18
	33	上海市人民政府关于印发上海市战略性新兴产业发展"十二五"规划的通知	上海市人民政府网站	2012/1/4
2011	1	市政府关于印发南京市"十二五"环境保护规划的通知	南京市人民政府网站	2011/12/31
	2	山东省人民政府关于印发山东省环境保护"十二五"规划的通知	山东省人民政府网站	2011/12/31
	3	省政府关于印发江苏省"十二五"培育和发展战略性新兴产业规划的通知	江苏省人民政府网站	2011/12/28
	4	河南省人民政府关于印发河南省环境保护"十二五"规划的通知	河南省人民政府网站	2011/12/27
	5	四川省人民政府办公厅关于印发四川省"十二五"服务业发展规划的通知	四川省人民政府网站	2011/12/20
	6	郴州市人民政府关于印发郴州市加快培育和发展战略性新兴产业"十二五"总体规划纲要及有关专项规划的通知	郴州市人民政府网站	2011/12/15
	7	中共南京市委、南京市人民政府关于进一步深化环境保护工作的决定	中共南京市委网站	2011/12/12
	8	关于学习贯彻落实国务院关于加强环境保护重点工作意见的通知	新疆维吾尔自治区环境保护厅网站	2011/11/24
	9	市政府办公室关于转发市发改委《无锡市"十二五"循环经济发展规划》的通知	无锡市人民政府网站	2011/10/25
	10	市人民政府办公室关于印发遵义市"十二五"环境保护规划的通知	遵义市人民政府网站	2011/9/30
	11	关于印发实施《东莞市环境保护和生态建设"十二五"规划》的通知	东莞市人民政府网站	2011/9/1
	12	定安县人民政府办公室转发《海南省人民政府关于加快培育和发展战略性新兴产业实施意见》的通知	海南省定安县人民政府网站	2011/7/7
	13	来宾市人民政府办公室关于印发来宾市贯彻2011年全区发展改革系统资源节约和环境保护工作会议工作意见的通知	来宾市人民政府网站	2011/6/16
	14	市人民政府关于印发黄石市资源型城市转型与可持续发展规划的通知	黄石市人民政府网站	2011/5/18
	15	海南省人民政府关于加快培育和发展战略性新兴产业的实施意见	海南省人民政府网站	2011/5/6
	16	青海省环境保护厅关于印发《2011年全省环境科技标准工作要点》的通知	青海省环境保护厅网站	2011/4/11

续表

年　份	序　号	文件名称	来　源	发布时间
2011	17	关于印发汕头市国民经济和社会发展第十二个五年规划纲要的通知	汕头市人民政府网站	2011/3/20
	18	转发省政府《关于加快培育和发展战略性新兴产业决定的通知》	惠州市人民政府网站	2011/1/24
	19	关于贯彻《环境保护部关于环保系统进一步推动环保产业发展的指导意见》的通知	四川省环境保护厅网站	2011/7/3
2010	1	市政府办公室关于印发《南通市环境保护局主要职责内设机构和人员编制规定》的通知	南通市人民政府网站	2010/12/8
	2	浙江省人民政府关于加快循环经济发展的若干意见	浙江省人民政府网站	2010/11/16
	3	盐城市人民政府关于印发盐城市沿海发展规划纲要的通知	盐城市人民政府网站	2010/10/18
	4	关于印发《钟楼区2010—2012年社区卫生诊断工作实施方案》的通知	常州市钟楼区人民政府网站	2010/9/20
	5	中共浙江省委关于推进生态文明建设的决定	浙江省林业厅网站	2010/6/30
	6	中共郴州市委办公室、郴州市人民政府办公室关于印发《2010年市委经济工作会议任务分工方案》的通知	郴州市人民政府网站	2010/5/11
	7	宁德市蕉城区人民政府办公室关于印发《蕉城区建设项目储备管理办法》(试行)的通知	宁德市蕉城区人民政府网站	2010/4/26
	8	省政府办公厅关于转发省经济和信息化委、省环保厅《江苏省节能环保产业发展规划纲要(2009—2012年)》的通知	江苏省人民政府网站	2010/4/10
	9	盐城市人民政府关于印发盐城市环保产业发展振兴规划纲要的通知	盐城市人民政府网站	2010/1/31
2009	1	省政府印发贯彻国务院关于进一步推进长江三角洲地区改革开放和经济社会发展指导意见实施方案的通知	江苏省人民政府网站	2009/11/24
	2	深圳市人民政府关于加快环保产业创新发展的若干意见	深圳市人民政府网站	2009/9/3
	3	巴中市人民政府关于进一步加强统计工作的意见	巴中市人民政府网站	2009/5/11
	4	浦东新区人民政府关于印发《2009年浦东新区推进节能减排发展循环经济工作计划》的通知	上海市浦东新区人民政府网站	2009/4/1
	5	长乐市人民政府关于印发长乐市生态市建设规划纲要的通知	长乐市人民政府网站	2009/1/14
	6	关于印发《东莞市产业结构调整规划(2008—2017)》的通知	东莞市人民政府网站	2009/1/13

续表

年　份	序　号	文件名称	来　源	发布时间
2008	1	中共武汉市硚口区委、武汉市硚口区人民政府关于硚口区资源节约型和环境友好型社会建设综合配套改革试验实施方案	武汉市硚口区人民政府网站	2008/12/31
2007	1	湖南省人民政府关于印发《湖南省节能减排综合性工作实施方案》的通知	湖南省政府门户网	2007/11/8
	2	湘潭市人民政府关于印发湘潭市加强节能减排工作方案的通知	湘潭市人民政府网站	2007/8/27
	3	泉州市洛江区人民政府关于印发《洛江区发展循环经济专项规划》的通知	泉州市洛江区人民政府网站	2007/6/26
2006	1	北京市人民政府关于印发北京市"十一五"时期循环经济发展规划的通知	北京市人民政府	2006/11/4
	2	东阳市人民政府关于印发《东阳市服务业发展第十一个五年规划》的通知	东阳市人民政府网站	2006/9/30
	3	关于印发《江苏省清洁生产"十一五"行动纲要》的通知	苏州市经济和信息化委员会网站	2006/9/26
	4	巢湖市人民政府关于进一步加强全市服务行业污染防治监督管理工作的通知	巢湖市人民政府	2006/9/8
	5	咸阳市人民政府关于印发《咸阳市发展循环经济"十一五"规划》的通知	咸阳市人民政府	2006/7/13
	6	绍兴市人民政府办公室关于印发绍兴市十一五服务业发展规划的通知	绍兴市人民政府办公室	2006/2/8
2005	1	关于印发《镇江市生态市建设规划纲要》的通知	镇江市人民政府网站	2005/11/15

行　业　篇

第四章　江苏环境咨询类服务业发展研究

一、环境咨询类服务业简介

当前环境监测的重要性和基础性作用比环境保护历史上任何一个时期更为凸显,迫切需要处理好政府和市场、政府与社会的关系,积极推进政府职能转变。而发展环保服务业,不仅能够直接为生态环境保护和环境污染防治提供资金、技术等方面的支持,而且有利于改善生态环境质量,降低污染排放强度,提高人民生活水平。在新形势下,特别是新冠疫情导致经济下行压力下,探索环保服务业试点发展的方式和路径尤为重要,具有重要的现实指导意义。

(一)环境咨询类服务业的概念

国际环境服务业始于 20 世纪六七十年代,根据关贸总协定对环境服务业的定义:环境咨询服务业是指那些通过服务收费的方式获得收入,同时又对环境有益的活动。环境咨询服务包括环境影响评价、环境工程咨询、环境监理、环境管理体系与环境标志产品认证、有机食品认证、环境技术评、产生生命周期评价、清洁生产审计与培训、环境信息服务等。随着环保事业的快速发展,环境咨询服务也由当初的污染控制和净化活动为重点,逐渐发展为了包括环境保护和资源管理等内容的各类环境咨询服务,与相关的管理和技术相匹配,成为帮助客户解决环境问题的行业集合体。我国直到 2000 年的《全国环境保护相关产业状况公报》中,才首次提出"环境咨询服务"概念。虽然国内环境咨询服务业的起步较晚,但是由于国家支持力度大,近年来公众环保意识增强,环境咨询服务业的发展十分迅速。截至 2018 年,环保服务业总产值将近 2 万亿元,并且在配套的管理制度、组织机构、人员规模等方面均得到了大幅度的发展。随着国家对环保工作要求的不断升高,环境咨询服务业也需要适应时代不断发展,探究其发展策略和发展趋势具有重要的现实意义。

(二)环境咨询类服务业分类

目前,比较有影响力的环境服务业分类方式有:联合国中心产品分类(Central Product Classification,CPC);乌拉圭回合谈判期间所签署的《服务贸易总协定(GATS)》(W/120,1991)中所使用的服务部门分类目录(Services Sectoral Classification List,SCL);经济合作与发展组织与欧盟统计局(OECD/EUROSTAT)关于环境服务的分类;欧盟在 WTO 新一轮谈判中提出的新的环境服务分类;我国环境保护部的分类。具体如下所示。

1. 环境技术服务

主要包括环境技术与产品的开发、环境工程设计与施工、环境监测与分析服务、环境影响评价、环境监测与分析、监测设备和仪器的研究、开发、运营与维护,环境污染控制技术及其设备的市场化,等等。此外,以建立相应的环境信息网站、出版各类环境出版物等为特征的环境信息技术服务,亦包含在环境技术服务范畴之中。

2. 环境咨询服务

从服务类别来看,主要包括环境评估咨询和工程咨询。环境评估咨询主要包括环境管理体系的制定,环境标志产品的认证,环境审核、清洁生产的审计与培训、环境风险的评价和产品生命周期的分析,等等。根据我国环境咨询服务对象,环境评估咨询又可以分为政府部门咨询和企事业单位咨询。政府部门的咨询主要是为政府环境管理提供环境保护方面的方针、政策、法规以及区域环境规划提供咨询服务等。而企事业单位咨询主要是指为企事业单位生产及社会活动提供环境技术咨询、环境审核咨询服务,等等。而环境工程咨询主要是指与环境、生态保护有关联的规划咨询、项目建议书以及可行性研究报告的编制等。这其中包括环境影响评价、环境工程咨询、环境监理、环境管理体系与环境标志产品认证、有机食品认证、环境技术评估、产品生命周期评价、清洁生产审计与培训等。其中,环境影响评价,是指对规划和建设项目实施后可能造成的环境影响进行分析、预测和评估,提出预防或者减轻不良环境影响的对策和措施,进行跟踪监测的方法与制度。其目的在于预防因规划和建设项目实施后对环境造成不良影响,促进经济、社会和环境的协调发展。环境监理,是指环境监理机构受项目建设单位委托,依据环境影响评价文件及环境保护行政主管部门批复、环境监理合同,对项目施工建设实行的环境保护监督管理。其根本目的在于:一是实现工程建设项目环保目标;二是落实环境保护设施与措施,防止环境污染和生态破坏;三是满足工程竣工环境保护验收要求。环保验收,是指建设项目竣工后,环境保护行政主管部门根据《编辑本段建设项目竣工环境保护验收管理办法》规定,依据环境保护验收监测或调查结果,并通过生态破坏的,应采取补救措施或予以恢复。其验收范围包括:与建设项目有关的各项环境保护设施,包括为防治污染和保护环境所建成或配备的工程、设备、装置和监测手段,各项生态保护设施;此外,环境影响报告书(表)或者环境影响登记表和有关项目设计文件规定应采取的其他各项环境保护措施。

3. 污染设施运营管理

包括水污染治理设施、空气污染治理设施、固体废物处理设施、噪声控制设施等的管理、运营和维护服务。

表 4-1　环境咨询类服务业分类

主要类型	细　项
环境技术服务	环境技术与产品的开发、环境工程设计与施工、环境监测与分析服务等。
环境咨询服务	环境影响评价、环境工程咨询、环境监理、环境管理体系与环境标志产品认证、有机食品认证、环境技术评估、产品生命周期评价、清洁生产审计与培训等。
污染设施运营管理	水污染治理设施、空气污染治理设施、固体废物处理设施、噪声控制设施等的管理、运营和维护服务。

资料来源:根据张昊.环境咨询服务业的发展现状及趋势研究[J].科技创新与应用.2019(29):67-68.整理而得。

(三)环境咨询类服务业的行业基本特征

1. 环保服务业提供的产品是一种系统化的解决方案

环保服务业作为技术密集型产业,其所提供的服务产品在广度上涵盖环境保护和污染防治从评估设计、投资建设到运营管理等各个环节,在深度上以达到所要求的环境效果为目标,经过全局设计和考量而形成的一种综合、系统的解决方案。

2. 环保服务业以可量化的环境产出作为服务成果的衡量标准

提供环保服务的企业获得收益的基准在于其提供服务后,环境的改善能否达到合约中客户对环境效果的预测。也就是说,经过一系列服务后,环境的改善程度是否符合标准,而这一标准是可以量化的,如污泥处置量、垃圾处理量等。

3. 环保服务产品由专业的服务公司提供

随着环保服务项目的模式、标准和复杂程度的日趋提高,环保服务业的内涵也从单一的技术服务向决策、管理、金融等综合、全方位的智力型服务发展,从而对环境服务提供单位提出了更高的要求。传统的以单一科研院所为主的格局已经改变,专业化的环境服务公司逐渐成为主流。

(四) 环境咨询类服务业的作用

近年来,随着环境服务业的逐渐发展,我国已基本形成了涉及污水处理、废物处置、大气污染防治、噪声控制和生态保护等领域的环境资讯类服务,为人们提供了丰富的、专业的环境技术研发服务、环境咨询服务、环境工程建设服务、污染治理设施运营服务、环境贸易及金融服务、环境教育培训服务、环境功能及其他服务等环境服务体系,为环境保护和社会发展提供了强大的智力支持和决策咨询服务。

1. 有利于提高全民环境意识

环境咨询类服务业具有较强的专业性和科普性。特别是对于一些企业来说,通过提前进行环境咨询,可以对企业运行和项目开展中造成的环境破坏影响有更加直观的了解。同时,根据环境咨询类服务机构提供的建议,对项目进行整改,对项目实施过程进行监督,将环境负面影响降到最低。从这一方面来看,通过环境咨询类服务工作,有助于增强企业和个人的环境保护意识。

2. 防治环境污染问题的有效工具

环境污染呈现出隐蔽化、复杂化的特点,对于环境污染的防治手段也必须推陈出新、不断发展,才能从源头上对污染问题进行有效防控。从环境咨询类服务的工作流程上来看,先是对项目进行全面调查,然后借助专业技术手段开展评估,最后为企业提供一些服务建议,从源头上减少了环境污染问题。另外,随着环境服务业的成熟,越来越多的环境咨询类服务机构已经参与到政府部门的决策中,提供更加专业、详细、科学的建议,在促进环境污染防治法律法规建设方面也发挥了重要作用。

二、环境监测服务业

(一) 环境监测服务业的概况

1. 环境监测服务业的概念

环境监测服务业,是指环境监测机构从事环境质量状况监视和测定活动的服务行业。环境监测是通过对反映环境质量的指标进行监视和测定,以确定环境污染状况和环境质量的高低。环境监测的内容主要包括物理指标的监测、化学指标的监测和生态系统的监测。环境监测是科学管理环境和环境执法监督的基础,是环境保护必不可少的基础性工作,其核心目标是提供环境质量现状及变化趋势的数据,判断环境质量,评价当前主要环境问题,为环境管理服务。

2. 环境监测服务业的特点

(1)从技术特点来看,主要存在以下特点:一是生产性,环境监测的基础产品是监测数据。二是综合性,监测手段包括物理、化学、生物化学、生物、生态等一切可以表征环境质量的方法;监测对象包括空气、水体、土壤、固体废物、生物等客体;必须综合考虑和分析才能正确阐明数据的内涵。三是连续性,由于环境污染具有时空的多变性特点,只有长期坚持监测,才能从大量的数据中揭示其变化规律,预测其变化趋势。数据越多,预测的准确性才能越高。四是追踪性,环境监测是一个复杂的系统,任何一步的差错都将影响最终数据的质量。为保证监测结果具有一定的准确性、可比性、代表性和完整性,需要有一个量值追踪体系予以监督。

(2)从政府行为属性来看,"环境监测实质上是一项政府行为",因此,环境监测具备了政府机关及其直属行政事业和科研事业单位的主体要素、行使职权的职能要素和依法实施并产生法律效果行为的法律要素。其政府行为属性体现为以下几个方面:一是依法强制性,环境监测部门对污染源的监测、建设项目竣工验收监测、污染事故监测、污染纠纷仲裁监测等都具有法定强制执行的特点。二是行为公正性,环境监测为政府环境决策和社会服务提供准确可靠的监测数据。三是社会服务性,环境保护是社会公益事业,环境监测具有为改善环境质量服务的职能,是环境保护中的基础性工作。四是任务服务性,环境监测具有为环境管理服务的职能,其任务主要由各级环保局下达。

3. 环境监测服务业的目的

环境监测的目的是准确、及时、全面地反映环境质量现状及发展趋势,为环境管理、污染源控制、环境规划等提供科学依据。具体可归纳为:一是根据环境质量标准评价环境质量;二是根据污染分布情况,追踪寻找污染源,为实现监督管理、控制污染提供依据;三是收集本底数据,积累长期监测资料,为研究环境容量、实施总量控制和目标管理、预测预报环境质量提供数据;四是为保护人类健康、保护环境,合理使用自然资源,制订环境法规、标准、规划等服务。

表4-2　环境监测类服务业特点及目的

	主要类型	细　项
特点	技术特点	生产性、综合性、连续性、追踪性
	政府行为属性	依法强制性、行为公正性、社会服务性、任务服务性
	反映环境质量	评价环境质量
目的	提供科学依据	追踪寻找污染源,为实现监督管理、控制污染提供依据
		收集本底数据
		制订环境法规、标准、规划等服务

资料来源:根据但德忠.环境监测:高等教育出版社,2006,整理而得。

(二)环境监测服务业的分类

1. 按监测目的分类

(1)监视性监测(例行监测、常规监测)。它包括"监督性监测"(污染物浓度、排放总量、污染趋势)和"环境质量监测"(空气、水质、土壤、噪声等监测),是监测工作的主体,是监测站第一位的工作。目的是掌握环境质量状况和污染物来源,评价控制措施的效果,判断环境标准实施的情况和改善环境取得的进展。

（2）特定目的监测（特例监测、应急监测）。它主要包括：一是污染事故监测,是指污染事故对环境影响的应急监测,这类监测常采用流动监测（车、船等）、简易监测、低空航测、遥感等手段。二是纠纷仲裁监测,主要针对污染事故纠纷、环境执法过程中所产生的矛盾进行监测,这类监测应由国家指定的、具有质量认证资质的部门进行,以提供具有法律责任的数据,供执法部门、司法部门仲裁。三是考核验证监测,主要指政府目标考核验证监测,包括环境影响评价现状监测、排污许可证制度考核监测、"三同时"项目验收监测、污染治理项目竣工时的验收监测、污染物总量控制监测、城市环境综合整治考核监测。四是咨询服务监测,为社会各部门、各单位等提供的咨询服务性监测,如绿色人居环境监测、室内空气监测、环境评价及资源开发保护所需的监测。

（3）研究性监测（科研监测）。它是针对特定目的科学研究而进行的高层次监测。进行这类监测,事先必须制定周密的研究计划,并联合多个部门、多个学科协作共同完成。

2. 按监测介质或对象分类

一是水质监测。分为水环境质量监测和废水监测,水环境质量监测包括地表水和地下水。监测项目包括理化污染指标和有关生物指标,还包括流速、流量等水文参数。二是空气检测,分为空气环境质量监测和污染源监测。空气监测时常需测定风向、风速、气温、气压、湿度等气象参数。三是土壤监测,重点监测项目是影响土壤生态平衡的重金属元素、有害非金属元素和残留的有机农药等。四是固体废物监测,包括工业废物、卫生保健机构废物、农业废物、放射性固体废物和城市生活垃圾等。主要监测项目是固体废弃物的危险特性和生活垃圾特性,也包括有毒有害物质的组成含量测定和毒理学实验。五是生物监测与生物污染监测,生物监测是利用生物对环境污染进行监测。生物污染监测则是利用各种检测手段对生物体内的有毒有害物质进行监测,监测项目主要为重金属元素、有害非金属元素、农药残留和其他有毒化合物。六是生态监测,观测和评价生态系统对自然及人为变化所作出的反应,是对各生态系统结构和功能时空格局的度量,着重于生物群落和种群的变化。七是物理污染监测,指对造成环境污染的物理因子如噪声、振动、电磁辐射、放射性等进行监测。

3. 按专业部门或监测区域分类

按专业部门可分为气象监测、卫生监测、资源监测等。此外,又可分为化学监测、物理监测、生物监测等。按监测区域可分为：厂区监测,是指企事业单位对本单位内部污染源及总排放口的监测,各单位自设的监测站主要从事这部分工作;区域监测,指全国或某地区环保部门对水体、大气、海域、流域、风景区、游览区环境的监测。

表4-3 环境监测类服务业分类

主要类型	细 项
按监测目的	监视性监测、特定目的监测、研究性监测
按监测介质或对象	水质监测、空气检测、土壤监测、固体废物监测、生物监测与生物污染监测、生态监测、物理污染监测
按专业部门	气象监测、卫生监测、资源监测、化学监测、物理监测、生物监测
按监测区域	厂区监测、区域监测

资料来源：根据但德忠.环境监测.高等教育出版社,2006,整理而得。

（三）健全完善环境监测服务业的建议

1. 制度顶层设计

根据《国家环境保护"十三五"规划》和《国家环境监测"十三五"规划》,江苏各地市要做好环境质量指标的任务分解及评价说明,把《国家环境监测"十三五"规划》的主要目标、任务、工程纳入地方相关规划中,确保环境监测"十三五"规划目标的实现。

2. 强化监测站标准化建设和达标验收

根据《关于开展全国环境监测站标准化建设达标验收工作的通知》,进一步加强各级环境监测站标准化能力建设,启动江苏环境监测站标准化建设达标验收工作。各地市要积极组织好辖区内市级站和县级站的标准化建设达标验收工作,争取尽早达到整体验收标准。

3. 完善环境监测网络,扩大监测范围

在现有国控监测点位的基础上,进一步优化调整,完善江苏各地级以上城市空气质量、重点流域、地下水等重点监测点位和自动监测网络,科学制定"十四五"国控地表水、环境空气监测网设置方案,扩大城市空气、地表水监测覆盖范围,加强监测预警和网络管理。

4. 推广卫星环境遥感监测与应用

推进环境监测天地一体化进程,充分发挥环境遥感技术在国家生态环境状况调查、自然保护区人类活动监督核查、内陆水体水华与近海赤潮监测、秸秆焚烧、区域环境空气污染监测、沙尘暴监测等方面的作用,提高环境遥感技术业务化运行水平,服务环境监测管理;推动地方环境遥感监测技术应用。

5. 加强对重点生态功能区县域生态环境质量的监测、评价与考核

借助全面开展国家重点生态功能区县域生态环境质量考核工作的东风,江苏省级、市县级财政部门组织好国家重点生态功能区县域生态环境质量考核,组织好被考核县的水、气的监测和数据填报工作,做好省级审核及抽查工作,加强县域生态环境质量考核,引导基层政府改善生态环境质量。

6. 认真开展重金属监测工作

按照《关于加强重金属污染环境监测工作的意见》,部署好、落实好重金属监测工作。有条件的地区要积极组织开展污染源重金属自动监测试点工作,探索建立和完善重金属自动监测管理技术体系。参加燃煤电厂大气汞排放监测试点工作的地区,要从国家拨付的重金属污染防治专项资金中,安排专门经费加强监测站大气汞排放手工监测的能力建设,尽早满足监测试点的工作要求。

三、江苏环境咨询类服务业发展趋势分析

（一）江苏省环境咨询服务业发展概况

1. 环境咨询服务机构日趋规范化

"十二五"时期,江苏环保服务机构、环境咨询服务机构蓬勃发展。至"十三五"时期,具有相应资质的环境咨询服务机构继续保持快速上升趋势。从劳动生产率来看,规模以上被调查企业人均营业收入和企业平均营业收入均低于当年规模(已删工业企业平均值),可以看出,环保产业与传统工业行业相比,其生产效率较低。从创新能力来看,被调查企业研发经费占营业收入的比重高于全国规模以上工业企业研发经费支出占营业收入的比重,并且

近年来该比重不断提高。环保咨询类芙蕖业自主知识产权开发和技术创新活跃,具有高学历、技术职称的研发、管理及工程技术人员占比较高,总体上人才基础较好。

2. 环境咨询服务网络初步形成

江苏环境咨询类服务业从提供单一的环境咨询服务,到提供环境技术支持、污染监控与治理、废旧材料回收与利用,一套完整的环境服务体系正在形成。从领域分布来看,环保资讯服务业主要覆盖水污染防治、大气污染防治、固体废物处置与资源化、环境监测等几大细分领域,上述细分领域集聚了大部分的环保咨询企业以及相应的行业营业收入和营业利润。与此同时,从企业规模来看,江苏省环境咨询服务企业的营业收入、营业利润等高度集中于大的环保咨询企业,由此导致,在环境咨询服务网络初步形成的同时,产业集聚化趋势凸显,行业集中度逐步提升。

3. 环境咨询服务制度日益完善

制度建设为环境咨询服务相关业务的开展提供保障,江苏十分重视配套制度建设,在规范行业发展中作用明显。特别是在政策层面,近年来,江苏省出台的一系列关于解决环境服务企业"融资难""融资贵"问题的政策文件,有望逐步改善环保企业的融资环境。江苏省于1998年5月正式实行《江苏省环境监测专业服务收费管理办法》和《江苏省环境监测专业服务收费标准》,强调各级环境监测机构在开展对外监测和技术服务业务时,要加强管理,在不影响上级下达的环境监测和污染监测任务的前提下,严格保证服务的质量、合理收费、维护环境监测工作的权威性和声誉。上述两份文件对规范环境监测技术服务的收费行为,推动环境监测工作的开展发挥了积极作用。2016年8月22日中共江苏省委、江苏省人民政府印发《江苏省生态环境保护工作责任规范(试行)》(以下简称《规范》),指出要实施环境保护奖惩制度,鼓励和支持环境保护科学技术研究和先进技术的推广应用,对保护和改善环境有显著成绩的单位和个人,按照国家和省相关规定给予表彰和奖励;对工作不力、造成环境损害和发生突发环境事件的,将依法问责。与此同时,该《规范》还规定了质量技术监督部门的责任,主要包括:一是负责环境管理体系认证监管,以及环境保护地方标准的立项、审查、批准、编号和发布工作;二是负责环境监测设备、仪器、仪表等的计量检定,对危险化学品包装物、容器的产品质量实施监督;三是加强车用燃料油质量监督和检验检测,配合环境保护部门做好机动车尾气检测的监督管理工作。该《规范》对于严格落实各部门、企业及居民的生态环境保护责任,以及规范工业和服务业企业特别是环境咨询企业的生产行为起到了重要的指导作用。2019年9月30日江苏省生态环境厅印发《江苏省生态环境第三方服务机构监督管理暂行办法(修订)》,强调遵循政府引导、市场运作、行业自律、社会监督的原则,依法依规规范第三方机构服务行为。

(二)江苏省环境咨询服务业发展面临的问题

1. 环境咨询服务内容有限

随着政府、市场及消费者对于环保问题重视程度的增加,对于项目建设,出台了更加严格和细致的标准,这也直接导致了项目环境咨询需求加大,服务内容变多。但是受专业水平、技术条件等因素的限制,行业内的很多环境咨询服务机构所能提供的咨询建议、服务内容十分有限。目前来看,主要还是集中在环境影响评估、环境标志认证、环境危害监管与防控等方面。相较于国内其他省市和国外,像环境工程咨询等更加专业的内容,则没有在咨询服务中体现,成为制约环境咨询服务业发展的又一障碍。当前,江苏省的环保事业蓬勃发展,无论是环境技术服务还是环境工程评估和信息服务,需求量都较大,但是从环境咨询企业所能提供的服务内容来看,大多还只是提供一些环境影响评价、环境管理体系认证以及环境标志认证等工作,对于战略环境影响评价、环境工程咨询提供的专业咨询服务内容有限,参与国家环保政策的制定和区域环境规划的出台方面参与度不高,提供的有价值的服务内容不足。

2. 专职化的咨询服务人才稀缺

现有的环境咨询服务人才数量和质量,均无法满足现阶段江苏省环境咨询服务业的发展需求,是制约该行业发展的重要阻碍。近年来,虽然省内相关专业人才数量已经有了较大幅度的增长,但是由于缺乏后续的培训,环境咨询服务人员的个人技能、专业水平不能紧跟行业发展形势,无法满足工作岗位要求,也就难以高质量地提供环境咨询服务。环境咨询服务领域是知识密集型"智囊产业",也是人才竞争的行业,咨询机构所拥有的人才数量、素质和结构状况,成为竞争实力的主要标志。但是从目前环境咨询服务行业的从业人员学历、年龄、知识结构来看,真正既懂专业知识,又懂管理,还会计算机、外语的,会沟通的复合型人才缺乏。此外,受到国家政策和市场形势的变动影响,环境咨询服务业的内容、标准等也在动态变化。如何培养一支符合当前工作需要的专业化、现代化环境咨询服务人才队伍,就成为现阶段关系到行业可持续发展的重要因素。

3. 咨询服务市场不够成熟

良好的市场环境是促进环境咨询服务业发展的重要基础,国内咨询服务市场面临的问题主要体现在:其一,环境咨询服务机构之间的竞争意识不强,近年来,环境服务市场的发展速度、规模扩张速度较快,而具有专业资格的环境服务机构数量较少,缺乏主动服务意识和相互竞争意识。在一些政企不分的领域,市场主体之间的竞争还没有完全形成,游离于亦商亦政之间的行业往往还没有完全转型为以服务型咨询机构为落脚点的发展战略上。其二,受我国特殊国情的影响,政府及行政机关在环境保护与服务方面的管控力度过强,没有充分发挥市场的自发调节作用,也会导致一些中小规模的环境咨询服务机构无法参与到各个环境项目中,项目咨询服务的效率受到影响。例如,一些放在政府部门或事业单位中的环境咨询业务缺少足够的市场竞争意识,服务效率不高,而且一些应该由企业或中介咨询机构所承担的环保事务因为政府这只"无形的手"的干预,导致了部分环境咨询业务的发展还没有完全脱离行政体系。这种政企不分或事企不分就容易在项目咨询过程中受有关部门和领导的影响或干预,因此,咨询项目的评估结果很难保证其客观性和独立性。

(三)江苏环境咨询服务业的发展对策

1. 做好顶层设计,继续完善管理制度

环境咨询服务业的健康发展离不开政府的大力支持,政府职能部门应当在顶层设计中发挥主动作用。首先,要进一步提升环境咨询服务的战略地位,将该业务发展与国家环保战略有机统一起来。例如,专门就环境咨询服务的发展目标制定近、中和远期发展规划,指导环境咨询服务业未来发展方向。其次,各级政府或环保部门应制定相应的管理法规或政策,增强环境咨询业务的前置性规定,通过法规或政策的约束来规范企业的投资和经营行为,把环境咨询服务纳入法制化、制度化的轨道上来。再次,政府应运用财政、税收等手段,统筹协调各方资源,加大引导力度,通过各种具体的政策措施来鼓励、支持环境咨询服务业的发展,鼓励国内外各种渠道的投资者在环境服务领域投资,进一步开拓国内外环境服务市场。最

后,鼓励发展多种投资形式的服务企业,创造出多元化的投资环境,完善环境咨询服务业的市场化竞争机制,在坚持"谁污染谁付费"的原则基础上,建立由独立地法人来承担环境污染治理的社会化服务,把向社会购买服务作为一种未来发展趋势,积极营造健全的服务市场竞争机制。

2. 重视队伍建设,切实提高咨询服务水平

现阶段环境咨询服务业的发展,对专职人才的需求更为迫切,其原因主要有两方面:其一,环境咨询服务机构数量增加,直接增加了对专业人才的需求量;其二,环境咨询服务业自身的发展,对专职人才提出了更高的要求,高素质的人才相对较少,间接凸显了环境咨询服务人才的宝贵性。因此,要想持续推动江苏环境咨询服务业的发展,必须要扎实做好专职队伍建设,储备一大批高素质的环境服务人才。为此,环境咨询服务企业要注重培育多学科、跨领域的专业型、复合型人才队伍,建立完善的人才培养机制,一方面是把好"进口关",注重对高素质人才队伍的引进力度,另一方面也要盘活"存量",对现有人员加强知识再培训,挖掘人才资源潜力。建立现代企业制度,咨询服务企业要着力打造集技术、人才、资金、管理等都能够适应市场化竞争机制,不断提升企业的市场竞争力,培育一批在国内乃至在国际上都具有很强竞争力的专业化环境咨询服务公司。

3. 创建多元投资环境,加快市场化进程

既有环境咨询服务业的发展主要得益于政府的大力支持。政府通过各种具体的政策措施来鼓励、支持环境咨询服务业的发展,鼓励国内外各种渠道的投资者在环境服务领域投资,进一步开拓国内外环境咨询服务市场。但我们也应当看到,当今世界环境咨询服务领域竞争激烈,单纯依靠政府支持不足以做大做强。为此,应该鼓励发展多种投资形势的服务企业,完善环境咨询服务业的市场化竞争机制,建立由独立法人来承担环境污染治理的社会化服务,积极营造健全的服务市场竞争机制。

(四) 环境咨询服务业展望

1. 服务模式的专业化和主动性

在新发展理念下,今后一段时间内,环境咨询服务业也会逐渐向专业化方向发展。例如,每开展一项工程项目,针对该工程所在区域、环境条件、污染影响,制定一套"专属"的环保咨询服务方案,有专门的机构、团队,全权负责进行项目环境咨询服务工作。从前期的环境危害评估,到中期的环境污染治理,再到后期的治污产品销售,实现了"一条龙"式服务。除了环境咨询服务更加专业外,也进一步体现出了专业机构、专职人员服务的主动性。当然,更好地做到服务模式的专业化和主动性,离不开优质环境咨询服务企业的有效作为。为此,应打造一批环境咨询服务骨干企业,从根本上提高江苏省环境保护服务业的整体水平,为环境保护产业的发展提供智力支持和决策参考,推动经济社会可持续发展提供服务指导。

2. 互联网咨询服务平台的推广应用

信息技术已经渗入到各行各业,环境咨询服务行业自然也不例外。今后要充分依托信息技术的优势,借助于互联网平台,推广线上环境咨询服务,让服务更加便利,真正实现了随时随地提供咨询服务。另外,互联网还能够实现环境信息的同步,这样也方便了环境咨询服务机构、团队,灵活地掌握环保信息,为实现环境资源配置、环境污染治理等工作的高效率开展,提供了必要的支持。今后要加快全国范围内环境咨询服务机构的联合,构建环境咨询服务平台,实现环保信息共享,提供更加优质的咨询服务。

四、江苏典型环境服务行业中的龙头企业

(一) 中衡设计集团

中衡设计集团股份有限公司(原苏州工业园区设计研究院股份有限公司)创立于1995年,现注册资金2.7亿人民币,是"中国-新加坡苏州工业园区"的首批建设者,全过程亲历者、见证者和实践者。2014年12月31日,公司于上交所成功上市,成为国内建筑设计领域第一家IPO上市公司。其核心业务主要包括四个方面:一是工程监理与管理,即对工程项目采取组织协调和控制,以实现工程项目的质量安全、进度、投资目标。二是工程设计,即对工程建设所需的技术、经济、资源、环境等条件进行综合分析、论证,编制设计文件。三是投融资,即通过投资融资活动,更好地管理资金,壮大企业实力,获取更大的企业效益。四是工程总承包,即在工程建设项目的设计、采购、施工、试运行等实行全过程或若干阶段的承包。

(二) 江苏省交通科学研究院股份有限公司

江苏省交通科学研究院股份有限公司(以下简称"苏交科"),成立于1978年,2002年成为全国交通行业省属科研设计院所中第一个由事业单位改制为员工持股的科技型民营企业,2008年又整体变更为股份有限公司,2012年1月10日,苏交科首次公开发行A股股票并在深圳证券交易所正式挂牌上市,成为国内首家登陆资本市场的工程咨询类企业。目前,苏交科业务覆盖全国31个省、自治区、直辖市,连续多年入围ENR/建筑时报评出的"中国工程设计企业60强"。

依托高层次的人才团队,苏交科在南京江宁科学园建立了占地60亩左右的研发基地,先后被批准成立了"江苏省公路桥梁工程技术研究中心""长大桥健康检测与诊断技术交通行业重点实验室""江苏省路面养护技术工程中心""江苏省桥梁质量检测与营运安全评价公共服务平台"等部、省级科研检测机构;2006年被国家人事部授予"博士后科研工作站",2009年被江苏省科技厅、江苏省科学技术协会列为"江苏省企业院士工作站",2011年被国家科学技术部、国务院国资委和中华全国总工会三部门联合授予"国家创新型企业"称号,同年,被江苏省政府授予"江苏省企业创新先进单位"称号。2012年,国家发改委批准组建"新型道路材料国家工程实验室"。通过这些科研平台的建设提升了苏交科自主创新能力。苏交科先后承担了大量的国家和省级重点科研攻关、设计、试验检测和产品开发工作,获得国家和部、省级以上的成果奖励200余项,获得国家授权专利79项,一批具有国际、国内领先水平的科技成果和新材料被广泛应用于京沪高速、沪宁高速、宁杭高速、南京地铁、润扬长江大桥、江阴长江大桥、苏通长江大桥等国家级、省级重点工程,累计服务公路里程达7 000余公里,先后组织、参与了20项国家、行业以及地方标准的编制工作。

集团业务涉及公路、市政、水运、铁路、城市轨道、环境、航空和水利、建筑、电力等行业,提供包括投融资、项目投资分析、规划咨询、勘察设计、施工监理、工程检测、项目管理、运营养护、新材料研发的全产业链服务。目前已拥有83家子公司,在全球30多个地区设立分支机构,50多个国家开展项目。2019年,在美国《工程新闻记录》(ENR)"全球工程设计公司150强"中,苏交科位列第46位;在美国《工程新闻纪录》(ENR)"国际工程设计公司225强"中,位列第44位;在美国《工程新闻记录》(ENR)/中国《建筑时报》"中国工程设计企业60强"中,苏交科位列第6位;同时获得"最具国际拓展力工程设计企业"第3位。

未来苏交科将致力打造一个全球性工程咨询服务的高端平台,提供包括政策咨询、标准研究、规划设计、试验检测、项目管理等综合服务,为"一带一路"国家客户、为"走出去"的中国工程公司,以及全球工程基础设施客户提供专业工程咨询服务。

(三)苏州规划设计研究院股份有限公司

苏州规划设计研究院股份有限公司成立于 1992 年 3 月 26 日。该公司立足苏州,走向全国,以技术性、经济性、社会性的业务理念为指导,以规划延续性、延伸性的业务路线为特色提供涵盖城乡规划、市政规划、交通规划、景观规划、建筑工程设计、市政工程设计、景观工程设计等规划设计和工程设计类服务。苏州规划设计研究院股份有限公司已经取得城乡规划编制甲级资质、工程设计市政行业(道路工程、桥梁工程)专业甲级资质、工程设计建筑行业(建筑工程)甲级资质等多项资质,是江苏省同时具备城乡规划、市政工程(道路、桥梁)设计、建筑工程设计三类甲级资质的知名民营规划设计公司之一。其经营范围包括承接城市规划设计(甲级)、建筑行业(建筑工程)甲级、市政行业(桥梁工程、道路工程)专业甲级、市政行业(排水工程)专业丙级、风景园林工程设计专项乙级、文物保护规划(乙级)、古建筑维修保护(乙级)、土地综合整治项目的规划设计编制、论证、咨询和评估等(三级)、土地利用规划编制、设计、评估、论证、咨询等(丙级);开展工程总承包业务。苏州规划设计研究院股份有限公司对外投资 8 家公司,拥有 14 处分支机构。该公司是高新技术企业,设立了历史文化保护研究中心、城市更新研究中心、交通研究中心、海绵城市规划设计研究中心、苏州传统民居特点与保护技术研究中心和古建研发中心。不仅如此,该公司还承担了省厅级、市级多项课题,并于 2017 年 10 月 27 日被认定为瞪羚计划企业。

参考文献

[1] 张昊.环境咨询服务业的发展现状及趋势研究[J].科技创新与应用.2019(29):67-68.

[2] 王燕云,黄华斌,廖丹,等.基于产业需求的环境咨询服务应用型人才培养对策[J].广东化工,2017,44(18):198.

[3] 谌伟艳,沈柱花,赵洁丽.当前环境咨询服务业发展现状及对策研究[J].山东工业技术,2015(14):233-236.

[4] 彭辉辉,周凤霞,汤桂容.高职环境咨询服务"四合四共"校企合作实训基地机制构建研究[J].教育现代化,2017(22):212-213+232.

[5] 刘晓冰,邹海英,王克亮,等.我国环境综合服务业发展形势及对策建议[J].环境保护与循环经济,2015,35(5):15-18.

[6] 何博宇.浅论我国环境咨询服务业的发展现状及趋势[J].中小企业管理与科技(下旬刊),2016(12):115-116.

[7] 易斌,燕中凯.我国环境服务业市场的基本状况[J].中国环保产业,2002(9):36-38.

[8] 胡志民.经济法:上海财经大学出版社,2006.

[9] 但德忠.环境监测:高等教育出版社,2006.

[10] 中国环境保护产业协会.中国环境保护产业发展报告[R].2018.

第五章 江苏环境技术类服务业发展研究

一、大气污染防治技术研发与服务

（一）发展现状

1. 内涵与范围

长期以来，我国以燃煤为主的能源结构，造成了全国广大地区以烟尘和二氧化硫为主要污染物的煤烟型污染。进入 20 世纪 90 年代以后，随着国民经济发展和人民生活水平的提高，各类机动车大量涌入城市，许多城市经历了由煤烟型污染向煤烟型污染和机动车污染并存的复合型污染的过程。同时，当大气中臭氧浓度增加，在挥发性有机物（VOCs）参与作用下，使大气中的二氧化硫和氮氧化物快速转化成硫酸盐和硝酸盐存在于细颗粒物中，形成灰蒙蒙烟云笼罩在城市上空，大气能见度下降，造成光化学烟雾污染，使城市大气环境质量进一步恶化，并受到社会的广泛关注。

随着人们生活水平的提高和环保意识的增强，对造成上述污染状况的主要污染源——燃煤电厂、钢铁厂和机动车辆排放污染物的防治技术的研发与相关技术服务需求，显得尤为突出。

大气污染治理技术研发服务是指为大气环境保护和大气污染防治等提供的相关服务活动，包括从事大气污染防治和国家环保重点工程相关的大气污染防治技术、设备的研究开发、推广应用和咨询、大气污染治理工程建设、设施运营、大气环境保护和大气污染防治相关的环境监测、环境审核、环境贸易、培训与教育等服务。

2. 政策梳理

江苏省的大气污染防治起步于 1970 年，从彼时的"酸雨之殇"，到现在的"穹顶之下"，大气污染治理路线经历了"控制酸雨"——"大气十条"——"蓝天保卫战"的发展，治理措施从火电脱硫到火电脱硝除尘，再到其他行业限产，直至当前的非电提标改造，污染物防治也从单一的二氧化硫扩展到五大空气污染物全面控制，治理手段丰富，技术先进，范围全面，大气污染防治三十年间实现了快速发展。

从大气污染防治的支持政策来看，江苏省转发并执行了国家出台的一系列的政策、标准和技术规范，包括：1973 年我国发布的第一个国家环境保护标准——《工业"三废"排放试行标准》，其中对二氧化硫、二氧化碳、氮氧化物、烟粉尘等污染物排放的排放量（公斤/小时）做了标准规定，但并未对排放浓度进行进一步约束，因此，该标准产生的成效十分有限。1987年 9 月，我国正式颁布《大气污染防治法》，这是我国第一部防治大气污染的法律，重点针对工业和燃煤污染防治，配以 1979 年颁布的《中华人民共和国环境保护法（试行）》，正式将法律手段应用到大气污染的治理工作中。为应对江浙等沿海地区加速发展产生的酸雨和二氧化硫污染的问题，我国先是在 1995 年第一次修订《大气污染防治法》，提出了酸雨控制区及二氧化硫控制区的概念，随后又在 2000 年对该法进行再次修订，进一步加强对酸雨污染的控制。同时,我国也于 1996 年制定发布了首个环境保护五年计划——《国家环境保护"九五计划"和 2010 年远景目标》,其中将烟尘、工业粉尘、二氧化硫的排放总量作为控制性指标进行控制,并在国家环境保护"十五"和"十一五"计划中进一步收紧排放总量。进入新世纪,雾霾已成为我国大气治理中不可回避的问题。2011 年,我国发布《国家环境保护"十二五"规划》,首次将氮氧化物排放总量纳入控制性指标。2012 年 3 月《环境空气质量标准》正式发布,首次将 PM 2.5 浓度限值纳入空气质量指标,并对多种空气污染物的浓度限值做了新的修订。2012 年 9 月,国务院发布了《重点区域大气污染防治"十二五"规划》,这是国务院批准的第一个大气污染综合防治规划。2013 年我国发布《大气污染防治行动计划》即"大气十条","大气十条"是国家大气污染治理方面迄今为止最重要的目标性规划,它有三个突出特点:一是标本兼治、综合施策;二是对症下药、因事制宜;三是多元共治、各行其责。为了确保"大气十条"目标实现,国家在第一阶段的五年间积极推动大气污染防治的相关法律立法进程,并先后于 2014 年、2015 年及 2016 年修订发布了《中华人民共和国环境保护法》《中华人民共和国大气污染防治法》《中华人民共和国环境保护税法》等三部法律,进一步完善了大气治理在法律法规层面的顶层设计。2018 年国家发布《打赢蓝天保卫战三年行动计划》,明确了我国大气治理的下一个阶段性量化目标。

(二)发展展望

1.发展的目标

我国大气污染治理的目标始终不变:减少大气污染物排放,改善环境空气质量,增强人民幸福感。2013 年发布"大气十条"至今,全国各重点区域均超额完成目标,全国地级以上城市可吸入颗粒物浓度目标为下降 10% 以上,实际下降 22.7%,降幅 12.7%。具体来看,京津冀地区细颗粒浓度下降 39.6%,降幅 14.6%;长三角地区紧跟其后,降幅 14.3%;珠三角地区下降 27.7%,降幅 12.7%。至此,"大气十条"确定的任务已全面完成。2018 年国务院发布《打赢蓝天保卫战三年行动计划》,明确了我国大气治理的下一个阶段性目标:一是全面启动打赢蓝天保卫战作战计划;二是持续推进散煤污染治理;三是抓好重点行业提标改造;四是加快推进机动车污染治理;五是强化重点区域联防联控。具体量化目标是:到 2020 年,二氧化硫、氮氧化物排放总量分别比 2015 年下降 15% 以上;PM 2.5 未达标地级及以上城市浓度比 2015 年下降 18% 以上,地级及以上城市空气质量优良天数比率达到 80%,重度及以上污染天数比率比 2015 年下降 25% 以上;提前完成"十三五"目标任务的省份,要保持和巩固改善成果;尚未完成的,要确保全面实现"十三五"约束性目标。

表 1 "大气十条"空气质量改善目标实现情况

主要项目		具体目标	完成情况
全国地级以上城市可吸入颗粒物浓度		下降 10% 以上	下降 22.7%
重点区域细颗粒物浓度	京津冀	下降 25% 左右	下降 39.6%
	长三角	下降 20% 左右	下降 34.3%
	珠三角	下降 15% 左右	下降 27.7%
	北京	控制在 60 mg/m³ 左右	58 mg/m³

表 2　空气污染防治下阶段工作计划

任　务	序　号	具体工作
全面启动打赢蓝天保卫战的作战计划	1	制定打赢蓝天保卫战三年计划
	2	指导京津冀及周边地区、长三角等重点区域出台大气污染防治配套实施方案
持续推进散煤污染治理	3	深入实施北方地区清洁取暖城市试点工程
	4	以"2+26"城市电代煤、气代煤为重点,稳步推进清洁供暖
抓好重点行业提标改造	5	继续推进燃煤电厂超低排放改造
	6	研究推进钢铁等非电行业超低排放改造
	7	在重点区域实施大气污染物特别排放限值,全面加强工业企业无组织排放管理
加快推进机动车污染治理	8	加强推进多式联运,减少公路运输,提高铁路货运比例
	9	建设完善机动车遥控检测网络,严厉打击柴油货车超标排放行为。开展油品整治专项行动
强化重点区域联防联控	10	强化重点区域大气污染防治协作机制,指导成渝、东北等其他跨省地区开展联防联控
	11	提升重污染天气预测预报能力,指导相关重点区域和城市群开展应急预案修订

2. 大气污染治理市场

(1) 大气污染治理由火电向非电转移

过去三年,火电烟气治理市场容量下降了 196 亿、218 亿、26 亿,分别占整个市场萎缩规模的 68％、69％、65％,是市场萎缩的主要原因;今后三年,尽管火电大气治理市场有所增加,但每年增加量仅为 68 亿,是大气治理市场扩张规模的 37％、32％、35％,不是市场扩张的主要原因。相比火电行业,非电行业对我国大气污染排放贡献越来越大。非电行业主要包括钢铁、焦化、水泥、玻璃、陶瓷、砖瓦等行业。我国钢铁产量占世界 50％左右,水泥占60％,平板玻璃占 50％,2017 年全国全年共产 43 万台工业锅炉。与已经完成超低排放指标的火电行业相比,非电行业的超低排放改造存在着巨大的市场空间。2018 年全国环境保护工作会议上,提出要启动钢铁行业的超低排放改造,加强重点行业挥发性有机物治理,开展"散乱污"企业及集群全面排查整治。虽然我国非电行业的发展尚处初期阶段,相关技术也处在研发阶段,但是随着非电行业排放标准的出台以及政策的陆续落地,非电行业将成为大气治理的下一个主战场。

非电治理上移的原因:一是非电大气治理市场有发展空间,大气污染物排放量足够大。非电行业污染物排放占比已由原来五至八成提高到九成,2017 年烟粉尘、二氧化硫、氮氧化物排放量达到 966 万吨、888 万吨、1 010 万吨,是大气污染物排放的主要来源。二是非电治理政策严,排放政策严格,非电烟气治理的市场空间将被打开,排放政策严格,非电烟气治理的市场空间将被打开。如各省市在响应国务院《打赢蓝天保卫战三年行动计划》时还提出在2020年之前在完成钢铁、建筑等行业的超低排放改造(与火电超低排放标准基本相同),超低排放标准比特别排放标准还要低50%～75%,这将进一步打开非电大气治理的市场空间。三是非电治理落地好,能转化为市场增长的应该是钢铁行业的烧结烟气市场、建筑行业中的水泥市场。因为它们污染排放占比高,污染物处理技术成熟,目前烟气治理设施覆盖率较低,企业利润高,建设环保设施意愿强。从国家公布的2015年各工业行业废气排放占比来看,钢铁、建筑是第二、三大污染行业,治理空间大。

(2) 钢铁行业排放治理市场前景广阔

钢铁行业是我国工业领域主要排污大户之一,预计整体废气排放量占工业废气排放量比例约8%。从主要污染物去除情况看,预计目前钢铁行业氮氧化物、二氧化硫去除率仍低于50%,未来将是治理重点。2018年5月,生态环境部出台《钢铁企业超低排放改造工作方案(征求意见稿)》,方案提出钢铁烧结(球团)烟气颗粒物、二氧化硫、氮氧化物小时均值排放浓度分别不高于10、35、50 mg/m³,相比目前实施的特别排放限值40、180、300 mg/m³,趋严70%以上。从2017年钢企年报看,钢企主要污染物均达标排放(旧标),但治理情况参差不齐,以SO_2排放量为例,八一钢铁SO_2排放量仅为0.11 kg/t,远低于华菱钢铁1.27 kg/t,且现有钢铁企业绝大多数未达新出台的超低排放标准。

钢企超低排放改造超基础较好,治理市场空间超1 000亿元。2014年国家提出电力超低排放改造,计划2020年前全部完成。截至2017年末完成70%以上,为钢铁行业超低排放改造的实施铺平了道路。从调研情况看,多数钢企炼铁、炼钢、轧钢等环节已达最新排放标准,只有烧结工序多数钢企未达新标,需对现有湿法脱硫工艺进行改造,但已存在样本企业采用活性焦脱硫脱硝一体化等工艺实现超低排放,技术上完全可行。另外,从2016年开始,钢铁行业盈利持续好转,2017年钢铁板块实现归母净利润736.73亿元,销售净利率达5.93%,创近几年最佳水平,供给侧改革的持续推进以及绿色限停产的实施将促使行业持续维持较高盈利水平,加速行业超低排放改造,预计钢铁行业超低排放改造整体市场空间超过1 000亿元。

(3) 市场规模

① 钢铁行业

目前,全国现有烧结机约900台,烧结机面积约11.6万平方米,其中,90～180平方米烧结机约500台,烧结机面积5.2万平方米,180平方米以上烧结机约400台,烧结机面积6.4万平方米。按照烧结机面积平均为180平方米,若采用电除尘+半干法脱硫除尘+中温SCR协同净化工艺,污染治理设施投资约8 200万元,则全国的投资空间为528亿元。

② 平板玻璃

2016年,我国平板玻璃产量7.74亿重量箱,占世界平板玻璃产量的51%。我国现有平板玻璃企业222家,年生产能力14.1亿重量箱。按玻璃熔窑的平均规模为600 t/d计算,采用"SCR脱硝+湿法脱硫+湿电除尘"技术路线,大气污染治理设施投资为1 400～1 800万元,在现有环保治理设施基础上进行改造的,预计改造费用600万元～1 000万元,则全国的改造市场约为19.7亿元～32.8亿元。

③ 陶瓷工业

我国是陶瓷生产大国,建筑、卫生、日用陶瓷产量多年居世界第一。据2016年统计,全行业约有建筑陶瓷生产线3 400多条,年产建筑陶瓷102.64亿平方米,占世界总产量2/3;

卫生陶瓷隧道窑生产线 200 多条,梭式窑近千座,年产卫生陶瓷 2.27 亿件,占世界总产量近一半;年产日用陶瓷 400 多亿件,占世界总产量 60% 以上。陶瓷生产企业需要投入袋式除尘、湿法脱硫、湿电除尘、喷雾干燥塔脱硝等,一条陶瓷生产线的大气污染治理设施投资在 600 万元以上,则全国的投资市场为 204 亿元,占全国的比例为 30%,则全国的改造空间为 102 亿元。

④ 砖瓦工业

我国现有砖瓦企业中隧道窑企业约 1 万家,隧道窑约 2 万条,有些早期建设的断面在 4.6 米以下的隧道窑也逐渐落后面临淘汰,可以改造的隧道窑按 1 万条计,一条窑的脱硫除尘设施投资约为 320 万元~350 万元,由于从目前安装的环保设施看,多数采用的是设施简陋、投资和运行费用低的脱硫除尘一体化技术,因此,假设改造成本约占新建投资的 60%,全国的改造空间为 192 亿元~210 亿元。

3. 大气污染治理技术

(1) 脱硫工艺

我国从 20 世纪 70 年代开始在电厂进行烟气脱硫的研究工作,80 年代后国家电力工业部门开展了一些较大规模的烟气脱硫研究开发工作。近年来,我国在烟气脱硫技术引进工作方面加大了力度,对目前世界上电厂锅炉较广泛采用的脱硫工艺建造了示范工程。除此以外,我国还积极自主试验其他新型的烟气脱硫工艺技术。中国环境科学研究院开发出半干半湿法脱硫技术,该技术是通过对日本政府赠送的半干半湿脱硫装置进行改造的基础上,研发出符合我国烟气脱硫现状的脱硫技术。半干半湿法脱硫工艺克服了旋转喷雾法制浆系统庞大,设备磨损的问题以及解决了炉内喷钙尾部增湿法的钙硫比过高的缺点。改造后的半干半湿法脱硫工艺具有技术投资少、占地少、费用低、无腐蚀,且脱硫灰还可制砖的优点。

表3　我国引进国外脱硫工艺实例

引进工艺	实　例
石灰石-石膏湿法	重庆珞璜电厂首次引进日本三菱公司的石灰石-石膏湿法烟气脱硫工艺、脱硫装置与两台 360 MW 燃煤机组相配套
旋转喷雾半干法	1984 年在四川白马电厂建成第一套旋转喷雾半干法烟气脱硫小型试验装置,处理气量为 3 400 m³ N/hr
海水烟气脱硫	深圳西部电厂的一台 300 MW 机组海水脱硫工艺,作为海水脱硫试验示范项目开始实施
炉内喷钙尾部增湿法	南京下关发电厂 2﹡125 MW 机组全套引进芬兰 IVO 公司的 LIFAC 工艺技术,锅炉的含硫量为 0.92%,设计脱硫效率 75%
电子束法	成都热电厂和日本荏原制作所合作建造了电子束脱硫工艺装置,该装置的处理烟气量为 30 万 m³/h,设计脱硫率为 80%

(2) 脱硝工艺

为防止锅炉内煤燃烧后产生过多的 NO_x 污染环境,应对煤进行脱硝处理,分为燃烧前脱硝、燃烧过程中脱硝以及燃烧后脱硝。目前,脱硝工艺在火电行业运用相对成熟,而在其他非电行业中大多处于探索示范阶段,还未进行科学总结并进行商业运行。目前,全世界降低电厂锅炉 NO_x 排放行之有效的主要方法大致可以分为四类。

① 低氮燃烧技术(燃烧中脱硝),即在燃烧过程中通过控制燃烧条件来降低氮氧化物的生成,主要适用于大型燃煤锅炉等;低氮燃烧技术只能降低 NO_x 排放值的 30%～50%,要进一步降低 NO_x 的排放,必须采用烟气脱硝技术(燃烧后脱硝)。

烟气脱硝技术(燃烧后脱硝):

② 选择性催化还原技术(SCR),主要用于大型燃煤锅炉,是目前我国烟气脱硝技术中应用最多的。SCR 技术是由美国公司开发,在 20 世纪 70 年代末和 80 年代初首先在日本有所发展,由于其较高的脱硝效率,在全球范围内得以推广和应用。SCR 技术是在 300～400℃条件下,在特定的催化剂作用下,给烟气中通入一定量的 NH_3,并与烟气中的 NO_x 在催化剂上发生氧化还原反应,从而使 NO_x 变为无毒无害的 N_2 随烟气排放,脱硝率可达 80%以上。

③ 选择性非催化还原技术(SNCR),是指向锅炉烟气中喷入 NH_3 或者尿素等还原性物质,在高温(900～1 100℃)内,将烟气中的 NO_x 还原为 N_2 和 H_2O。该工艺主要用于垃圾焚烧厂、小型锅炉、老机组的改造中,技术成熟,投资小,建设周期短,但其反应温度过大,能耗大,且脱硝效率仅 30%～50%。

④ 选择性催化还原技术(SCR)+选择性非催化还原技术(SNCR),这种联合工艺结合了 SNCR 技术投资省和 SCR 脱硝效率高的特点,主要用于大型燃煤锅炉的 NO_x 排放和旧锅炉改造项目。

表 4 主要脱硝工艺对比

工艺	脱硝率(%)	投资费用(基数比较)	适用范围	优势	缺点
SCR	70～90	1.5	中大规模电厂,新上机组,对高硫份燃料不适用	工艺成熟,反应温度低,脱硝率高,商业应用广	需催化剂,投资及运行成本高,占地大,存在氨泄漏,催化剂易中毒现象
SNCR	30～50	1	小型电厂,适合老机改造	可通过旧设备改造实现,建设周期短,投资及运行费用低,适用广,占地小,无需催化剂	脱硝效率低,氨泄漏率大,存在二次污染,设备腐蚀大
SCR+SNCR	40～90	1.25	大型烧煤锅炉以及老厂改造	结合 SCR 高效以及 SNCR 技术投资省的特点,节省催化剂的使用量,降低一定的装置成本和占地空间	商业应用不多,系统可靠性尚需改进

现阶段,在脱硝工艺选择方面来看,我国绝大部分燃煤机组所使用的脱硝工艺为 SCR 工艺。这种工艺成熟,脱硝效率高,且不会产生二次污染,也是国际中应用最为广泛的脱硝方法。在相当长的一段时间内,SCR 仍然会是脱硝技术领域的主流技术,但是我们还应注意到,基于不同脱硝机理的不同脱硝工艺的结合是脱硝技术的一个重要发展方向,例如,SNCR+SCR 联合脱硝工艺,或是 SCR+低氮燃烧技术,或是 SCR 与电子束法、氧化法以及其他新型工艺的结合都有可能产生高效的新脱硝技术。

未来脱硫脱硝工艺趋势:

现阶段,市场上应用最为广泛的就是石灰石-石膏法脱硫加上 SCR 脱硝工艺,该方法具有较高的脱除污染物的效率,其中,脱硫率可达 90%,脱硝率可达 80%,但是该方法流程复杂,投资运行费用高,易造成管道的堵塞,副产物资源化利用空间小,所以经济性能优良,副产物可资源化利用的脱硫脱硝技术的研发十分必要。未来,开发烟气同时脱硫脱硝技术将是新趋势,例如,活性炭脱硫脱硝法、电子束法等。该方法可以在同一反应塔内同时脱除多种污染物,具有减少反应装置占地过大,运行性能良好以及成本低的优势。烟气同时脱硫脱硝技术是全世界范围内研究的热点,但目前绝大部分还处于实验室研发阶段,还未实现工业大规模应用。

(3) 除尘工艺

我国除尘工艺发展较早,目前已基本达到国际先进工艺水平。目前应用最广的除尘工艺主要是袋式除尘、电除尘以及电袋复合技术。

袋式除尘。当前,我国袋式除尘设计技术、制造装备和产业发展水平都已跻身国际先进水平,国内加工制造的袋式除尘装备及配套的各种纤维、滤料、配件的性能都已达到国外同类产品的技术水准,众多结合国情并具有国内自主知识产权的技术已步入国际先进行列。我国袋式除尘单机最大设计处理风量已达 500 万 m^3/h,出口粉尘排放浓度达到 10 mg/m^3 以下已成常态,系统的运行阻力都能达到 $800 \sim 1\,200$ Pa,滤袋使用寿命普遍提高,漏风率都能控制在<2%。随着布袋材料以及袋式除尘工艺的不断发展,布袋寿命短的问题有望在未来得到广泛解决。且非电行业烟气成分复杂,袋式除尘工艺不受粉尘属性影响除尘效率,因此,经济成本更低的袋式除尘工艺有望在未来得到进一步推广。

电除尘。为满足超低排放要求,低低温电除尘技术和湿式电除尘技术取得了提升和完善,并得到广泛的应用,低低温电除尘技术几乎成为国内燃煤电厂超低排放的"标配"。

表 5　主要除尘工艺对比

工 艺	优 势	缺 点
袋式除尘	除尘效率高(99%),不受粉尘属性影响除尘效率,功率小,耗电小,投资小,可以在线检修更换	布袋寿命短,不适合高温状态下运行,不能在结露状态下运作
电除尘	除尘效率高且稳定(98%~99%),可以处理高温(400℃以下)的气体	投资大,设备庞大,运行费用高,受灰尘比电阻影响大
电袋复合技术	适用范围广,除尘效率具有高效性和稳定性,节省运行成本,清灰周期长、气源能耗小,滤袋使用寿命长,占地小,适合旧电除尘器改造	故障后不能隔离进行在线检修,只能等待机组检修时处理

(4) VOCs 相关技术

在国外,VOCs 治理技术相对成熟,主要有吸附回收、转轮浓缩、催化氧化、蓄热燃烧和蓄热式催化燃烧这几种主流治理工艺,尽管我国的 VOCs 治理技术已与国际接轨,但国内目前尚未能自主掌握核心技术,仍然受制于国外的先进技术和设备,国内企业大多是引进国外企业的技术和设备进行组装,例如,杜尔(沸石转轮,美国)、恩国环保(RTO 设备,美国)、安居乐(沸石转轮,RTO,日本)等,其中,转轮技术是核心技术,具备一定的技术壁垒。正是因为未能掌握核心技术,国内企业呈现出数量多但是规模小的特点,还没有出现规模较大的企业,国内企业未来会对 VOCs 治理市场份额展开一场激烈的角逐,这也从侧面反映出来 VOCs 治理的市场景气度极高。此外,虽然石化行业已经出台了相关的 VOCs 的治理标准,但就改造进度目前来看仍然滞后于标准的要求,同时,VOCs 技术种类多,不同治理方法的相关技术也不同,投资费用高,未来有潜力掌握 VOCs 治理核心技术的企业将先抢占市场。

表6 国内 VOCs 相关技术研发

控制环节	公司名称	VOCs 相关技术及研发
末端	紫科环保	有机废气、VOCs 治理、恶臭治理一体化;光催化设备研发
末端/检测	聚光科技	成立清本环保开展 VOCs 治理、控股 VOCs 检测设备提供商
末端	先河环保	与全军环科中心合作成立 VOCs 治理技术研发机构、设立先河蓝宇开展 VOCs 治理
末端/检测	雪迪龙	承担国家 VOCs 监测设备研发项目
源头	神剑股份	零 VOCs 粉末涂料专用聚酯树脂生产龙头企业
源头/治理	彩虹精化	室内 VOCs 治理业务、研发五苯环保喷漆
源头	万华化学	低 VOCs 水性涂料原材料生产

4. 龙头企业

(1)龙净环保

公司作为国内最早的电除尘设备的生产商,引进国外先进的烟气除尘技术,经过消化吸收再创新和自主研发,产品技术达到国际先进水平,电除尘器销量连续十余年全国同行业第一,是国内电除尘领域的龙头。截止到 2016 年底,累计投运的低(低)温电除尘器机组容量(56 343 MW)、湿式电除尘器机组容量(36 262 MW)、电袋复合式除尘器机组容量(114 330 MW)均列市场第一,其市场占有率分别是第二名的 6 倍、3 倍和 10 倍。公司的电厂脱硫脱硝业务的市场占有率在过去五年里上升明显,截止到 2016 年底,累计投运的烟气脱硫工程机组容量位列市场第四(55 157 MW),2016 年签订合同的烟气脱硫工程机组容量位居市场第二(38 591 MW),2016 年签订合同的火电厂烟气脱硝机组容量位居市场第一(28 283 MW)。公司 2017 年上半年新增订单为 52 亿元,截至 2017 年第二季度末,公司在手订单为 178 亿元。

(2)清新环境

公司自主研发和创新实力较强,目前不仅自有高效脱硫、SCR、SNCR、活性焦、单塔一体化脱硫除尘深度净化技术(SPC-3D)等,还已经成功将自主研发的技术应用于电力、冶金、石化等诸多非电领域。其中最为独树一帜的是自主研发的 SPC-3D 技术,该脱硫和除尘效率分别超过了 99% 和 90%,同时投资低于常规技术约 30～50%,运行费用仅为常规技术的 20%～30%,以脱硫和除尘一体化方式帮助全国 400 余台机组实现超低排放。除此之外该技术布置简洁、占地面积小,更益于非电领域的应用,未来有望迅速抢占非电市场份额。目前,公司已经获得各类核心技术专利 90 余项,正在申请的专利近 30 余项。据中电联的统计数据,2016 年清新环境签订合同的烟气脱硫工程机组容量达到了 6.12 兆瓦,占比约21.02%,市场占有率位列榜首。在非电领域,公司已取得非电行业大型锅炉 22 台、中小燃煤锅炉 65 台的建设项目,并拟以 1.28 亿元收购石化烟气治理企业博汇通 80% 股权,进一步扩大非电烟气治理业务范围。公司 2017 年度实现营业收入 40.94 亿元,比上年增长 20.63%。

二、城市生活垃圾处理技术研发与服务

(一)发展现状

1. 内涵与范围

城市生活垃圾处理技术研发与服务指为城市生活垃圾处理处置等提供的相关服务活动,包括从事城市环境基础设施建设中的城市垃圾处理处置,城市垃圾处理技术设备的研究开发、推广应用和咨询、城市垃圾处理处置工程建设、设施运营以及与其相关的环境监测、环境审核、环境贸易、培训与教育等服务。

城市生活垃圾的处理处置是城市环境服务业的重要组成部分,其中心内容是城市固体废弃物的收集、清运、处理和处置。城市固体废弃物管理直接为创造整洁、优美、舒适的环境服务,有助于维护人们的身体健康,推进城市经济发展和精神文明建设,也是环境保护和社会可持续发展的重要内容。

2. 政策支持

2000 年,北京、上海等 8 个城市被列为生活垃圾分类试点城市;2015 年,26 个城市(区)被列为"全国第一批生活垃圾分类示范城市(区)";2017 年,发改委住建部发布《生活垃圾分类制度实施方案》,要求在全国 46 个城市先行实施生活垃圾强制分类;2019 年,垃圾分类范围扩展到全国地级及以上城市,生活垃圾分类制度写入《固废法》草案。2017 年,46 个试点城市垃圾清运量 9531 万吨,地级及以上城市垃圾清运量 1.76 亿吨,是试点城市的 1.85 倍。

表 7　垃圾分类政策历史演进

时间	政策	发布部门	试点城市变换	内容变化
2000 年 6 月	《关于公布生活垃圾分类收集试点城市的通知》	建设部	北京、上海、广州、深圳、杭州、南京、厦门、桂林八个城市	首先在试点城市实施废纸和废塑料的分类与回收。
2015 年 4 月	《关于公布第一批生活垃圾分类示范城(区)的通知》	住建部等五部委	北京市东城区、上海市静安区、广东省广州市、浙江省杭州市等 26 个城市(区)(不含厦门、桂林)	到 2020 年,各示范城市(区)建成区居民小区和单位的生活垃圾分类收集覆盖率应达到 90%;降人均生活垃圾清运量下降 6%(以 2014 年数据为基准);生活垃圾资源化利用率达到 60%(含再生资源回收、焚烧、生物处理等方式)。加大低价值可回收物的回收力度;重点解决厨余垃圾的分类收集和处理问题。
2019 年 6 月	《中华人民共和国固体废物污染环境防治法(修订草案)》	国务院常务会议		要求加快建立生活垃圾分类投放、收集、运输、处理系统。

时　间	政　策	发布部门	试点城市变换	内容变化
2019 年 6 月	《关于在全国地级及以上城市全面开展生活垃圾分类工作的通知》	住建部等九部门	全国地级及以上城市	到 2020 年,46 个重点城市基本建成生活垃圾分类处理系统;其他地级城市实现公共机构生活垃圾分类全覆盖,至少有 1 个街道基本建成生活垃圾分类示范片区。到 2022 年,各地级城市至少有 1 个区实现生活垃圾分类全覆盖;其他各区至少有 1 个街道基本建成生活垃圾分类示范片区。到 2025 年,全国地级及以上城市基本建成生活垃圾分类处理系统。

3. 发展进展

随着我国人口稳步增长、城镇化持续推进,城镇生活垃圾处理需求日益旺盛。2004—2017 年,我国城镇人口从 5.4 亿增长到 8.13 亿,与此同时,我国城市生活垃圾清运量从 15 509 万吨增长到 20 362 万吨,复合增长率为 2.29%。2004—2017 年,我国环境污染治理投资总额从 1 909.8 亿元增加到 9 538.95 亿元。由此可见,伴随城镇化持续推进以及人民生活水平提升推动,预计城市生活垃圾产生及清运量都将持续增加。根据《国家新型城镇化规划(2014—2020)》,我国未来将坚定不移地走“以人为本、四化同步、优化布局、生态文明、文化传承”的新型城镇化道路,要缓解当前垃圾围城的压力,改善城镇人居生活环境,加大无害化处理设施建设投入是必然要求,而这也将为垃圾处理市场的发展带来广阔的空间。预计到 2020 年,我国城镇化率将达 60%,随着城镇化率的不断提高,生活垃圾处理需求将稳步增加。

目前,发达国家成熟的生活垃圾处置体系可分为三类:

——填埋为主,主要存在于人少地多型国家,如美国、澳大利亚和加拿大等;

——焚烧为主,主要存在于人口密集、土地资源紧张的国家,如日本;

——循环利用为主,垃圾组分中餐厨垃圾较少而可循环利用占比较高,常见于欧洲国家,如德国、瑞士等。

填埋处理作为垃圾最终处置手段一直占据重要地位,目前仍然是大多数国家主要的处理方式。垃圾填埋处理具有操作设备简单、适应性和灵活性强特点,但理想的垃圾填埋场越来越少,特别是对于经济发达国家填埋处理所占比例在 1980 年后有下降趋势。据美国环保署(EPA)预测,美国填埋场数量由 1988 年的 7 924 座下降到 2001 年的 1 858 座,填埋处理比例由 1980 年的 80% 下降为 2001 年的 55%。由于垃圾资源再生利用率提高,同时也会减少垃圾填埋场污染物的产生,垃圾填埋场的填埋物有机物含量会逐步降低。例如,进入 20 世纪 90 年代以后,美国相继实施禁止庭院垃圾(YardWaste)进行填埋处置的条例;德国规定在 2005 年以后,有机物含量大于 3% 或 5% 不能进入一级或二级填埋场;欧盟提出(CD1999/31/EU/1999)进入填埋场的有机物在 1995 年的基础上减少,2006 年要减少 25%,2009 年减少 50%,2016 年减少 65%。目前在日本、瑞士、奥地利、德国、新加坡、中国台湾等国家或地区已经实现了大部分生活垃圾不直接填埋的目标。

我国在人口密度、土地、城市空间架构、生活习惯、饮食结构等方面均与日本相似,因此日本垃圾处理的发展历程值得借鉴。日本在 2000 年后大规模实施垃圾按量收费并开始推行循环经济,而在此之前的四十年里,垃圾处置的演变可分为三个阶段:

1970 年以前——填埋为主,随后爆发"垃圾战争";

1970—1990 年——垃圾处置入法,推行分类,1990 年正式将焚烧作为中间处置,填埋为最终处置,填埋率快速下降;

1990—2000 年——焚烧项目质量优化,单厂规模扩大而总体数量降低。

对标日本,同时考虑我国国情,"去填埋化"还有较长的路要走,焚烧未来将成为我国垃圾处置最重要的方式,其占比将进一步提升。2004—2017 年,中国城市生活垃圾有害处置比率从 31.3% 下滑到 1.7%;无害化焚烧比率从 2.9% 快速上升到 38%;卫生填埋比率从 44.4% 上升到 60%。我国未来焚烧率将进一步提高的原因是:

填埋场正走向没落。大部分存量填埋场经过 15—20 年已达到满容状态,需要封场,而由于土地资源紧张叠加环保趋严,新建填埋场选址困难且填埋本身具有沼气爆炸和渗滤液二次污染风险。在我国倡导的"原生垃圾零填埋"趋势下,填埋场将更多作为最终端和最保险处置手段。

焚烧国产化已经成熟。在近几十年的积累和更新中,焚烧技术和设备已经完全具备国产化能力,且国产设备更适应我国高含水率的垃圾特点。龙头企业也正转向精细化运营,进一步实现降本增效,筑造壁垒。

我国垃圾结构决定循环利用占比少。欧洲国家(德国、荷兰、瑞士等)垃圾循环利用率高,主要在于其垃圾成分中食物占比低,而纸类、金属等高值可循环利用产品占比高,加之精细化分类和差异化收费的长期执行促进了资源化产品有效流向统一部门。我国垃圾成分中食品垃圾占比高,塑料其次,后者作为热值产品贡献过半发电量。

拾荒者等构成庞大"回收网"已消纳大部分高值可回收物。据调研,居民家中占生活垃圾总量 28% 的高值物流入"回收网"中,被遗弃的低值物仅占 6%。全国城市拾荒者群体达 230 万人,由"环卫网"进行收编并不现实。

源头减量尚需时日。日本"去填埋"路走了 40 多年才达到目前 80% 的焚烧率,而日本真正出现源头减量是在 2000 年按量收费实行后。我国焚烧无害化程度最高的城市之一的上海,目前并未开展按量收费。按上海垃圾治理的"三步走"战略,上海真正实现源头减量将在 2030 年后。保守估计,我国的垃圾总量下行拐点的出现还需 10 年。

(二)发展展望

1. 发展的目标和任务

《"十三五"全国城镇生活垃圾无害化设规划》要求:垃圾焚烧到产能占比达到 50% 以上,东部地区达到 60% 以上。(1) 无害化处理率:到 2020 年底,直辖市、计划单列市和省会城市(建成区)生活垃圾无害化处理率达到 100%;其他设市城市生活垃圾无害化处理率达到 95% 以上,县城(建成区)生活垃圾无害化处理率达到 80% 以上,建制镇生活垃圾无害化处理率达到 70% 以上,特殊困难地区可适当放宽。(2) 原生垃圾零填埋:到 2020 年底,具备条件的直辖市、计划单列市和省会城市(建成区)实现原生垃圾"零填埋",建制镇实现生活垃圾无害化处理能力全覆盖。(3) 焚烧产能占比:到 2020 年底,设市城市生活垃圾焚烧处理能力占无害化处理总能力的 50% 以上,其中,东部地区达到 60% 以上。(4) 垃圾分类:到 2020 年底,直辖市、计划单列市和省会城市生活垃圾得到有效分类;生活垃圾回收利用率达到 35％以上,城市基本建立餐厨垃圾回收和再生利用体系。(5)监管体系:到 2020 年底,建立较为完善的城镇生活垃圾处理监管体系。

2. 需求预测

(1)中游环卫服务行业

2020 年环卫服务市场容量或超 2 300 亿。按当前市场平均价格估算,2016 年,全国城市县城及村镇环卫服务市场容量为 1 773.42 亿元。按照全国道路清扫面积、垃圾收运量以及公厕数量的年增长速度,不考虑服务单价的变动以及无法预期的市场波动,估算全国环卫服务市场容量到 2020 年将达到 2 307.40 亿元,年均增速 6.80％。与美国 60％的环卫市场化率相比,我国的环卫市场化程度仍有较大提升空间,环卫服务行业全面发展期即将到来。2016 年,全国新签环卫服务合同年化金额 233 亿元。按当年环卫服务市场化率 20％估算,环卫服务行业市场化总规模为 355 亿元,按照市场化率年均提高 10 个百分点估算,预计到 2020 年末,环卫服务市场化率将达到 60％,市场化规模将增长到 1 384.44 亿元,年均增速达 40.53％。

(2)下游焚烧行业

"十三五"焚烧规划相比"十二五"增长 150％。我国城市人口密集,垃圾填埋用地稀缺,焚烧处置城市生活垃圾更适宜。根据《"十三五"全国城镇生活垃圾无害化处理设施建设规划》,到 2020 年,我国垃圾发电处理规模目标接近 60 万吨/日。2015 年存量垃圾焚烧产能为 23.5 万吨/日,规划产能提升 150％,十三五规划焚烧产能复合增速 20％。

根据《"十三五"全国城镇生活垃圾无害化出力设施建设规划》,城市生活垃圾"十三五"总投资约 2 518.4 亿元。其中,无害化处理设施建设投资 1 699.3 亿元,收运转运体系建设投资 257.8 亿元,餐厨垃圾专项工程投资 183.5 亿元,存量整治工程投资 241.4 亿元,垃圾分类示范工程投资 94.1 亿元,监管体系建设投资 42.3 亿元,资金筹措由地方政府负责,行业投资资金明确。

焚烧设施主要增量在广东、安徽、江苏、浙江等省份。分地区来看,"十三五"期间计划新增垃圾焚烧处理能力前五名的省份依次为广东(5.46 万吨/日)、安徽(2.49 万吨/日)、江苏(2.15 万吨/日)、浙江(1.69 万吨/日)和湖南(1.56 万吨/日)。

截至 2018 年 5 月,累计投产 38.5 万吨,到 2020 年还有 21.5 万吨的规划空间,预计 2019—2020 年是行业产能集中投放期。根据生活垃圾焚烧信息平台的数据,截至 2018 年 5 月,我国共投运垃圾焚烧厂 365 座,累计产能 38.5 万吨/日。从新增产能上看,2013—2016 年,新增产能在 3.5 万吨/日左右,2017 年、2018 年全年预计新增产能 7 万吨/日,如果完成"十三五"规划,2019 年、2020 年每年新增投运产能将超过 10 万吨/日,行业进入产能集中投放期。

3. 城市生活垃圾处理方式

我国城市生活垃圾处理主要是填埋和焚烧两种。填埋是我国目前主要的垃圾处理方式,根据垃圾自然降解原理,采用严格的科学管理手段,减少垃圾对周围环境造成污染的综合性方法,其优点是技术成熟、投资成本低、对垃圾要求低;缺点是占用土地面积较大,且可能发生渗漏,造成二次污染。焚烧是指将垃圾置于 850 摄氏度以上高温环境中,使垃圾中的活性成分经过氧化转化成性质稳定的残渣,释放热量并用于供热及发电,优点是能量利用效率高、对环境造成影响小、占地面积小;缺点是初期投资大、技术要求较高。历史上来看,填埋一直是主流模式,但近年来,填埋处理的垃圾占比持续下跌,从 2007 年的 81％降至 2017 年的 60％;焚烧处理的垃圾占比总体呈上升趋势,从 2007 年的 15％上升至 2017 年的 38％。

表 8 填埋、堆肥和焚烧三种垃圾处理方式比较

	填 埋	堆 肥	焚 烧
选址及土地成本	较困难，需防止地质渗漏；远离市区，运输距离远	比较容易，避开居住密集区	容易，可在近郊，运输距离短
适合处理的固废	无机物＞60%，含水量＜30%，密度＞0.5吨/立方	气味半径小于200米；无害化：可降解有机物＞10%；肥效高：可降解有机物＞40%	垃圾低位热值＞3 350 kJ/kg时不需添加辅助；燃料
地面水污染	应有完善的渗滤液处理设施，但不易达标	污水经处理后排入污水管网，同时需控制重金属含量	前期处理会产生渗滤液，经处理后排入污水管网
地下水污染	需采取衬垫防渗保护，投资很大，但仍有可能渗漏造成污染	可能性小	无
大气污染	可用导气、覆盖等措施控制	有轻微气味	烟气处理不当时可产生轻微二噁英，对大气有一定污染
回收物	沼气	生物质肥	电力、热力
产品市场	可回收沼气发电	建立稳定的堆肥市场较困难	能产生热能电能
最终处置	无	非堆肥仍需填埋初始量的25%左右	残渣需要填埋；初始量的10%
投资	投资少	成本较高，占地大	初期投资大，运营成本高
适合投资地域	经济欠发达，土地成本低	可腐有机物含量高低区	土地资源成本高、垃圾热值高
主要采用国家	人口较少、国土较大的国家为主，如美国、加拿大等	尚没有以堆肥处理为主的国家，极个别国家的处理能力可达到垃圾总量的25%	人口较多、国土较小的国家，如日本、韩国

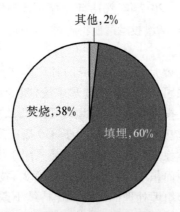

图 1 我国生活垃圾处理方式占比

4. 龙头企业

(1) 龙马环卫

龙马环卫成立于 2000 年,是国内首家以环卫装备及服务为主营业务的主板上市公司,是国内环卫一体化龙头企业。公司环卫装备产品中高端市场地位稳固,市场占有率排名行业前三。2018 年,公司环卫装备总产量为 8 405 台/套,同比上升 11.95%;销量为 8 060 台/套,同比增长 1.04%;环卫装备市场占有率为 6.67%;其中,中高端产品市场占有率达 14.27%,较 2017 年上升 2.11%。

环卫服务板块在手订单充足,保障业绩增长。公司已有订单充足,截至 2018 年底,公司环卫服务在手订单总金额为 143.57 亿元,年化金额约 14.68 亿元。2018 年全年,公司新增中标的环卫服务项目 30 个,新签合同年化合同金额 6.42 亿元,新签合同总金额 40.67 亿元,新增年化合同金额位列行业前十。在环卫服务营销方面,公司已逐步形成依托重点区域辐射周边区域进行项目扩张的点线面结合的工作格局,以"项目落地"为核心的全员营销服务模式将助力公司业务开拓,保障公司未来业绩成长。预计公司 2019—2021 年主营收入分别为 42.65 亿元、51.80 亿元和 59.47 亿元,归母净利润分别为 2.6 亿元、3.1 亿元和 3.6 亿元,对应 EPS 分别为 0.87 元、1.04 元和 1.20 元,对应 PE 分别为 16 倍、14 倍和 12 倍。

(2) 启迪桑德

公司引进欧美等发达国家最新的先进工艺技术与设备,在国内已成功实施了世界上处理规模最大的生活垃圾综合处理项目。通过技术合作与开发,掌握了工业废弃物、医疗垃圾和城市污泥处置的最前沿技术。通过产品贸易、技术贸易、国际合作等方式,成功地进入国际市场,在中南亚等国家成功实施了固废处理项目。2013—2017 年,公司的营业总收入从 26.84 亿元增长至 93.58 亿元,2017 年同比增长率为 35.3%。2013—2017 年,公司的归母净利润从 5.89 亿元增长至 12.69 亿元,2017 年同比增长率为 12.51%。总体而言,2013—2017 年,公司的收入、利润的增长态势保持相对稳健。公司主营业务是市政施工、环保设备安装及咨询、固体废物处理和再生资源以及环卫服务。2017 年,公司市政施工收入占总收入 33.8%,环保设备安装及咨询占 21.24%,固体废物处理和再生资源占 20.22%,环卫服务占 19.11%。

目前,启迪桑德投运的固废处置项目共有 31 个,其中,运用 BOT 项目模式的共有 26 个,运用 TOT 项目模式的共有 5 个。投运的固废处置项目中,垃圾焚烧发电项目处理能力达到 8 150 吨/日,加上医废处置、餐厨垃圾处理等产能达到 12 133 吨/日。截至 2018 年 3 月末,公司在建固废处置产能 6 860 吨/日,拟建产能 16 716 吨/日。

三、水污染治理技术研发与服务

(一)发展现状

1. 内涵与范围

水污染治理技术研发与服务是我国环境技术服务业的重要组成部分,是直接为我国水环境保护和水污染治理提供应用技术支持和物质保障的研究开发服务体系,与国家水资源与水环境保护科学基础理论研究体系,以及水资源利用与水污染防治科技创新体系一起构成了我国水资源与水环境保护国家科技体系。

水污染治理技术研发服务指为水环境保护和水污染防治等提供的相关服务活动。其包括从事以饮水安全和重点流域治理为重点的水污染防治,城市环境基础设施建设中的污水处理,国家环保重点工程相关的水污染防治技术设备的研究开发、推广应用和咨询、水污染治理工程建设、设施运营,以及与水环境保护和水污染防治相关的环境监测、环境审核、环境贸易、培训与教育等服务。

2. 政策梳理

自"十二五"以来,全国从地方到中央坚决向污染宣战,全力推进大气、水、土壤污染防治,持续加大生态环境保护力度。2015 年推出《水污染行动防治计划》即"水十条",明确指出加强水污染行业治理力度,大力推进工业企业"退城入园"计划,提出到 2020 年为底线,明确水污染防治目标。结合"水十条"的理念,配合 2015 年 6 月提出的《关于加快推进生态文明建设的意见》,坚持节约资源和环境保护的基本国策。2017 年 9 月,环保部印发《工业集聚区水污染治理任务推进方案》,进一步落实"水十条"相关任务,从而加紧工业集聚区"退城入园"的脚步。

表9 水污染治理政策

时间	政策	内容
2010.1	《国务院关于加快培养和发展战略新兴产业》	重点开发推广高效节能技术装备及产品,实现重点领域关键技术突破,带动能效整体水平的提高。加快资源循环利用关键共性技术研发和产业化示范,提高资源综合利用水平和再制造产业化水平。示范推广先进环保技术装备及产品,提升污染防治水平。推进市场化节能环保服务体系建设。加快建立以先进技术为支撑的废旧商品回收利用体系,积极推进煤炭清洁利用、海水综合利用。
2012.2	《关于实行最严格水资源管理制度的意见》	以水资源配置、节约和保护为重点,强化用水需求和用水过程管理,通过健全制度、落实责任、提高能力、强化监管,严格控制用水总量,全面提高用水效率,严格控制入河湖排污总量,加快节水型社会建设,促进水资源可持续利用和经济发展方式转变,推动经济社会发展与水资源水环境承载能力相协调,保障经济社会长期平稳较快发展。
2013.8	《国务院关于发展节能环保产业的意见》	目标产业技术水平显著提升,国产设备和产品基本满足市场需求,辐射带动作用得到充分发挥,提升环保技术装备水平,治理突出环境问题,发展资源循环利用技术装备,提高资源产出率,创新发展模式,壮大节能环保服务业。
2015.4	《水污染防治行动计划》	到 2020 年,全国水环境质量得到阶段性改善,污染严重水体较大幅度减少,饮用水安全保障水平持续提升,地下水超采得到严格控制,地下水污染加剧趋势得到初步遏制,近岸海域环境质量稳中趋好,京津冀、长三角、珠三角等区域水生态环境状况有所好转。到 2030 年,力争全国水环境质量总体改善,水生态系统功能初步恢复。到 21 世纪中叶,生态环境质量全面改善,生态系统实现良性循环。
2015.6	《关于加快推进生态文明建设的意见》	坚持节约资源和保护环境的基本国策,把生态文明建设放在突出的战略位置,融入经济建设、政治建设、文化建设、社会建设各方面和全过程,协同推进新型工业化、信息化、城镇化、农业现代化和绿色化,以健全生态文明制度体系为重点,优化国土空间开发格局,全面促进资源节约利用,加大自然生态系统和环境保护力度。

续表

时　间	政　策	内　容
2016.12	《十三五节能减排综合方案》	要求到 2020 年,全国化学需氧量、氨氮、二氧化硫、氮氧化物排放总量分别要比 2015 年下降 10％、10％、15％。
2017.9	《工业集聚区水污染治理任务推进方案》	要求以硬措施落实"水十条"任务。对逾期未完成任务的省级及以上工业集聚区一律暂停审批和核准其增加水污染物排放的建设项目,并依规撤销园区资格。

（二）发展展望

1.发展的目标和任务

在环保监管的持续加码与治理刚需升级的背景下,近年来生态环保需求加速释放。继 2017 年坚决打赢"蓝天保卫战"并全面实现"大气十条"目标后,2018 年各项环境政策更多指向碧水保卫战,包括城市黑臭水体、渤海治理、长江修复、水源地保护、农业农村等多项内容有望逐步展开。2020 年是"水十条"的考核年,结合"水十条"的考核结果将作为领导干部综合考核评价的重要依据,可以预见,碧水保卫战将成为未来三年的重要主线。

针对下述六大方面的治水维度有明确要求:

（1）重点流域水质及其污染防治:到 2020 年七大重点流域水质优良(达到或优于Ⅲ类)比例总体达到 70％以上。编制实施七大重点流域水污染防治规划。

（2）黑臭水体占比:到 2020 年地级及以上城市建成区黑臭水体均控制在 10％以内。

（3）污水处理率及其标准:敏感区域城镇污水处理设施于 2017 年底前全面达到一级 A。建成区水体水质达不到地表水Ⅳ类,新建城镇污水处理设施要执行一级 A。到 2020 年全国县城、城市污水处理率分别达到 85％、95％左右。京津冀、长三角、珠三角等区域提前一年完成。

（4）污泥处置:现有污泥处理处置设施应于 2017 年底前基本完成达标改造,地级及以上城市污泥无害化处理处置率应于 2020 年底前达到 90％以上。

（5）农村环境综合整治:到 2020 年,新增完成环境综合整治的建制村 13 万个。有条件的地区积极推进城镇污水处理设施和服务向农村延伸。

（6）水环境监测网络建设:完善水环境监测网络。统一规划设置监测断面(点位)。各市、县应自 2016 年起实行环境监管网格化管理。2017 年底前,京津冀、长三角、珠三角等区域、海域建成统一的水环境监测网。

2.水污染治理市场

（1）市场总体规模

"十三五"期间城镇污水及再生利用建设、农村环境综合治理以及黑臭水体治理三个方面进行空间测算,预计 2016—2020 年间上述三项投资将分别达 5 644 亿元、987 亿元和 2 353 亿元,合计金额近 9 000 亿元。结合目前距 2020 年考核进程将过半,部分领域地区推进滞后,水环境现状与目标差距尚存,治水需求迫切,预期上述空间有望在近三年集中释放。

① 城镇污水及再生利用建设拟投资 5 644 亿元

根据 2016 年 12 月发布的《"十三五"全国城镇污水处理及再生利用设施建设规划》,"十三五"期间将新建污水处理设施规模 5 022 万吨/日,新增污泥无害化处置规模 6.01 万吨/日,污处理管网 12.59 万公里,再生水设施规模 1 505 万吨/日等。根据《"十三五"全国城镇污水处理及再生利用设施建设规划》配套的设施建设规模及投资核算说明,估算上述城镇污水处理及再生利用设施建设共投资约 5 644 亿元,其中,京津冀预计投资 256 亿元,长江经济带覆盖 11 省,投资将达 2 696 亿元。

② 农村环境综合整治市场空间近 1 000 亿元

根据《全国农村环境综合整治"十三五"规划》,截至 2015 年底,中央财政累计安排农村环保专项资金 315 亿元支持 7.8 万个建制村开展环境综合整治,占全国建制村总数的 13%,各地设饮用水水源防护设施 3 800 多公里,拆除饮用水水源地排污口 3 400 多处;建成生活垃圾收集、转运、处理设施 450 多万个(辆),生活污水处理设施 24.8 万套,畜禽养殖污染治理设施 14 万套,生活垃圾、生活污水和畜禽粪便年处理量分别达 2 770 万吨、7 亿吨和 3 040 万吨。

农村环境综合整治主要任务包括农村饮用水水源地保护、农村生活垃圾和污水处理、畜禽养殖废弃物资源化利用和污染防治。《全国农村环境综合整治"十三五"规划》中指出"十三五"期间,全国新增完成环境综合整治的建制村 13 万个,其中,长江经济带约 5.05 万个、京津冀区域约 0.81 万个。按照已完成环境综合整治的 7.8 万建制村污水处理规模进行匡算,预计 2020 年农村治理投资金额将达 500 亿元(315 亿元 * 13/7.8 万个=525 亿元),结合《重点流域水污染防治规划(2015—2020 年)》中"十三五"重点流域农业农村污染防治项目总投资匡算额 462 亿元(长江流域投资额为 120 亿元),则农村环境(含流域)综合治理空间将达 987 亿元亿元。

③ 全国黑臭水体治理市场空间达 2 353 亿元

根据《十三五全国城镇污水处理及再生利用设施建设规划》中统计,"十三五"期间全国黑臭水体整治规模为 5 882 公里,数量合计为 2 032 个。此前,广东省提出"十三五"期间投资 380 亿元治理境内 905 公里黑臭水体,单位长度投资额为 0.42 亿元/公里。假设以 0.4 亿元/公里作为单位长度黑臭水体治理的投资额,以此得到"十三五"期间黑臭水体治理市场空间为 2 353 亿元。

(2)工业水市场规模

① 工业废水处理

由于环保政策的更新和趋严,2011 年全国工业废水平均处理费用为 1.26 元/吨,2015 年平均工业废水处理费用上升至 1.54 元/吨,CAGR 为 5.1%。假设处理费用保持之前的平均增速,2020 年单位工业废水平均处理费用将达到 1.98 元/吨,2025 年吨水平均处理费用将达到 2.55 元,假设之后处理费用保持稳定。假设工业废水处理量从 2015 年起匀速下降至 2025 年的 295 亿吨,则 CAGR 为-4.0%。假设按此速度下降,预计 2020 年全国工业废水处理总量将减少至 362 亿吨。2020 年全国工业废水处理市场将升至 718 亿元,由于处理成本增速大于工业废水处理总量的降幅,行业总体规模呈现逐年平稳上升趋势。

② 化工业废水处理

因化工行业废水排放污染物的多样性,造成处理难度大,技术要求高。2011 年化工行业污水处理成本约为 1.9 元/吨,至 2015 年底上涨到 2.62 元/吨,CAGR 为 8.3%。预计化工行业废水处理价格 2016—2020 年年均增长率保持在 8.3% 的水平,估计至 2020 年化工行业污水处理成本将上涨至 3.91 元/吨。根据"十三五"规划,化工行业用水量至 2020 年将下降 23%,估算至 2020 年化工行业污水处理量将下降至 31 亿吨,CAGR 为-4.26%。因此,预计到 2020 年市场空间为 122 亿元。

③ 造纸业废水处理

据国家统计局数据,造纸行业 2015 年污水处理费用占全国工业废水处理费用的 8%。2011 年造纸行业污水处理成本约为 1.11 元/吨,2015 年造纸行业工业废水处理费用为 1.69 元/吨,CAGR 为 11%。假设增速保持在 11%,预计 2020 年造纸行业污水处理成本将增长至 2.85 元/吨。根据中国造纸行业协会对国家十三五规划的具体实施方案,2020 年全国造纸行业产能 1.36 亿吨,较 2015 年的 1.07 亿吨上涨 27%。假设工业废水处理量按同样增速增长,2020 年全国造纸行业污水处理总量将达到 41 亿吨,届时该行业污水处理市场将达到 117 亿元。

④ 纺织业废水处理

国家统计局数据显示 2015 年,纺织行污水处理费用占全国工业废水处理费用的 7%。纺织行业处理成本波动较大,2011—2015 年纺织行业污水的吨水处理成本分别为 2.66、1.95、2.23、2.4、2.54 元。我们取 2012—2015 年的平均增速 9% 作为假设增速,则 2020 年全行业污水处理成本将达到 3.95 元吨。根据"十三五"规划,纺织行业主要污染物排放量较"十二五"期间降低 10%,由此估计至 2020 年纺织行业工业污水处理量为 17 亿吨,2020 年纺织行业污水处理市场约为 68 亿元。

⑤ 煤炭采选行业废水处理

2015 年,煤炭采选行业废水排放总量占全国工业行业排放总量的 8.2%。根据中国环境统计年鉴,煤炭采选业 2012 年废水处理成本为 0.93 元/吨,2015 年为 1.06 元/吨,CAGR 为 4.4%。假设之后增速维持在 4.4%,我们估计 2020 年煤炭选行业污水处理成本将达到 1.32 元/吨。根据"十三五"规划,至 2020 年我国煤炭产量将维持在 39 亿吨,而 2015 年全国煤炭产量 37.5 亿吨,假设工业废水排放量与煤炭产量比例不变,由此估算至 2020 年煤炭采洗行业污水处理总量约为 20 亿吨,较 2015 年上涨 4%,据此推算 2020 年煤炭采选业的工业废水市场规模有望达到 26 亿元。

⑥ 水处理药剂

预计"十三五"期间我国的水处理药剂市场平稳增长。根据 MarketsandMarkets 的数据,2013 年我国水处理剂市场中工业需求占比 62%,市政需求 38%。2015 年我国的水处理药剂市场总规模为 91 亿元,到 2020 年将达到 120 亿元,CAGR 为 5.7%。水处理药剂主要应用于市政水处理、电力、油气、冶金、化工、食品饮料、造纸、海水淡化等领域。MarketsandMarkets 预测到 2020 年这些行业对应的水处理剂规模将分别达到 28、21、19、16、13、10、7、6 亿元,CAGR 达到 6.2%、6%、5.8%、5.4%、5.9%、5.5%、4.1%、4.7%。相比于国外成熟水处理剂市场的 2%~3% 的增速来说增长速度较快。由于电力、油气、冶金、化工都是国民经济中的重要支柱产业,其对应的水处理剂市场稳定性较高。工业需求较高且环保要求趋严推动了我国水处理剂行业发展。

3. 污水处理工艺

(1) 我国污水处理按方法、等级各分为三类

我国污水处理按等级分类可分为三级,目前我国城市污水处理厂普遍采用二级工艺。一级处理,主要采用物理法去除砂砾、悬浮物等物质,废水 BOD 去除率只有 20%,仍不宜排放。二级处理,主要采用活性污泥法和生物膜处理法,利用微生物处理污水中的有机物,BOD 去除率为 80%~90%,一般可以达到排放标准,这也是我国目前广泛采用的处理工

艺。三级处理,主要采用化学法,进一步去除某种特殊污染物质,如除氟、除磷等。

表 10　污水处理主要分物理法、生物法、化学法

处理方法	原　理	常用方法	方法优缺点
物理法	利用物理作用分离污水中的非溶解性物质	重力分离、离心分离、反渗透、气浮	处理构筑物较简单、经济;污水处理程度低
生物法	利用微生物的新陈代谢功能,将污水中呈溶解或胶体状态的有机物分解氧化为稳定的无机物质	活性污泥法、生物膜法	处理程度比物理法高;费用较高
化学法	利用化学反应作用来处理或回收污水的溶解物质或胶体物质的方法,多用于工业废水	混凝法、中和法、氧化还原法、离子交换法	净化水水质高;费用高

表 11　污水处理按处理工艺分类

污水处理方法	处理原理	方法特点	出水水质
活性污泥法	废水生物处理中微生物悬浮在水中的各种方法的统称。利用悬浮生长的微生物絮体(活性污泥)处理有机废水中的污染物的方法	可去除溶解性的和胶体状态的可生化有机物以及能被活性污泥吸附的悬浮固体和氮、磷等物质	/
氧化沟法	在普通活性污泥法基础上,通过对时间顺序和空间位置等的调整,来给微生物生长创造更适合的溶解氧条件,以提高其处理性能和效率	能获得较高的 BOD 去除率,还能实现硝化和反硝化的生物脱氮效果	一级 B
缺氧-好氧(A/O)法	污水在好氧池中对含碳有机物进行氧化,并将 NH_3-N 硝化成 $-H$;在缺氧池中利用有机碳进行反硝化将 $-N$ 还原成 N_2	运行费用低;脱氨效果较好,COD 和 BOD 的去除率较高	二级
厌氧-缺氧-好氧法	厌氧池提升磷浓度从而降低 BOD 和 NH_3-N 浓度;缺氧池中反硝化细菌将 $-N$ 还原为 N_2;好氧池生化氧化使有机氮继续氮化	可同时完成有机物的去除,反硝化脱氮,除磷的功能	一级 B
SBR 工艺	序批式活性污泥法,将调节池,曝气池和二沉池的功能集于一池,按时间顺序进行进水、反应、沉淀和排水等工序	处理构筑物少,基建、运行费用低;运行灵活,可完成对碳源有机物、氮、磷的有效去除;不发生污泥膨胀;运行管理自动化程度较高	一级 B
曝气生物滤池法	滤料层截留水体中的污染物,并被滤料上附着的生物降解转化,同时,熔解状态的有机物和特定物质也被去除,所产生的污泥保留在过滤层中,只让净化的水通过	该工艺具有去除 SS、COD、BOD、硝化、脱氮、除磷、去除有害物质的作用	一级 A
BIOLAK(百乐克)污水处理技术	高效的生化处理系统,采用低负荷活性污泥工艺,通过生化作用有效降解 COD 及 BOD,并通过波浪式氧化工艺对氮和磷进行高效去除	出水十分干净,产生的污泥无异味;造价低,维修简单,运行费用低	一级 B

污水处理方法	处理原理	方法特点	出水水质
膜生物技术	膜生物反应器,膜分离技术和生物技术的有机结合,通过微滤膜分离技术,使水力停留时间和泥龄完全分离;在生化池中形成超高浓度的活性污泥,使污染物彻底分解	出水水质极其优良,占地面积小,自动化程度高;污泥产量极小;成本高,对入水水质要求较高	一级 A

(2) MBR 工艺优势明显,未来投资和运营成本有望降低

与传统活性污泥法及其衍生工艺相比,膜处理工艺(MBR)具有出水水质高、占地面积小、产水率高等多种优势,经其处理后的出水直接达到再生回用水标准,可以同时解决水脏、水少问题,符合当下我国国情。但是,MBR 工艺较贵,但未来投资和运营成本有望降低。目前,国内 MBR 投资成本在 2 500~3 500 元/立方米(包括土建、膜系统和其他设备),每吨水建造价格为活性污泥法项目的 2~2.5 倍。运营成本方面,MBR 工艺的电费和膜组件折旧费所占比重较高,主要因为曝气强度大于传统工艺,电耗较高;折旧费则为维持膜组件所需的清水反洗、化学药洗以及更换费用。目前最好的膜技术每吨水耗电 0.4 kW·h,相较传统工艺每吨高出 0.1~0.15 kW·h。但如果考虑要达到相同水质,传统活性污泥法要配备三级过滤系统,这使得两者投资差距缩小;同时,MBR 工艺更节约土地。长期来看,随着 MBR 技术的革新,未来投资和运营成本有望降低。

表 12 MBR 与活性污泥法衍生的三大主流工艺相比具有竞争力

项 目	MBR	氧化沟法+深度处理	A2/O+深度处理	SBR+深度处理
工艺流程	短	长	长	较短
系统稳定性	稳定性高	稳定性高	一般	一般
出水水质	好	较好	较好	一般
除磷脱氮效果	好	较好	较好	一般
抗冲击负荷效果	强	强	强	一般
剩余污泥量	较少	较多	多	多
占地	较少	多	多	较多
自动化程度	高	一般	一般	较高
初始投资成本	略高	较少	少	少
直接运营成本	较少	较少	少	少

4. 龙头企业

(1) 碧水源

碧水源的业务领域涵盖水务全产业链,核心毛利率保持稳定,涉及膜材料研发及膜设备制造,市政、工业工程施工建设,净水设备的开发、生产、销售等。碧水源建有全球规模最大的膜研发制造基地以及净水产品研制基地,建成数千项膜法水处理工程,总规模近 2 500 万吨/天,在全国各地建设的地埋式污水处理厂累计日处理污水量近 200 万吨,每年可为国家新增高品质再生水近 50 亿吨,占全国膜法水处理市场份额的 70%以上。凭借技术和资金优势,碧水源公司在污水处理领域的优势地位日趋明显。2014—2016 年,碧水源营业收入由 34 亿元上升到89 亿元。公司的销售净利率逐年降低,毛利率总体也呈下降态势。净利率和毛利率减少的主

要原因在于低毛利的市政与给排水工程所占营业收入份额由 2015 年的 23.2% 增长到了 2016 年的 46.8%,但公司环保综合服务毛利仍保持稳定,2017 年全年预计为 48%。公司 2017 年上半年实现营业收入 28.95 亿元,同比增长 23.34%;归属净利润 5.34 亿元,同比增长 97.73%。

公司 2017 年上半年新增订单 200 亿。在水十条阶段性考核、河长制快速推进的大背景下,公司抓住政策及行业机遇,迅速获取订单,2017 年上半年新签订单约 200 亿元(与去年全年水平相当),其中约 60% 是污水处理及膜相关业务,40% 是低毛利的土建工程订单。公司货币资金充足,增速高于营业收入增速。2016 年底货币资金为 92.56 亿元,高于营业收入 88.92 亿元,增速略高于营收增速。2014—2016 年,公司货币资金增速均高于营业收入增速。

公司作为 MBR 技术应用领域的领导者,其膜法水处理领域技术逐渐成熟。特别是公司不仅将污水可以再生为地表水Ⅳ类,2014 年推出 MBR+DF 双膜新水工艺,可以将污水直接打到地表水Ⅱ类或Ⅲ类,是国内唯一拥有该技术并完成大规模工程应用的公司。

(2)首创股份

首创股份是一家由北京首都创业集团控股的上市公司,公司专注于城市供水和污水处理两大领域,2017 年上半年新增订单 55 亿元。目前,首创股份在北京、湖南、山东、山西、广东等 18 个省、自治区和直辖市的 72 个城市拥有参控股水务、固废项目,水处理能力近 2 000 万吨/日,服务总人口超过 4 000 万。其中在北京地区首创股份提供的污水日处理能力为 120 万吨,占北京污水总处理能力的 80%。2017 年上半年,首创股份通过 PPP、BOT、TOT 等项目拿到订单总额超 55 亿元。该集团在国内拥有 132 个污水处理项目,每年为国家处理污水 15 亿吨,首创股份积极践行以水生态为核心的现代城市价值管理理念,不断创新,通过顶层规划打造出海绵城市、黑臭河道治理、农村环境、特色小镇等水环境综合治理模式,为中国现代城市与农村的绿色可持续发展提供整体解决方案。

(3)北控水务

北控水务集团有限公司在香港主板上市,是一家综合性、全产业链的水务环境综合服务商。其主营业务涵盖城镇水、流域水、工业水、海淡水、环卫及固废、清洁能源、科技服务等领域。2014—2016 年,北控水务集团总资产由 407.4 亿元增长至 725 亿元,年均复合增长率 21.2%;2016 年营业收入 160 亿元,同比增长 30.8%;归母净利润 20.6 亿元,同比增长 18.3%;截至 2016 年底,主营业务收入中,污水处理项目建造及运营收入达到 134 亿元,占总收入的 86.5%,对应毛利率为 30.32%。

北控水务运营水厂 207 座,2017 年新增订单 437 亿元。截至 2016 年底,公司于中国大陆总共有 207 座污水处理厂,5 座再生水厂在运营中。公司污水处理能力为 996 万吨/日,再生水处理能力为 49.7 万吨/日。平均每日处理量为 886 万吨,平均每日处理比率为 86%,即年内实际总处理量为 31.2 亿吨。公司通过 BOT、PPP 等方式积极参与城乡污水处理设施建设,2017 年上半年集团集团已获得新签约水环境项目 437 亿元;已中标待签约的项目 149 亿元,中标及签约水量设计规模为 221 万吨/日。

四、土壤修复技术研发与服务

(一)发展现状

1. 内涵与范围

土壤污染被称为"看不见的污染",土壤本来是各类废弃物的天然收容所和净化处理场所,土壤接纳污染物,并不表示土壤即受到污染,只有当土壤中收容的各类污染物过多,影响和超过了土壤的自净能力,从而在卫生学上和流行病学上产生了有害的影响,才表明土壤受到了污染。土壤污染物大致可分为无机污染物和有机污染物两大类,无机污染物主要包括酸、碱、重金属,盐类、放射性元素铯、锶的化合物、含砷、硒、氟的化合物等。有机污染物主要包括有机农药、酚类、氰化物、石油、合成洗涤剂以及由城市污水、污泥及厩肥带来的有害微生物等。造成土壤污染的原因很多,如工业污泥、垃圾农用、污水灌溉、大气中污染物沉降、大量使用含重金属的矿质化肥和农药、过量使用的化学药品,等等。虽然土壤自身有较强的净化能力,但当进入土壤的农药量超过土壤的环境容量时就会形成土壤污染,对土壤生态系统产生严重的影响,同时还会通过食物链进入人体,对人体的健康造成危害。由于土壤污染具有隐蔽性、潜伏性和长期性,其严重后果通过食物给动物和人类健康造成危害,因而不易被人们察觉。土壤污染具有累积性,污染物质在土壤中不容易迁移、扩散和稀释,因此容易在土壤中不断积累而超标,同时也使土壤污染具有很强的地域性。土壤污染具有不可逆转性,重金属对土壤的污染基本上是一个不可逆转的过程,许多有机化学物质的污染也需要较长的时间才能降解。土壤污染很难治理,积累在污染土壤中的难降解污染物,很难靠稀释作用和自净化作用来消除,其他治理技术可能见效较慢。因此,治理污染土壤通常成本较高,治理周期较长。

土壤修复是指利用物理、化学和生物的方法转移、吸收、降解和转化土壤中的污染物,使其浓度降低到可接受水平,或将有毒有害的污染物转化为无害的物质。从根本上说,污染土壤修复的技术原理可包括:① 改变污染物在土壤中的存在形态或同土壤的结合方式,降低其在环境中的可迁移性与生物可利用性;② 降低土壤中有害物质的浓度。

2. 政策支持

2018 年,十三届全国人大常委会第五次会议通过了《中华人民共和国土壤污染防治法》,将从 2019 年 1 月 1 日开始执行。作为我国首次制定的规范土壤污染防治的法律,解决了防治工作上存留的一些问题。法案落实了土壤污染防治的政府责任,明确了污染的责任主体,建立了污染风险管控和修复制定,建立了防治基金制度。法案在明确责任主体以及将治理效果与地方政府的绩效考核进行挂钩的情况下,同时提出通过建立防治基金解决历史存量污染地块治理问题。

表 13　土壤污染防治相关政策法案

发布时间	发布部门	政策法案	主要内容
2016 年 5 月	国务院	《土壤污染防治行动计划("土十条")》	到 2020 年,全国土壤污染加重趋势得到初步遏制,土壤环境质量总体保持稳定,农用地和建设用地土壤环境安全得到基本保障,土壤环境风险得到基本管控。到 2030 年,全国土壤环境质量稳中向好,农用地和建设用地土壤环境安全得到有效保障,土壤环境风险得到全面管控。到 21 世纪中叶,土壤环境质量全面改善,生态系统实现良性循环。

续表

发布时间	发布部门	政策法案	主要内容
2016 年 7 月	生态环境部、财政部	《土壤污染防治专项资金管理办法》	力争到 2020 年,查明我国土壤环境质量状况,全国土壤污染加重的趋势得到初步遏制,土壤环境质量总体保持稳定,农用地和建设用地环境安全得到基本保障,土壤环境风险得到基本管控,受污染耕地安全利用率达到 90% 左右,污染地块安全利用率达到 90% 以上。
2016 年 12 月	生态环境部	《污染地块土壤环境管理办法》	要求污染地块责任人应制定风险管控方案,移除或者清理污染源,防止污染扩散;对需要开发利用的地块应开展治理与修复,防止对地块及周边环境造成二次污染。
2017 年 2 月	国土资源部、发改委	《全国土地整治规划 2016—2020》	确保建成 4 亿亩高标准农田,全国基本农田整治率达到 60%,补充耕地 2 000 万亩,改造中低等耕地 2 亿亩,整理农村建设用地 600 万亩,改造开发 600 万亩城镇低效用地。
2017 年 6 月	国土资源部	《土地整治蓝皮书:中国土地整治发展研究报告 NO.4》	全国各地根据当地经济社会发展状况和自然资源禀赋特点,积极践行"土地整治+理念",立足土地整治多功能定位,通过探索多样化实施模式,构建多元化投资机制。
2017 年 9 月	生态环境部、农业部	《农用地土壤环境管理办法》	加强农用地土壤环境保护监督管理,保护农用地土壤环境,管控农用地土壤环境风险,保障农产品质量安全。
2018 年 8 月	全国人大	《中华人民共和国土壤污染防治法》	落实土壤污染防治的政府责任;确立土壤污染责任主体;建立土壤污染风险管控和修复制度;建立土壤污染防治基金制度。

(二)发展展望

1. 发展的目标和任务

到 2020 年,全国土壤污染加重趋势得到初步遏制,土壤环境质量总体保持稳定,农用地和建设用地土壤环境安全得到基本保障,土壤环境风险得到基本管控。到 2030 年,全国土壤环境质量稳中向好,农用地和建设用地土壤环境安全得到有效保障,土壤环境风险得到全面管控。到 21 世纪中叶,土壤环境质量全面改善,生态系统实现良性循环。具体目标是到 2020 年,受污染耕地安全利用率达到 90% 左右,污染地块安全利用率达到 90% 以上。到 2030 年,受污染耕地安全利用率达到 95% 以上,污染地块安全利用率达到 95% 以上。

2. 需求预测

(1)总需求预测

鉴于土壤污染的复杂性,未来的土壤污染状态调查、监测体系建设以及土壤污染治理设备和技术的投入等将是长期的工作,市场空间的释放也是持续的。目前,土壤修复的主要类型包括场地修复、耕地修复以及矿山修复,2018 年中国环联对多方信息进行统计后,预计我国土壤修复潜在的市场空间约为 52 200 亿元,"十三五"期间可释放约 4 760 亿元,其中场地修复的市场空间将占到一半以上。因为场地修复来自工业用地的经济效应,场地的修复能得到资本的认可,从而启动和治理都会相对顺利,所以会是未来较长一段时间的主流应用场景。近两年,由于钢铁、化工化纤、造纸、医药、金属制品等工业企业去产能、工厂搬迁等因素,诸多地块需要进行治理,按照中国环联研究院的数据,统计场地待修复的面积大约 200 万亩,按照一亩的土壤修复成本 20~50 万元/亩进行计算,潜在市场需求在 1 万亿元,未来将在较长时间内逐步释放。耕地修复市场需要政府主导,对修复的结果要求存在差异,按照 2014 年发布的全国土壤污染状况调查公报,全国 18 亿亩耕地超标 19.4% 计算,待修复的面积为 3.492 亿亩,按照每亩地 1 万元的成本计算,市场需求在 3.49 万亿元。

表 14　"十三五"期间土壤修复市场空间测算

修复类型	待修复面积(万亩)	单位面积土壤修复成本(万元/亩)	潜在市场空间(亿元)	"十三五"释放比例(%)	"十三五"市场空间(亿元)
场地修复	200	20~50	10 000	25%	2 500
耕地修复	39 200	1	39 200	5%	1 960
矿山修复	300	5~10	3 000	10%	300
合计			52 200		4 760

（2）江苏需求预测

江苏省 2018 年 6 月即发布《全省沿海化工园区(集中区)整治工作方案》。而自"响水事件"后,江苏省 2019 年 4 月初发布《江苏省化工行业整治提升方案(征求意见稿)》,提出"到 2020 年底,全省化工生产企业数量或减少到 2000 家。到 2022 年,全省化工生产企业数量不超过 1000 家"的整体目标,同时,从化工园区层面上要求将现有的 50 个园区数量压减到 20 个左右。当前,江苏省土壤修复工程的订单规模仍相对较小,而此次明确量化的化动工产业关停搬迁执行力强,有望显著拉动 2019—2020 年修复订单的放量。由于化工企业的减量和工业园区减少有所重叠,若仅考虑 2019—2020 年约 30 个园区的关闭,对应约 150 平方千米场地面积或 750 万方土方修复量,50% 场地在 2019—2020 年启动修复,即可释放约 22.5 亿元的修复需求。

表 15　《江苏省化工行业整治提升方案》具体内容

主要对象	主要内容	土壤修复需求
化工园区	对全省 50 个化工园区展开全面评价,根据评价结果,压减至 20 个左右	根据公开项目所作假设和测算： （1）仅考虑 30 个园区的压减,50% 在未来两年释放修复需求； （2）关闭和搬迁的园区平均面积 5 平方千米,2019—2020 年需要修复的场地面积为 $30 \times 50\% \times 5 = 7\,500$ 万平方米； （3）园区场地每平方米有 5% 的面积需要修复,土壤平均修复深度 1 米,需要修复的土方量为 $7\,500 \times 5\% \times 1 = 375$ 万方； （4）修复均价 600 元/方,则修复总需求 $375 * 600 = 22.5$ 亿元。
重点企业	城镇人口密集区安全卫生防护距离不达标的 89 家危险化学品生产企业 2019 年底前退出 30 家	
园区外企业	2 339 家园区外企业里高安全风险、安全环保管理水平差、技术水平低的 2020 年底前关闭退出	
规下企业	1 660 家规下企业进一步排查摸底,评估安全环保风险,不达标的企业 2020 年底前全部关闭退出	

3. 土壤修复技术

土壤修复方法和技术路线众多,需根据污染物种类和业主需求进行选择。根据修复原理可分为物理法、化学法和生物法。物理法包括以热脱附、气相抽提、常温解析、热解析、洗脱、土壤阻隔填埋等为代表的技术;化学法主要通过氧化还原和复分解等反应固化、稳定化污染物;生物法则通过微生物、植物等修复土壤。另外,根据修复的工程地点又可分为原位修复和异位修复。

表16　以修复原路划分的各类技术的特点

技术类型	技术路线	适用情况	优　势	劣　势	修复周期	修复成本（元/方）
物理	热脱附	半/挥发性有机物、多环芳烃、多氯联苯、农药、汞等	处理范围广、效率高、设备可移动、二次污染较小	设备与能源成本高,水分影响效果、破坏有机质	6~12个月	800~2 000
	填埋阻隔	低浓度有机物及重金属等,适用于渗透率、地下水水位较低的土壤	操作简便,对设备要求低	低存在污染物渗透风险,后期运维精力和成本较大	1~3个月	300~600
	水泥窑协同处置	半/挥发性有机物、多环芳烃、二噁英等	反应充分有害物去除率高、二次污染较小,适用性相对较广	操作精细化和运营经验要求较高,处置产能受掺烧比例高	一般小于半年	800~1 000
	气相抽提/吸解	半/挥发性有机物、部分芳烃	操作难度低、密闭性好、设备便于安装与拆卸	对土壤渗透性要求高,受地下水影响大,常温吸解周期较长,修复效果有限	0.5~2年	100~500
	土壤淋洗	多环芳烃、多氯联苯、重金属、二噁英等,适用于砂性土壤	费用低,操作难度相对较低	扩散过程要求准确控制,易发生渗透污染	小于1年	50~140
化学	固化/稳定	重金属、无机化合物、部分多环芳烃、多氯联苯、农药等	应用范围较广、试剂成本低,操作简单,处理效果较好	有机物、深层土壤处理能力较弱、易引发二次污染,需后期监测运维	小于半年	200~2 000
	化学氧化	多环芳烃、多氯联苯、农药、二噁英等	修复效率高、修复速度较快,适用范围较广	深层处理能力较弱、易引发二次污染	小于半年	200~1 000
生物	微生物	半/挥发性有机物、多环芳烃等	操作简便、对环境影响最小、成本相对较低	修复周期较长、无法修复高浓度污染物,通常需要配合其他方法共同治理	0.5~2年	120~500

技术类型	技术路线	适用情况	优 势	劣 势	修复周期	修复成本（元/方）
生物	植物修复	半/挥发性有机物、多环芳烃、部分重金属等	应用范围广、成本低廉，无二次污染或污染转移、生态效益高	修复周期较长、无法修复高浓度污染物，通常需要配合其他方法共同治理	大于1年	60—200

4. 龙头企业

（1）高能环境

公司脱胎于中科院高能物理研究所，主要从事环境修复和固废处理处置两大业务领域，形成了以环境修复、危废处理处置、生活垃圾处理、一般工业固废处理为核心业务板块，兼顾工业废水处理、污泥处置等其他领域协同发展的综合型环保服务平台。公司为国内土壤修复先行者之一，连续4年获得"土壤修复年度领跑企业"，目前在环境修复行业具备领先的技术研发能力、完备的核心技术体系、丰富成熟的项目实施经验。研发方面，公司已形成"两站一中心"，即"院士专家工作站""博士后工作站分站""国家企业技术中心"。技术方面，公司储备的修复技术基本涵盖所有大类的技术路径，具备针对不同污染类型开展定制化修复的技术集成能力。其中，"重金属污染土壤/底泥的稳定化处理技术"入选2014年度国家重点环境保护实用技术名录，"填埋场地下水污染系统防控与强化修复技术关键技术及应用"被评为国家技术进步二等奖，与美国TRS成立合资公司，引进并优化原位热脱附技术，原位电阻加热热脱附技术目前已居于世界先进水平。项目经验方面，公司已完成百余项专业修复项目，其中多项成为行业示范工程，是国内拥有成功案例最多的企业之一。随着国内土壤修复市场逐渐放量，以及公司在土壤修复领域竞争力不断增强，公司近几年订单实现较快增长，2018年实现20.79亿元，同比增长99%，占据全市场释放订单的15%；2018年实现环境修复业务营收12.95亿元，同比增长69%，近4年复合增长率68%。未来随着公司国内市场的进一步释放，以及公司领军地位的进一步巩固，公司土壤修复业务具备极为广阔的发展前景。

（2）理工环科

公司2016年收购碧蓝环保，拓展了土壤修复业务，公司拥有场地调查、技术咨询、方案设计、工程施工、系统运行、后期维护为一体的一站式环境修复服务，碧蓝环科土壤修复技术面对大面积、多层次土壤污染修复转化效率达到99%以上，验收达标率100%。目前，公司的原位热脱附修复技术已经较为成熟，有机物驱逐率达99%且成本远低于国外以高耗燃气量为主的热脱附工艺。具体技术应用方面，公司竹埠港工业园项目曾受到全国人大环资委调研组、湘潭市生态环境保护委员会的充分肯定。目前，湖南省内陆续完成了多个重金属土壤修复、危废处置等项目，同时，2018年中标贵州铜仁垃圾卫生填埋修复项目、浙江台州化工污染场地修复项目（中标金额1.3亿元），标志着业务进一步走向全国。

碧蓝环科收购以来，2016—2017年年均完成业绩承诺，2018年实现营业收入1.2亿元，同比减少19.5%；净利润同比增长3.4%，达到4486万元。公司积极对碧蓝公司的执行项目和储备项目进行梳理和跟进，考虑到土壤修复空间巨大且当前在手项目仍保持相对充裕，随着未来土壤修复订单逐步向技术领先的企业流动，公司有望在订单获取方面重获增长。

五、危险废物处理利用技术研发与服务

（一）发展现状

1. 内涵与范围

危险废物是指列入国家危险废物名录或者根据国家规定的危险废物鉴别标准和鉴别方法认定的具有危险特性的固体废物（包括液态废物）。一般规定：危险废物是指对人类、动植物和环境的现在和将来会构成一定危害的，没有特殊的预防措施不能进行处理或处置的废弃物。危险废物具有腐蚀性、毒性、易燃性、反应、感染性的特点。危废行业按照来源不同分为工业危废、医疗危废和其他危废。工业危废主要产生自化学工业危险废物、炼油工业、金属工业、采矿工业、医药行业等工业领域。医疗危废主要为各种医疗临床废物。其他危废种类繁多，来源复杂，包括机动车维修活动中产生的废矿物油和居民日常生活中产生的废镉镍电池、废节能灯、废温度计、废血压计等。

危险废物种类有47大类共600多种，按种类分，有碱溶液和固态碱、无机氟化物、合铜废物、废酸或固态酸、无机氰化物、含砷废物、含锌废物、含铬废物等；按行业分，工业危险废物产生于99个行业，重点有20个行业，其中，化学原料及化学制造业产生的危险废物占总量的40%。

2. 政策支持

2013年以来，政策监管趋严，非法排放、倾倒、处置危险废物3吨以上的就可认定为严重污染环境，构成刑事犯罪。2018年1月《环境保护税法》正式实施，这一系列措施促使了合规危废处置供给端加速释放。近期，针对固废领域的政策和行动频频落地：对内，围绕长江经济带为工作重点，截至目前已挂牌督办111个环境问题，垃圾围城触目惊心。企业违法倾倒危废极其严重。未来固废尤其是危废治理成为大力整治的细分板块，加之危废规范处置的力度加强促进了需求端的进一步释放。2018年5月，全国生态环境保护大会在北京召开，习近平等六常委出席会议并强调坚决打好污染防治攻坚战，推动生态文明建设迈上新台阶，生态环境成为不可碰触的高压线。

表 17 近几年关于危废的相关法规政策

年份	发布部门	政　策
2004	国务院	《全国危险废物和医疗废物处置设施建设规划》
2004	国务院	《危险废物经营许可证管理办法》
2008	发改委	《国家危险废物名录》（2008年版）
2011	环保部	《"十二五"全国危险废物规范化管理督查考核工作方案》
2012	环保部等	《"十二五"危险废物污染防治规划》
2014	全国人大	《中华人民共和国环境保护法》（2014年版）
2016	环保部	《危险废物产生单位管理计划制定指南》
2016	发改委	《国家危险废物名录》（2016年版）
2016	全国人大	《固体废物污染环境防治法》（2016年版）

续表

年份	发布部门	政　　策
2016	国务院	《"十三五"生态环境保护规划》
2016	环保部	《水泥窑协同处置固体废物污染防治技术政策》
2016	环保部	《危险废物鉴别工作指南(试行)(征求意见稿)》
2017	环保部	《"十三五"全国危险废物规范化管理督查考核工作方案》
2017	环保部	《建设项目危险废物环境影响评价指南》
2017	环保部等	《进口废物管理名录》
2018	环保部	《环境保护税法》
2018	环保部	《"清废行动2018"问题清单》
2018	环保部	《关于坚决遏制固体废物非法转移和倾倒进一步加强危险废物全过程监管的通知》

（二）发展展望

1. 发展目标和任务

（1）落实《全国危险废物和医疗废物处置设施建设规划》，推进危险废物处置中心的建设，使危险废物得到安全处置。

（2）实现危险废物焚烧设备的国产化。

（3）对历史遗留铬渣进行无害化处理和综合利用；推进无钙焙烧技术，实现铬盐和金属铬的清洁生产。

（4）研制完成焚烧飞灰的处理利用技术和设备。

2. 需求预测

（1）危废处置资质错配，处置供不应求

根据按照危废产生占工业固废4％比率来算，估计我国2016年的危废产生量约为1.2亿吨，而官方统计全国工业危险废物产生量仅为5 347万吨，危废产生量远超统计数。造成统计差距主要是由于统计数据均为企业自行上报的产量，企业为逃避高额危废处理费用，存在极强的瞒报倾向。

危废实际处置率仅有35％，亟待提高。以预测的危废实际产生量来看，目前危废的有效综合利用处置率很低，提升空间很大。据统计，2016年工业危废处置量共4 430万吨，其中资源化处置量2 824万吨，无害化处置量1 606万吨，危废综合利用处置率达82.8％。但按照预测的危废实际产生量来计算，危废实际处置率仅有35％，危废处置供不应求。造成这种现象主要是因为危废处置企业资质错配，大部分注册了很多无效资质，企业拥有的市场上不需要，市场上需要的企业不存在。

2016年危废企业核准经营规模为6 471万吨/年，实际经营规模为1 629万吨/年，产能利用率为25％；其中，资源化利用核准经营规模为4 825万吨/年，实际经营规模为1 172万吨/年，资源化利用产能利用率为24％；无害化处置核准经营规模为1 145万吨/年，实际经营规模为351万吨/年，无害化产能利用率为31％；医疗废物核准经营规模104万吨/年，实际经营规模为83万吨/年，医疗危废产能利用率为79.8％。危废企业产能利用率偏低，亟待提高。

（2）危废处置市场预计中期到达到 1 500 亿元,远期将达到 5 000 亿元

目前,危废处理主要有无害化和资源化两种方式。根据统计近几年资源化、无害化占危废总产量的比率,假设资源化率、无害化率分别为 55％、30％。根据对部分地区无害化、资源化处理价格的统计,考虑到经济发展水平高的地区处理溢价,假设无害化、资源化的平均处理价格大约为 2 500 元/吨、1 000 元/吨,2020 年危废处置的市场规模为 1 500 亿元。若按照 10％符合增长率计算,中期将达 5 000 亿元。

表 18   危废市场空间预测

	2017 年	2018 年	2019 年	2020 年	2030 年
资源化(亿吨)	0.6	0.6	0.6	0.6	1
无害化(亿吨)	0.3	0.3	0.3	0.4	0.7
预计资源化市场空间(亿元)	549	576	605	635	1 034
预计无害化市场空间(亿元)	748	785	825	866	1 410.6
合计	1 297	1 361	1 430	1 501	2 444.6

3. 危废处理工艺

危废的处置是资源化＋无害化的综合处置方式。

资源化:主要是通过向下游工业厂商收购有回收利用价值的废物,再进行萃取、电解等方式生产成为资源化产品,一般有贵金属、金属盐、酸、碱等产品,资源化利用的利润主要受大宗商品价格的变动而变动。当资源属性占主要地位时,以资源化回收再利用处置为主。

无害化处置:通过焚烧、填埋、物化等方式,进行减量、彻底的性状改变或与环境彻底隔离等方式避免环境危害是指向下游工业厂商收取危废处理费用,对其产生的危废进行处理,无害化处置的技术主要有物理法、化学法和生物法,具体来说,主要分为焚烧(包括水泥窑处置)、填埋、物化。当污染物属性占主要地位时,以无害化处置为主。

表 19   危废处置工艺

处置方式		技术描述	优 点	缺 点
资源化利用	湿法	将危废中贵金属浸出后利用化学沉淀法、离子交换法、电解法、溶剂萃取法获得铜盐	投资强度较低、工艺流程简单	产生铜量较低的污泥、仍需作为危废处置;铜含量低于 5％时,经济型显著下降
	火法	利用不同金属熔点或密度差异,熔炉/焙烧炉在高温下分离金属	含铜量 5％以下危废优势明显	投资规模大,工艺流程复杂
无害化处置	填埋	将不可燃危险废物或焚烧废后产生的飞灰,经过一定的操作标准,填埋处置	大幅减量,节省土地;提供热能	投资额大,回收期长,运营费用高;尾气中二噁英等排放,焚烧飞灰还需填埋;邻壁效应较大
	传统焚烧炉焚烧	焚烧法是高温分解和深度氧化的综合过程,使可燃性的危险废物氧化分解,达到减少容积,去除毒性	是危废的最终处理方式;工艺简单,处理成本低廉,处理量大,且能超负荷运行	使用大量宝贵土地资源;垃圾渗透液污染环境

续表

处置方式		技术描述	优　点	缺　点
无害化处置	物化	利用物理、化学方法将危险废物固定或包封在密实的惰性固体基材中，使其达稳定化	工艺、设备相对简单，材料与运行费用较低	适用种类少，还需二次处置
	水泥窑协同处置	将危废投入水泥窑，在进行水泥熟料生产的同时实现对危废的无害化处置	燃烧过程充分，可减少二噁英等污染物的排放；已建水泥窑改造，投资规模、处置成本低	门槛高，要满足选址、水泥生产要求、环保要求如重金属指标

4. 龙头企业

(1) 金圆股份

公司项目优势显著，储备丰富，2018 年产能达 150 万吨/年。公司目前已投产的项目有 3 个，灌南金圆(3 万吨/年)、格尔木宏扬环保项目和盐城含铜污泥处置项目，投产产能合计 19.8 万吨/年。目前，公司旗下徐州项目是继格尔木宏扬后第二个水泥窑协同处置项目(10 万吨/年)，预计 2018 年投产；灌南项目二期(1 万吨/年)预计 2018 年 10 月份投产；徐州项目预计 6 月底投产，盐城资源化项目许可证正在申请中，二者未来将与灌南焚烧项目协同，在江苏省践行首个"一省一中心"的危废处理模式。目前公司总计已累积在全国 15 省市布局危废项目 25 个，总产能达到 231 万吨。危废"快吃慢型"市场格局下，高效扩张奠定领军地位。随着储备的项目产能释放，未来业绩可期。预计 2018～2019 年归属净利润分别为 6.12 亿元、9.04 亿元。

(2) 海螺创业

现阶段，水泥窑协同处置行业处于快速扩张阶段，公司旗下的海螺水泥超 4 000 吨/天的优质水泥线达 104 条，遍布全国，分布广泛，助力海螺创业快速抢占危废市场；环保行业前期投资大，公司充分享受海螺水泥业绩增长所带来的稳定现金分红，现金充沛且负债率极低，2017 年公司投资收益达 30 亿元，现金及现金等价物达 15 亿元，资产负债率不足 9%，资金保障水泥窑处置前期投资；海螺创业自持 33.6 万吨水泥窑协同处置危废经营规模，叠加尧柏股份(公司持股 60%)36.4 万吨，公司市占率超 20%，是当之无愧的水泥窑协同处置龙头企业。

2017 年公司水泥窑协同处置固废危废已建成产能 55 万吨/年，在建＋待建项目产能达 160 万吨/年，公司规划在 2020 年建成 500 万吨/年产能；公司 2017 年产能利用率仅 20%，伴随需求放量＋产能扩张，预计产能利用率稳步提升至 51%；2017 年公司处置收入仅 1 亿元，伴随产能扩张＋产能利用率提升，预计 2018—2020 年水泥窑协同处置业务营收达 6.5 亿元、15 亿元、26.8 亿元。2017 年公司固废危废处置业务毛利率高达 75%，超高毛利率拉动公司业绩。公司于 2017—2018 年分别与东江环保、成都环境集团签署战略协议，强强联手共促发展。

第六章 江苏环境贸易类服务业发展分析

随着经济全球化、环境全球化的迅猛发展,环境保护问题愈发严峻,环境保护产业越来越受到各国或地区的重视。作为环保产业的高级阶段,环境服务业在国际环境市场中的份额不断提高,已成为最具发展潜力的环境保护产业领域。虽然我国环境服务业起步较晚,但是近年来在国家产业利好政策、投资力度加大、市场需求旺盛等背景下,环境服务业得到持续快速发展,从单一的环境技术服务逐渐延伸到环境决策、管理、投资和融资等领域。江苏省作为经济和制造业大省,历来重视环境保护和绿色发展,环保产业处于全国前列,环境服务业发展较快,目前已具备一定规模,在行业规模、从业人员、营业收入等方面仅次于广东和浙江,环境服务业占环保产业比重持续提升,呈现良好的发展态势。本章重点探讨环境服务业的细分行业——环境贸易与金融服务业的发展状况。在对环境贸易与金融服务业国内外发展现状进行归纳总结的基础上,重点总结和分析江苏省环境贸易与金融服务业的发展特征以及发展趋势,为未来江苏省制定相关政策推进环境贸易与金融服务业持续快速发展提供决策参考。

第一节 环境贸易与金融服务发展分析

一、环境贸易与金融服务业的概念及分类

(一)环境贸易与金融服务业的概念

环境服务业作为 20 世纪 90 年代之后才开始兴起的产业,目前国内外关于环境服务业尚未有统一的定义和分类,而作为环境服务业的细分行业之一,关于环境贸易与金融服务业的概念界定与行业分类更为缺乏。国外权威组织机构,如联合国中心产品分类(CPC)、经济合作与发展组织与欧盟统计局(OECD/EUROSTAT)等,均未对环境贸易与金融服务业概念及行业范畴进行具体界定。在国内,环境贸易与金融服务业的概念最早见端于 2000 年环保部、发改委和国家统计局联合发布的《全国环境保护相关产业状况公报》,该公报中将我国环境服务业分为环境技术服务、环境咨询服务、污染治理设施运营管理、废旧资源回收处置、环境贸易与金融服务、环境功能及其他环境服务六大类。此后,2012 年 2 月国家环保总局制定的《环境服务业"十二五"规划》,将我国环境服务业分为环境工程设计、施工与运营,环境评价、规划、决策、管理等咨询,环境技术研究与开发,环境监测与检测,环境贸易与金融服务,环境信息、教育与培训以及其他与环境相关的服务活动。两份官方文件对环境贸易与金融服务业的概念作了初步界定,即环境贸易与金融服务业主要是指与环境相关产品的专业营销、进出口贸易、环境金融服务等相关服务活动。

（二）环境贸易与金融服务业的分类

目前尚未有相对明确的环境贸易与金融服务业行业分类标准，《全国环境保护相关产业状况公报》将环境贸易与金融服务业行业范围界定为与环境相关产品的专业营销、进出口贸易、环境金融服务等相关服务活动，但是并未给出具体的细分行业。2019 年 3 月，国家统计局发布的最新一版《国民经济行业分类（GB/T 4754—2017）》标准中，将环境治理业分为水污染治理、大气污染治理、固体废物治理、危险废物治理、放射性废物治理、土壤污染治理与修复服务、噪声与振动控制服务、其他污染治理等八种类型，同样并未涉及环境贸易与金融服务业的行业分类。2016 年，环境保护部出台的《关于积极发挥环境保护作用促进供给侧结构性改革的指导意见》中，提出鼓励发展环境服务业的几大路径，包括推进环境咨询服务业发展，鼓励有条件的工业园聘请第三方专业环保服务公司作为"环保管家"；在城镇污水处理等领域，鼓励发展集投资融资、调试运行、维护管理等一体化服务总承包和治理特许经营模式等。结合已有的权威部门的界定方法和相关研究成果，本文将环境贸易与金融服务业划分为以水和空气污染治理等环境产品相关的营销、进出口贸易以及环保信贷等服务行业。

二、国内外环境贸易与金融服务业的发展现状

20 世纪 90 年代以前，环境问题并未引起世界各国广泛重视。20 世纪 90 年代以后，随着经济全球化、环境全球化的迅猛发展，气候变化、环境恶化等问题日益突出，环境服务业在国际环境市场中的份额不断提高，美欧日等发达国家开始重视环境服务业，此后，发展中国家纷纷加入重视环境保护的大军，环境服务业成为当前最具发展潜力的环境保护产业领域。数据显示，全球环境服务业市场的发展与整体经济发展紧密相连，年均增速略高于经济增长速度，总体规模从 2012 年的 8 970 亿美元增长至 2017 年的 12 089 亿美元。虽然全球环境服务业市场增长显著，但各细分项目发展很不平衡，全球环境服务业主要集中在废物处置服务和污水处理服务，这两个项目产值合计占到全球环境服务市场的 75%，其中，废物处置服务占 45%，污水处理服务占 30%，而环境贸易与金融服务业所占份额较低。

（一）国外环境贸易与金融服务业的发展现状

从全球环境服务业市场发展情况来看，环境服务业的区域发展极不平衡，目前主要集中于美国、西欧、日本等少数发达国家和地区。这三个国家和地区的市场总和达到全球市场的70%，其中，美国占 35%，位列全球第一，西欧、日本排在第二、第三，分别占 25%、10%。不过，随着发展中国家经济发展、人口增长及城市化不断发展，这些经济体开始逐步颁布严格的环境法规，环境服务不断发展、壮大，占全球市场份额持续提升。

从环境贸易与金融服务业的发展状况来看，发达国家仍然占据主导地位。以与环境金融密切相关的碳金融市场为例，目前欧盟在世界碳金融市场中处于领先地位，欧盟先后建立了 8 个碳交易中心，欧盟主导的欧盟碳排放交易体系（EU－ETS）现覆盖欧盟 27 个国家，12 000个排放实体，是全球最大的碳排放交易体系。美国紧随其后，2008 年，美国东北部及大西洋中部沿岸各州组成了区域温室气体减排行动（RGGI），并形成了"核实减排额"。目前，RGGI 已是全球第二大配额交易市场。此外，加拿大、澳大利亚、日本等发达国家也积极加入世界碳金融交易的行列，而绝大多数发展中国家尚未启动建立碳交易计划。我国碳交

易市场体系起步较晚,自 2008 年起先后在北京市、天津市、上海市、重庆市、广东省、湖北省、深圳市启动 7 个碳交易试点,探索建立碳交易机制。2017 年底,中国统一碳排放市场正式启动。

(二)国内环境贸易与金融服务业的发展现状

1. 我国环境贸易与金融服务业发展现状分析

我国环境服务业起步较晚,20 世纪 90 年代初期开始形成产业雏形,其发展大致经历了污染治理技术服务、环保服务和环境服务三个阶段。20 世纪 90 年代中期之前,我国与环境产业相关的科研设计单位是环境服务业的主要从业主体,服务业也相应以开发、设计等技术性服务为主。20 世纪 90 年代后期,随着国家经济建设的不断发展,以工程为基础的环境工程公司大量进入服务业,环境服务业的内涵也从单一的环境技术服务延伸到环境决策、管理、投资和融资等领域。近年来,随着环保执法力度的加大和群众环境意识的提高,以及城市环保设施的建设和运营,环境服务市场需求不断扩大。新型的环保产业在很多情况下需要大量利用高科技手段,因此,环保技术咨询服务、信息与技术服务、环保培训与教育、环境核算与法律服务、污染防治设施运营与承包服务、环境监测自动化工程以及其他以环境保护为目的的服务业也将获得快速发展。总体来说,我国环境服务业发展大概存在以下几方面特征:

(1)总量规模小,地区间差距明显

近年来,在环保产业蓬勃发展下,我国环境服务业迅速崛起,并成为环保产业中最具发展潜力的领域,也是增长最快的领域。全国环境服务业财务统计调查数据显示,从分布结构来看,2017 年,环境服务业在全国各省(自治区、直辖市)均有分布,其中,广东、浙江、江苏、北京、上海和重庆分别位列前六位,并且贡献了全国环境服务业年收入的 57.0%,而排名最后的 10 个省(自治区、直辖市)的环境服务业收入仅占全国的 1.1%。由此可见,我国环境服务业发展存在明显的地区差距。从行业分布来看,我国环境服务业从传统的技术研发、工程设计与施工、设施运营向注重服务和环境效果的环境综合服务延伸,第三方治理、环境绩效服务、环境金融等服务业态,呈快速发展态势。2017 年,上述行业营业收入达 7 550 亿元,占全部环境服务业收入的约 66%。

(2)行业内部结构悬殊

根据第四次环保产业调查数据显示,在环境服务业收入总额中,污染治理及环境保护设施运行服务所占比重为 42.31%,环境工程建设服务所占比重为 31.52%,环境咨询服务所占比重为 15.04%,环境监测服务所占比重为 4.26%,生态修复与生态保护服务所占比重为 3.7%,环境贸易与金融服务所占比重为 2.27%,其他环境保护服务所占比重为 0.89%。由此可见,污染治理及环境保护设施运行和环境工程建设服务成为目前环境服务业的核心力量;环境咨询及环境监测服务近年得到了一定的发展,收入比重不断提高,具有较大的发展空间;生态修复与生态保护服务及环境贸易与金融服务尚处于起步阶段,对环境服务业的贡献率相对较低。

(3)利用外资规模小且稳定

从环境贸易与金融服务业发展状况来看,环境贸易与金融服务业总体发展较为平稳。从环境服务业利用外资情况来看,2014—2018 年,环境服务业每年利用外资规模维持在 4 亿美元~6 亿美元之间,利用外资规模较为稳定,并且在服务业总体利用规模中所占比例较低。

图 6-1 中国环境服务业利用外资情况
资料来源：根据中国统计年鉴相关数据整理而得，统计口径为水利、环境和公共设施管理业。

（4）进出口贸易总量低、增速快

从环境服务业进出口贸易情况来看，由国家环境保护总局、国家发展改革委员会以及国家统计局共同编制的《全国环境保护相关产业状况公报》数据显示，2004 年全国环境服务业进出口贸易合同总额为 62.3 亿美元，2011 年仅出口贸易就达到 333.8 亿美元。可见，我国环境服务业对外贸易发展迅速，但相对而言，在服务进出口贸易中所占比重仍然较低，2004 年、2011 年环境服务业对外贸易分别仅占服务业进出口的 4.3％和 16.6％[①]。从行业结构来看，环境服务业细分行业对外贸易仍然存在明显的差异。环境友好产品生产和资源综合利用产品在环境服务业出口中占据主导地位，环境保护产品出口呈现快速增长态势，而以污染治理及环境保护设施运行服务、环境工程建设服务、环境咨询服务、生态修复与生态保护服务等为代表的环境保护服务出口总体规模很低。目前，北控水务、桑德环境、福建龙净环保、杭州锦江、永清环保等骨干环保企业，已获得了多个海外环保项目订单，开拓了东南亚、南亚、中东、非洲、南美等多个国家市场，为我国环境服务业"走出去"积累了宝贵经验。部分领先的环境服务企业开始实施全球发展战略，以首创集团为代表的大型环境综合服务集团已通过参股或控股进入全球多个国家的环保市场。

表 6-1 全国环境保护相关产业出口贸易规模（亿美元）

类　别	2004 年	2011 年
环境保护产品	1.9	20.4
资源综合利用	11.3	32.2
环境保护服务	0.7	4.3
环境友好产品生产	48	276.9

资料来源：根据 2004、2011 年《全国环境保护相关产业状况公报》数据整理。

2. 环境服务业信贷融资状况分析
（1）政府持续加大环保投资力度

近年来，在全球环境保护问题日趋严峻以及中国重视生态文明建设背景下，各级政府高

---

① 资料来源：商务部数据中心 http://data.mofcom.gov.cn/fwmy/overtheyears.shtml。

度重视环保产业发展。早在 2013 年,国务院出台《关于加快发展节能环保产业的意见》明确指出,加大对环境保护与污染治理投资的财政投入力度,推动节能环保产业积极有序发展。作为环保产业之一的环境服务业在此期间获得了政府资金的极大支持,2010 年中国投入 6 654.2亿元用于环境污染治理,2017 年,投资规模上升至 9 539 亿元。政府的大力投入有效促进了环境服务业的发展。

图 6-2 中国环保污染治理投资情况

资料来源:根据中国统计年鉴相关数据整理而得,统计口径为水利、环境和公共设施管理业。

(2) 鼓励金融机构提供信贷融资

银行信贷融资是环境服务业企业获得资金支持的重要方式。在《服务业发展"十二五"规划》《环保服务业试点工作方案》《"十三五"生态环境保护规划》《"十三五"节能环保产业发展规划》以及多项鼓励环保服务产业发展的政策文件出台后,环境服务业发展潜力加速释放。为促进环境服务业发展提供资金支持,国家在加大政府投入的同时,也积极制定政策鼓励金融机构加大对环境服务业的信贷融资力度。2016 年 8 月,中国人民银行、财政部等七部委联合发布《关于构建绿色金融体系的指导意见》,意见中明确指出,要鼓励各类金融机构加大绿色信贷支持环境服务业发展。在上述利好政策的推动下,2012—2016 年,环境服务业获得信贷融资规模稳中有升,年末贷款余额从 2012 年的 39 626.94 亿元上升至 2016 年的 59 464.61 亿元,年均增速为 10.68%。

图 6-3 环境服务业信贷融资情况

资料来源:根据中国统计年鉴相关数据整理而得,统计口径为水利、环境和公共设施管理业。

（3）支持符合条件的环境服务业企业上市融资

近年来，中国人民银行、证监会等部门采取多种措施大力推进多层次资本市场建设，充分发挥资本市场对新兴产业（包括节能环保产业）的支持作用，积极支持符合国家产业政策和发行上市条件新兴产业企业发行上市，利用资本市场筹集发展资金。例如，2004 年和 2009 年深圳证券交易所设立中小企业板和创业板，专门服务成长型、创新型的中小企业。2014 年 5 月，修订实施《首次公开发行股票并在创业板上市管理办法》，进一步加大了对创新型、成长型企业发展的支持力度，引导更多的资金投入包括节能环保产业在内的各类新兴产业。截至 2016 年 6 月，在中小企业板和创业板上市的节能环保企业数量分别达 70 家和 59 家。相对于其他细分行业，环境服务行业上市公司数量较少。2015 年，环境服务行业上市公司仅有 5 家，占同期节能环保行业上市企业数量的 5.38%。但环境服务上市公司的净利润率普遍较高，2015 年，行业平均净利润率高达 18.41%，而同期环保行业上市公司平均净利率约为 13.44%，A 股整体非金融类上市公司平均净利率约 5.44%。可见，支持环境服务业企业上市融资对于该行业及企业发展有巨大的潜力。除此以外，各级政府也纷纷出台相关政策支持环境服务业企业上市融资。例如，2017 年广州市出台《广州市花都区支持绿色企业上市发展实施细则》，对于落户于广东绿色金融改革创新试验区的企业上市方面，政策将对在境内主板、中小企业板、创业板上市的绿色企业，给予 1 000 万元奖励，对在境外资本市场上市的企业，给予 800 万元奖励。

（4）创新多元化融资手段支持环境服务业发展

一是通过私募基金支持环境服务业发展。2014 年证监会发布《私募投资基金监督管理暂行办法》，通过支持和引导私募投资基金参与环境服务业等节能环保产业投资，并通过支持设立节能环保产业投资基金、政府引导基金，吸引社会资本投向环境服务业环保等企业，大力促进环境服务产业发展和成果转化。

二是利用债券市场支持环境服务业发展。在党中央、国务院出台相关政策支持下，证监会积极推动债券市场改革发展，加大制度创新，不断丰富债券品种和工具，支持符合条件的节能环保企业发行公司债券融资。2015 年，节能环保企业共发行 13 期公司债券，募集资金 111 亿元。2016 年，上海、深圳证券交易所和私募产品报价系统先后开展绿色公司债券业务试点，助力绿色产业发展。下一步，将探索开展支持包括节能环保企业在内的绿色发行人利用公司债券市场融资。

三是支持节能环保企业通过发行企业债、公司债、短期融资券、中期票据、中小企业集合票据等拓宽投融资渠道。积极引导和鼓励社会资本、民间资本支持节能环保产业发展。例如，2017 年上海市出台的《上海市工业绿色发展"十三五"规划》中，鼓励各类金融机构和社会资本参与，组建以节能低碳产业为主要投资方向的产业基金，通过 PE、VC 等投资机构大力支持节能环保产业园区、重点企业、重大产业化项目、重大研发创新项目、公共服务平台、政府 PPP 项等的建设和发展。

（5）鼓励环保企业充分利用国际间融资

除了以上获得融资支持的措施以外，近年来，在国家相关政策支持下，环境服务类企业积极利用国际间融资手段获取资金支持。在 2012 年党的十八大首次将生态文明建设纳入党章当年，包括环境服务业在类的环保产业利用国外贷款达 16.27 亿美元，此后，环保产业利用国际间贷款呈现逐渐下降趋势，2015 年和 2016 年仅分别获得 4.3 亿美元和 5.55 亿美元国外贷款的支持。总体来看，国际间融资并非是环保产业得到资金支持的主要方式，而是促进环境服务业等环保产业发展所需资金的有益补充。

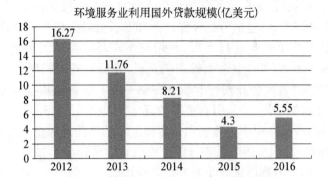

图6-4 环境服务业利用国际融资情况

资料来源:根据中国统计年鉴相关数据整理而得,统计口径为水利、环境和公共设施管理业。

(三)江苏环境贸易与金融服务业的发展现状

1. 环境服务业发展起步早、规模大

江苏作为我国经济第二大省,近年来也十分重视环境保护以及环保产业发展。目前,江苏节能环保产业总量居全国省市前列,在水处理、大气污染治理设备等领域全国领先,已具备自行设计、建设、承包大型城市污水处理厂、垃圾焚烧发电厂及大型火电厂烟气除尘、脱硫、脱硝的能力,关键设备可自行生产,一批产品在全国具有较高的市场占有率。水处理设备占全国40%以上市场份额,全国污水处理设备十强制造企业中,江苏省占七席。水处理用无机陶瓷膜占国内市场的60%。在环境服务业发展方面,江苏省起步较早,目前已具备一定规模,2010年全省具有甲级环境工程勘探设计单位11家、环境工程专业施工承包一级资质单位5家、施工总承包一级资质单位2家、甲级环评资质单位9家、环境污染治理设施运营资质单位200多家,其中,注册资金500万以上的有20多家。2011年全国环境保护及相关产业基本情况调查统计数据显示,江苏省环境服务业从业单位数量为852家,从业人员3.09万人,在江苏省的环保产业中分别占比25.13%和8.37%;环境服务业收入额为198.18亿元,利润总额16.39亿元,占比分别为5.30%和6.82%。环境服务业对江苏经济增长的贡献度稳中有升,2017年总产值规模达到264.3亿元,占全国规模近十分之一,高于浙江、北京、上海等发达省市。

图6-5 江苏省环境服务业营业收入状况

资料来源:各年度全国环境服务业财务统计调查数据。

2. 环境服务业利用外资总量低且较为稳定

虽然江苏省环境服务业发展走在全国前列,但是由于我国环境服务业起步较晚,发展相对落后,加之我国服务业市场开放程度较低,环境服务业吸引外资总体规模较低。2014—2018 年,江苏环境服务业利用外资始终徘徊在 2 亿美元左右,利用外资规模小且较为稳定,2018 年环境服务业利用外资为 1.6 亿美元,仅占同期服务业利用外资规模的 1.2%,可见,江苏省环境服务业利用外资总量很低。因此,未来国家通过贸易谈判降低环境服务业市场准入门槛,并配合“一带一路”倡议、建设高水平自贸区网络战略的推进,逐步削减环境服务贸易非关税壁垒,推动环境服务贸易自由化,是推动我国环境服务业发展和获得国外先进技术及资金支持的重要途径。

图 6-6 江苏省环境服务业利用外资情况

资料来源:根据江苏统计年鉴相关数据整理而得,统计范围为水利、环境和公共设施管理业。

3. 环境服务业财政信贷支持力度大

江苏省环保产业位居全国前列,也得益于对环保产业的大量投资。其一,从政府对环保产业的投入力度来看,2013—2017 年,江苏省对环境污染治理项目的投资规模维持 700 亿元以上,占同期全国投资比重保持在 7.5% 以上,说明江苏省在环保产业投入力度方面高于全国平均水平。政府的财政支持也为环境服务业提供了良好的发展机遇。其二,从银行信贷融资力度来看,得益于政府的积极推动,江苏省环保产业获得银行信贷融资规模持续攀升,银行贷款余额从 2014 年的 5 042.38 亿元上升至 2018 年的 11 645.95 亿元,年均增长率达到 23.3%,远高于同期全国年均 14.8% 的增长率。金融机构信贷融资大力有效推动了江苏省包括环境服务业在类的环保产业发展。其三,政府积极采取多种方式扩大环保产业资金来源。首先,积极推动环保类企业进行上市和发行债券融资。江苏省积极制定相关政策措施,鼓励环保企业上市融资,例如,2019 年 8 月,江苏省出台《江苏省绿色产业企业发行上市奖励政策实施细则(试行)》,对符合节能环保产业、清洁生产产业、清洁能源产业、生态环境产业、基础设施绿色升级、绿色服务等方向的公司成功在上海证券交易所或深圳证券交易所上市的,一次性奖励 200 万元。其次,鼓励企业发现绿色债券。除了以上融资措施外,江苏省积极制定相关政策支持符合条件的环保企业发行绿色债券。2018 年,江苏省环保厅、金融办、财政厅等九个部门联合发布《关于深入推进绿色金融服务生态环境高质量发展的实施意见》,建立了绿色债券发行、绿色担保、绿色基金和绿色保险等方面的财政激励政策、对绿色债券品种创新以及绿色投资风险监控体系。截至 2018 年 9 月底,江苏省环保企业共发行 25 期绿色债券,发行规模达 235.65 亿元,发行期数和规模在我国各省市中分别居于第二位和第四位,占绿色债券发行总期数和总规模的比例分别为 10.20％和 4.70％,发行优势较为明显。再次,与商业银行合作,创新推出绿色金融信贷产品。2018 年 6 月,江苏省财政厅联合环保厅与商业银行联合推出"环保贷"业务,为省内环保企业开展污染防治、环保基础设施建设、生态保护修复及环保产业发展等提供贷款。目前已发放"环保贷"41 笔,发放贷款总额共计 18.19 亿元,包括 21 个节能环保项目、15 个污染防治项目、5 个生态保护修复资源循环利用项目。最后,发起成立生态环保发展基金。江苏省生态环保发展基金会同地方政府、相关行业设立区域性、行业性生态环保子资金,促进环保产业发展、环保基础设施建设等。目前已设立 2 只实体化子基金,分别是天泽生态环保基金和兴业绿色环保基金,共储备了项目 74 个,拟投资金额 67 亿元。在环保设施升级和资产处置方面,已投资项目资金 40 亿元,在储备的项目 110 个,拟投资金额超 100 亿元。2017 年,江苏省政府投资基金联合中国华融资产管理股份有限公司发起设立了江苏省生态环保发展基金,主要用于江苏危化品搬迁、水环境治理、生态修复保护等"263"专项行动项目的投资、融资,以及参与有关的 PPP 项目。基金主要以沿江地区为重点,兼顾太湖地区、沿海地区、苏北地区的生态治理和环境保护,总规模达 800 亿元。

图 6-7　江苏省环境服务业信贷融资情况

资料来源:根据江苏统计年鉴相关数据整理而得,统计范围为水利、环境和公共设施管理业。

第二节　环境工程建设服务发展分析

一、环境工程建设服务业的概念及分类

(一)环境工程建设服务业的概念

环境工程是指研究和从事与环境污染治理及提高环境质量的科学技术。环境工程同生物学中的生态学、医学中的环境卫生学和环境医学以及环境物理学和环境化学有关。目前环境工程处于初期发展阶段,其核心是环境污染源的治理。21 世纪初期,在欧盟提出的新的环境服务分类中首次提出环境工程建设服务的范畴,即具有环境内涵的咨询承包和工程服务。经济合作与发展组织和欧盟统计局(OECD/EUROSTAT)将环境服务分为一次或多次环境保护污染控制、补救和预防活动提供的服务以及具体环境媒介所提供的服务两大

部分,前者具体包括提供有关分析和监测服务、技术工程服务、环境研发、培训与教育、环境核算与法律服务、咨询服务、其他环境事务等;后者具体包括从事废水处理、废物处置、大气污染控制、消除噪声等方面的操作。而其中的"技术工程服务"与环境工程建设服务较为接近。

我国最早在2000年发布的《全国环境保护相关产业状况公报》中提出,将环境服务业分为环境技术服务、环境咨询服务、污染治理设施运营管理、废旧资源回收处置、环境贸易与金融服务、环境功能及其他环境服务六类。其中,环境咨询服务、污染治理设施运营管理等均与环境工程建设服务相关。2004年《全国环境保护相关产业状况公报》中将环境保护服务定义为与环境相关的服务贸易活动,其中,环境服务业包括与环境技术与产品相关的环境工程设计与施工、环境监测、环境咨询、污染治理设施运营、环境贸易与金融服务等。2011年《全国环境保护相关产业状况公报》中将环境保护服务分为污染治理及环境保护设施运行服务、环境工程建设服务、环境咨询服务、生态修复与生态保护服务等。至此,"环境工程建设服务"这一概念才正式在我国使用。从上述对环境服务业涵盖范围划分的演变过程来看,环境工程建设服务的概念界定较为模糊,与其他环境服务细分行业交叉较多。结合既有的观点和相关表述,本文认为,环境工程建设服务就是提供与环境污染治理相关的总体解决方案的系统服务产业。

(二)环境工程建设服务业的分类

由于环境工程建设服务涵盖范围较广,国内外相关组织和机构对环境工程建设服务业尚未有较为统一的分类标准。根据欧盟对环境服务的分类,环境工程建设服务业,即具有环境内涵的咨询承包和工程服务,主要包括:(1)设计和工程:例如,污水处理厂的可行性研究及设计;(2)教育培训及技术援助:有关环境保护的培训课程或环境设施的运行和维护,对职工的培训和/或承包人的培训;(3)咨询服务:环境咨询服务,为旅游、运输、捕鱼、可持续土地利用提供的有关咨询服务;一体化的工程设计服务;(4)项目管理服务:例如,污水处理设施的建筑监督;(5)成分和纯度测试与分析服务:包括可接受的环境测试服务,既包括野外也包括实验室的测试服务;(6)模拟:污染物通过空气、水、或土壤运动的计算机模拟,为工程设计项目而制作的软件;(7)监测和测试:大气和水质监测;(8)地下和地表的测量服务:绘图,使用全球定位系统。

在我国,对环境工程建设服务的概念界定与分类起步较晚。2004年,国家环境保护总局、国家发展和改革委员会、国家统计局等部门联合编制的《全国环境保护相关产业状况公报》中,将环境技术服务具体分为环境技术与产品的开发、环境工程设计与施工、环境监测与分析服务等,2011年《公报》中正式使用"环境工程建设服务"一词,并将其归类于环境保护服务业项下的细分行业,主要包括水污染治理、空气污染治理、固体废物处理处置、噪声与振动控制、生态环境恢复与治理、其他污染治理工程等的设计、施工等服务活动。2019年3月,国家统计局对《国民经济行业分类(GB/T 4754—2017)》进行了修订(1号修改单)。在修订的《国民经济行业分类(GB/T 4754—2017)》中,将环境服务业细分为与金属废料和碎屑加工处理、非金属废料和碎屑加工处理、污水处理及其再生利用、再生物资回收与批发、环保咨询以及环境保护监测等六大类,其中与环保有关的咨询活动,如环境法律和政策咨询、环境战略和规划咨询、环境工程咨询等,包括环境工程建设等服务活动。

二、环境工程建设服务业的发展现状

(一)总体发展情况

由于环境服务业在我国发展时间短,相关统计指标和统计制度尚未完全建立,对于细分行业——环境工程建设服务业的相关数据统计,更是难以获得。这里我们结合 2004 年、2011 年《全国环境保护相关产业状况公报》数据简要介绍我国环境工程建设服务业总体发展情况。

2004 年,我国环境保护服务以环境工程设计与施工服务和污染治理设施运营服务为主,两类服务收入之和占环境保护服务收入总额的 81.9%。环境工程设计与施工从业单位 1 201 个,从业人数 5.3 万人,年收入 143.7 亿元,其中,工程设计收入 25.7 亿元,工程施工收入 97.1 亿元,年利润 15.8 亿元。在建和年内竣工工程项目 23 275 项,其中,水污染治理工程 10 150 项,空气污染治理工程 5 906 项,固体废物处理处置工程 741 项,噪声与振动污染防治工程 1 695 项,生态环境恢复与治理工程 302 项。

2011 年,全国污染治理及环境保护设施运行服务从业单位 3 893 个,营业收入 722.2 亿元,营业利润 62.2 亿元;环境工程建设服务从业单位 1 733 个,营业收入 538.0 亿元,营业利润 61.1 亿元;环境咨询服务从业单位 1 816 个,营业收入 256.7 亿元,营业利润 38.7 亿元;生态修复与生态保护服务从业单位 658 个,营业收入 63.2 亿元,营业利润 7.3 亿元。环境保护服务以污染治理及环境保护设施运行服务和环境工程建设服务为主,两类服务收入之和占环境保护服务收入总额的 73.8%。

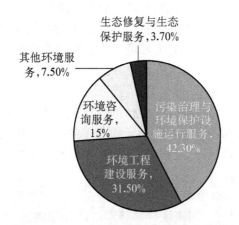

图 6 - 8　2011 年环境服务业营业收入构成

资料来源:根据 2011 年《全国环境保护相关产业状况公报》数据整理而得。

从对外服务贸易情况来看,2011 年,环境工程建设服务业完成对外服务合同额 0.8 亿美元,仅占环境服务业对外贸易额的五分之一,总体来看,环境工程建设服务业的对外经济联系度很低。未来,积极推动相关企业"走出去",是促进环境工程建设服务业发展的重要途径。

(二)地域分布情况

从地区分布来看,2004 年、2011 年的《公报》数据显示,环境工程建设服务业在全国各省(区、市)及新疆生产建设兵团均有分布,但呈现明显的地域集中度,其中,广东、浙江和江苏省区位优势明显,这三个省份在环境工程建设服务等环境服务业的行业规模、增长速度、单个企业规模、营业利润等方面均位于全国前列。从区域间分布来看,环境工程建设服务等环境服务业主要分布在东部地区,中西部以及东北部地区环境服务业企业少,但近些年,上述地区与东部地区的差距正在逐步缩小。

第三节　环境贸易类服务业发展趋势分析

一、环境贸易与金融服务业的发展趋势

(一)环境贸易与金融服务业的发展前景

自 2012 年以来,随着党中央高度重视生态文明建设、相关政策的频繁出台以及公众环保意识的快速提升,环境保护产业迎来了良好的发展机遇。近几年来,节能环保产业产值在GDP 中的占比持续提升,产业成熟度不断改善,然而节能环保产业在发展过程中存在产业结构不合理、技术和产品有待提升、贸易壁垒较为严重、企业规模普遍偏小等问题,并且相比国外,我国环境服务业规模在环保产业所占比例偏小,滞后于环境保护工作对环境服务业的需求。在环境产业成为新一轮全球经济发展的增长点后,作为环境产业化的高级阶段,环境服务业的作用也逐渐受到重视,成为各国和地区重点发展的行业。随着经济全球化、环境全球化的迅猛发展,环境服务业在国际环境市场中的份额不断提高,已成为最具发展潜力的环境保护产业领域。

为了实现生态环境高质量发展以及环保产业转型升级,党的十九大进一步提出推进绿色发展,壮大节能环保产业;2016 年,国务院出台的《"十三五"生态环境保护规划》中明确提出大力发展环境服务业;2019 年,全国生态环境保护大会将全力打好污染防治攻坚战作为当前环境污染治理的主要任务。在受到环境保护和资源节约相关法律法规、标准、产业利好政策的不断出台、环境管理的持续优化及投资力度的不断加大等叠加驱动下,未来一段时期,环境服务业投资领域将不断拓宽,市场潜力将进一步释放,行业规模总体呈现持续快速扩张的态势,并且将形成以环保产品为基础,环境服务业为主要拉动力量的产业形态。

(二)环境贸易与金融服务业发展驱动因素分析

1. 国家出台的利好政策为环境服务业发展提供了制度保障

首先,从产业鼓励政策方面来看,随着《"十三五"生态环境保护规划》《关于积极发挥环境保护作用促进供给侧结构性改革的指导意见》《打赢蓝天保卫战三年行动计划》、新《环保法》《水污染防治行动计划》《土壤污染防治行动计划》等政策的相继出台,环境服务业迎来了巨大的市场发展空间。据测算,到2020 年,我国环境服务业营业收入规模在环保产业中占比达到 60% 左右。依据生态环境部环境规划院建立的环境经济投入产出模型估算,为了打好污染防治攻坚战,政府直接用于购买环保产业的产品和服务的投资约 1.7 万亿元,间接带动环保产业增加值约 4 000 亿元。

其次,从投融资鼓励政策来看,2016 年 8 月,央行等七部委联合发布《关于构建绿色金融体系的指导意见》,从发展绿色信贷、推动证券市场支持绿色投资、设立绿色发展基金、创新政府和社会资本合作(PPP)模式动员社会资本、发展绿色保险、完善环境权益交易市场及丰富融资工具、支持地方发展绿色金融、推动开展绿色金融国际合作等方面鼓励各级政府加

大对环保产业的投融资支持,为我国绿色金融发展作出了顶层设计。2017年6月,国务院批准在浙江、江西、广东、贵州、新疆五省(区)建设国家级绿色金融改革试验区,鼓励各类金融机构、小额贷款、金融租赁公司等参与绿色金融业务,支持创投、私募基金等境内外资本参与绿色投资。2018年10月,国务院发布《关于保持基础设施领域补短板力度的指导意见》,进一步规范和强化PPP项目投资,从而也为环保产业领域的PPP项目融资提供政策保障。2014年5月,证监会修订实施《首次公开发行股票并在创业板上市管理办法》,进一步加大了对创新型、成长型企业发展的支持力度,引导更多的资金投入包括节能环保产业在内的各类新兴产业,等等。环境服务业作为节能环保产业的新兴行业,随着环境服务市场需求的多元化,环境服务业的投资也将不断扩大,对资金的需求将持续旺盛。在国务院以及相关部委投融资利好政策的推动下,未来环境服务业将获得巨大的发展空间。

再次,从降低服务贸易壁垒政策方面来看,当前,我国环境服务业市场的进入壁垒主要体现在政策、资金、技术和贸易四个方面。其中,政策壁垒主要包括缺乏专门的法规和引领性文件、相关的配套措施尚不健全、尚未制定环境服务业相关标准、环境服务业外资管制较为严重等;资金壁垒主要包括环境服务领域投资较为单一、国际间融资规模低、融资渠道少以及资本限制政策多;技术壁垒主要包括环境服务业类型单一、专业化层次较低、专业化经营模式缺乏;贸易壁垒主要包括各国政府对环境服务贸易的政策限制和管理规定。上述这些壁垒严重制约了我国环境服务业的发展。2018年6月至2019年11月,中共中央、国务院以及商务部连续发布《关于推进贸易高质量发展的指导意见》《深化服务贸易创新发展试点总体方案》《关于扩大进口促进对外贸易平衡发展的意见》《关于进一步做好利用外资工作的意见》等文件。根据这些文件精神,未来我国将进一步深化服务业开放,持续降低服务贸易壁垒,不断扩大服务业外资进入范围和逐步取消外资股权比例限制,大力推进绿色服务贸易创新发展等。这些措施的实施将能有效消除环境服务业在利用境外资金、先进技术、创新投资模式等方面的限制,政府采购环境服务的范围和规模将不断扩大,从而会促进环境服务业的发展潜力进一步释放。环境污染治理设施运营社会化、市场化、专业化发展的步伐明显加快,环境贸易与金融服务将取得较大发展,城镇污水处理设施的社会化运营服务比例将进一步提升,工业污染治理设施社会化运营比例及环境监测领域社会化服务程度将大幅提升。环境工程建设服务也将实现突破性进展。

2. 广阔的市场需求为环境贸易与金融服务业提供了发展潜力

当前,我国已进入高质量发展阶段,更加重视环境保护产业发展。在产业转型升级、生态环境高质量发展以及减排压力越发增大等背景下,我国环境服务业尤其是环境工程建设、环境贸易、环境金融、环境咨询等细分行业方面存在供需不足的问题,环境污染治理设施运营服务、环境贸易与金融服务将成为环境服务业未来发展的主要方向。据测算,到2020年,我国环境服务业营业收入规模在环保产业中占比达到60%左右。环境服务业的快速发展需要大量的资金投入,E20研究院的测算数据显示,2015—2020年,工业废水治理领域的总投资需求约5 700亿元,其中,工程建设市场投资约需950亿元,改造市场投资约需750亿元,运营市场投资需求约4 000亿元(第三方专业治理潜在市场约1 000亿元);城镇生活污水治理及配套设施的投资需求约7 000亿元;污泥处理处置总市场规模将达到1 800亿元,其中,建设资金需求约1 000亿元,运营总市场规模将达到800亿元,年均160亿元;农村环境综合整治,县城、重点镇仅供水设施(不含管网)建设投资需求达540亿元,农村饮用水安全工程投资需求1 600亿元~1 700亿元;农村污水处理投资需求约2 000亿元;黑臭水体治理市场规模约为 4 000 亿元。这些巨额的资金需求仅依靠政府驱动是难以实现持续发展的,所以必须充分发挥市场对资源配置的基础作用。可以预见,在市场需求的拉动下,通过发展环境贸易与金融等服务业能够有效实现环保产业对信贷融资和境外资本的需求,同时也能促进 PPP 项目投资的规范和发展。

此外,积极开拓海外市场是环境服务业企业对外发展的重要方向。我国环境服务业发展尽管起步较晚,但是发展速度较快,传统环境服务业发展经验成熟且国内市场接近饱和,环境服务业产能具备"走出去"的需求和能力。根据相关统计,我国 2014 年城市生活垃圾无害化处理率达 91.77%,城市污水处理率达 90.18%,环境污染治理设施建设已经基本上满足国内污水和垃圾等的处理需要,国内市场的饱和倒逼传统环境服务业拓展国际市场。国内在污水处理及垃圾处置工程建设服务,以及设施运营管理服务等方面拥有较为成熟的经验,在脱硫脱硝等方面也已经具备较强的研发和生产加工能力。凭借在技术、管理以及成本等方面的综合优势,国内环境服务业企业已经进入东南亚、南亚、中东、非洲以及南美洲等国际市场,脱硫以及电除尘等也已经进入欧洲等发达国家市场。当前,环境服务企业可以借助"一带一路"的发展机遇,利用其技术和资金优势积极拓展"一带一路"沿线国家市场,逐步实现跨区域发展。

3. 技术创新为环境贸易与金融服务业提供了发展动力

环境服务业是为环境保护、污染治理提供系统性的总体解决方案的产业,本质上属于技术密集型产业,其典型特征要求产业发展必须不断提高技术创新能力。经过近 30 年的发展,我国环保产业在技术能力上与国际相比,处于总体并行、局部领跑的态势,但是与发达国家相比,在环境科技基础研究创新、成果转化、新兴服务业创新发展等方面仍然存在较大差距,主要表现在:第一,环境科技分基础研究与应用基础研究,核心理论、方法、技术多源于发达国家,我国环保产业的技术创新总体上处于跟跑状态,原创性、特有性技术不多,形成的专利、核心产品和技术标准等重大创新成果较少;第二,我国环保产业创新的超前性较差。多数环保企业将工艺设计作为研发重点,技术创新能力有限,预研能力严重不足,难以在下一轮竞争中取得对环保产业发达国家的技术优势。知识产权保护不力也是影响企业研发积极性和创新超前性的重要因素;第三,科技成果转移转化难。大量科技成果形成于科研机构,由于体制机制及配套政策等原因,难以在企业实现产业化应用;第四,新的环境服务业态发展仍处于起步阶段,创新能力不足。以环境修复服务市场为例,2008 年加拿大环境修复服务在环境服务中占比已达 14.4%,大洋洲的澳大利亚和新西兰环境修复业在环境服务业中占比也已达 16%,而我国生态修复与生态保护服务占比仅为 3.74%。除占比较低外,部分细分市场还存在供给侧提供的服务较窄、不能满足市场需求的问题。如国内提供的环境咨询服务范围相对狭窄,主要集中于环境影响评价、环境管理体系和环境标志认证以及环境技术评估等方面,而很少提供一体化的工程设计、项目管理等服务,创新发展能力不足。一般而言,创新需要大量的资本、技术等创新要素投入,并且创新具有资金投入周期长、失败率高等特点,因此,环境服务业为了实现技术创新,必须要有充足的资本和技术支持。发展环境贸易与金融服务业,不仅可以为环境服务企业提供研发创新融资支持,而且还可以为其带来国外先进的技术和管理经验,进而促进环保产业健康持续发展。

(三)环境贸易类服务业发展路径分析

从具体发展路径来看,未来可从以下几个方面促进环境贸易与金融服务发展:

1. 大力推广环境服务政府和社会资本合作（PPP）模式

由于环境污染治理项目和技术研发前期投资规模大、周期长，完全依靠政府投入难以实现可持续发展。近年来，国务院以及环保部、财政部等部委连续出台多项政策文件，支持和规范在公共服务领域开展政府和社会资本合作（PPP）模式，例如，2015年，国务院出台《关于在公共服务领域推广政府和社会资本合作模式指导意见的通知》；2017年7月，财政部、住建部、农业部、环保部印发《关于政府参与的污水、垃圾处理项目全面实施PPP模式的通知》，要求政府参与的污水、垃圾处理项目全面实施政府和社会资本合作（PPP）模式。2017年11月，财政部和国资委先后分别印发《关于规范政府和社会资本合作（PPP）综合信息平台项目库管理的通知》（财办金〔2017〕92号）和《关于加强中央企业PPP业务风险管控的通知》（国资发财管〔2017〕192号），要求进一步规范PPP项目管理，加强PPP风险管控。在以上政策的支持下，各省积极开展环境服务业PPP投资项目，环境服务业PPP得到快速发展，在环保产业中独占鳌头。从国家入库投资项目情况来看，环保类项目数量和投资额逐年递增，截至2017年12月末，财政部PPP项目库中环保类项目累计3 979个，投资额4.1万亿元，分别占总入库项目的55.8%、38.0%。我国社会发展"十三五"规划纲要指出"面向社会资本扩大市场准入"，并着重强调"鼓励社会资本进入环境基础设施领域"。节能、环保、生态领域PPP项目将伴随新时代"美好生活""美丽中国"的建设而长期呈现增长态势。

2. 积极发展绿色保险等多元化绿色融资渠道

绿色保险是绿色金融体系的重要组成部分。绿色保险是指与环境风险管理有关的各种保险安排，包括保险风险管理服务及保险资金支持，以应对与环境有关的问题，从而实现可持续发展。随着全球环境问题日趋严峻，环境污染治理越来越受到各国的重视。进入21世纪，为有效应对环境治理投资和绿色发展存在的潜在风险，国际上逐渐形成以联合国为主导，政府间合作组织、各国中央银行、监管机构以及国际保险行业协会和智库等共同参与的多边合作机制，共同制定绿色保险国际公约、绿色保险行业标准以及绿色保险区域监管规定，着力于解决环境信息披露、行业标准统一、知识网络分享以及环境金融产品供给等方面的关键问题，推动构建综合灾害及气候风险管理体系，补齐环境风险敞口与在保资产的缺口。

绿色保险目前尚处于起步阶段，随着绿色保险服务领域越来越广泛，需进一步提速发挥绿色保险的功能，助力绿色产业保险风险管理需求以及对保险资金的绿色投资需求。近年来，我国开始重视绿色保险等绿色融资体系建设，连续出台了多个政策文件支持绿色保险发展。2016年，国务院出台《"十三五"生态环境保护规划》，明确提出通过发行绿色债券、鼓励金融机构发放绿色信贷、探索构建环境污染强制责任绿色保险等渠道建立绿色金融体系；2016年8月，中国人民银行等七部委联合发布《关于构建绿色金融体系的指导意见》鼓励发展绿色保险，并从"在环境高风险领域建立环境污染强制责任保险制度""鼓励和支持保险机构创新绿色保险产品和服务""鼓励和支持保险机构参与环境风险治理体系建设"三个方面为发展绿色保险指明了方向和路径。2017年6月，国务院批准在浙江、江西、广东、贵州、新疆五省（区）建设绿色金融改革创新试验区。在相关政策的支持下，各地在绿色保险发展方面进行了一系列初步探索。例如，浙江省在全国首创"安全生产和环境污染综合责任保险"落户衢州市试点，为企业提供全流程环境风险管理服务。江西省于2013年开始环境污染责任保险试点，目前已上市3只绿色保险，包括环境污染责任险、农业大灾险、船舶污染责任保险。广东省已上市巨灾指数保险、环境污染责任险、蔬菜降雨气象指数险、绿色农保＋、绿色产品食安心责任保险、气象指数保险等9只绿色相关保险,并开始涉及重金属行业绿色保险试点。

3. 积极探索碳金融市场发展

虽然我国环保产业以达到甚至在某些领域领先于发达国家,但是在环保服务业发展方面,与发达国家仍有较大差距,碳金融交易就是一个典型的例子。随着环保服务业发展领域和延伸空间不断深入,自20世纪90年代以来,欧盟、美国等发达国家开始探索建立碳交易市场,并逐渐成为环保服务业发展的新方向。从当前的发展情况来看,欧盟暂居世界碳金融领先地位。欧盟先后建立了8个交易中心,包括欧洲能源交易所、欧洲气候交易所、北欧电力交易所等。欧盟主导的欧盟碳排放交易体系(EU－ETS)现覆盖欧盟27个国家,12 000个排放实体,成为目前全球最大的碳排放交易体系。美国的碳金融市场发展紧随其后,美国于2003年建立的芝加哥气候交易所(CCX)是全球第一家也是北美唯一一家受一定法律约束的自愿的温室气体减排和交易体系,拥有的会员涉及全球200多个跨国企业。2007年12月,美国组建全球最大的环保衍生品交易所"Green Ex-change"。该交易所不仅上市环保期货、互换合约,还将继续开发可再生能源方面的环保金融衍生产品。此外,加拿大、澳大利亚、日本等发达国家也积极加入世界碳金融交易,不断开发出新项目、新产品,发展区域性碳金融市场,促进本国低碳经济发展。我国碳交易市场体系起步较晚,自2008年起先后在北京市、天津市、上海市、重庆市、广东省、湖北省、深圳市启动7个碳交易试点,探索建立碳交易机制。2017年底,中国统一碳排放市场正式启动。尽管我国碳交易市场已初步建立,但是交易所内真正完成的自愿碳减排交易却非常少,因此,未来积极与国际碳金融市场接轨、不断完善碳金融市场制度和体系建设,是促进环境贸易与金融服务业发展的重要方向。

二、环境工程建设服务业的发展趋势分析

根据我国《全国环境保护相关产业状况公报》,环境工程建设服务主要包括水污染治理、空气污染治理、固体废物处理处置、噪声与振动控制、生态环境恢复与治理、其他污染治理工程等的设计、施工等服务活动,未来一段时期,在国家产业利好政策、市场需求旺盛等背景下,环境工程建设服务业也迎来了良好的发展契机,主要表现在:

第一,涉及固体废弃物管理、污水处理工程、咨询与设计等环境工程建设服务将成为未来环境服务业的重点领域。与发达国家相比,我国在污水、生活垃圾等处置与管理上非常落后,这说明我国环境服务业在这些方面有着巨大的发展空间。同时,随着经济和城镇化的快速发展,人们对环境标准的要求必然随之提高,对固体废物、污水的处理也会有更高的要求,未来对上几类细分行业有巨大的市场需求。

第二,与其他环境服务细分行业类似,环境工程建设服务模式和融资方式将呈现多元化发展。"十三五"环境保护发展规划和其他纲要性文件明确提出加大环保产业发展的政策支持力度,鼓励多渠道建立和筹集环保产业发展基金,拓宽环保产业的融资渠道。这也预示着环境工程建设服务业的政策环境将会得到改善,实现多元化融资。

第三,环境工程建设服务行业将涌现一批龙头企业。由于环境工程建设服务属于技术密集型行业,前期需要投入大量的资金用于技术创新,随着市场需求的不断扩大,未来行业将形成一批具有技术和资金优势的环境工程建设服务龙头骨干企业,并促进环境工程建设服务业的规模化、集聚化。

最后,环境工程建设服务未来一段时期仍将是环保服务业的主导产业。由于环境工程

建设服务涉及服务类目广泛,从实际情况来看,大多数环境工程建设服务企业提供的服务范围涉及咨询与设计、建设以及运营等综合服务,整合了投资、技术咨询、建设以及运营等阶段服务,与传统的政府投资项目投资、建设、运营分离经营管理相比,具有明显的优势。因此,提供综合服务是未来环境工程建设服务的发展趋势之一。

三、江苏环境贸易类服务业发展趋势分析

江苏省作为我国的第二经济大省,在大力发展经济的同时,坚持走绿色发展道路,高度重视生态环境保护。近年来,江苏省委、省政府积极响应党中央"打好污染防治攻坚战"的号召,确立"1+3+7"攻坚战体系并出台一系列重要文件。在污染治理、固体废物综合利用、环境质量改善等方面取得较大进展,环境服务业已由原先的以环境咨询、设计、培训为主逐渐延伸到运营、检测、审计、评估、诊断等领域。当前,江苏省环境服务业在行业规模、企业单位数、从业人员等方面位于全国前列,并且继续呈现蓬勃发展的良好态势。综合来看,江苏省环境贸易类服务业未来的发展趋势有以下几个特点:

(一)政府持续的政策红利进一步推进环境贸易类服务业发展

为了打好污染防治攻坚战,促进环境保护产业发展,近年来,江苏省连续出台《江苏省环保产业发展规划纲要》《江苏省循环经济促进条例》《江苏省大气污染防治条例》《江苏省固体废物污染环境防治条例》、修订《江苏省太湖水污染防治条例》等地方性法规,编制江苏省生态环境监测监控系统、环境基础设施、生态环境标准等基础性工程建设方案以及化工园区环境治理工程实施意见,积极构建环保产业发展体系。在国家和省级产业利好政策支持下,江苏省环境贸易类服务业发展潜力将得到进一步释放,在环境服务业大量投资需求、技术和服务水平亟待提高、环境服务企业急需"走出去"等刺激下,环境贸易与金融服务业也将迎来巨大的发展空间。

(二)多元化绿色金融鼓励措施推动环境贸易类服务业发展

为了更好地促进生态环境保护和绿色发展,近几年,江苏省出台了《江苏省绿色债券贴息政策实施细则(试行)》《江苏省绿色产业企业发行上市奖励政策实施细则(试行)》《江苏省绿色担保奖补政策实施细则(试行)》《关于深入推进绿色金融服务生态环境高质量发展的实施意见》等政策文件,在全国率先构建了绿色金融发展政策体系,综合运用财政奖补、专项引导、贴息、风险补偿等手段,在绿色基金、绿色信贷、绿色债券、绿色 PPP 等多个领域,引导金融资本支持环境服务等环保产业的发展,已取得初步成效。例如,为了帮助环保企业解决融资难问题,省财政厅、省生态环境厅会同三家商业银行设立了风险资金池,从环保专项资金中安排 4 亿元为企业贷款增信,合作银行按 1:20 的比例提供不少于 80 亿元的环保专项贷款额度。环境服务业被纳入支持范围,单一项目获得增信的贷款余额不超过 5 000 万元。截止到 2019 年 8 月,已经有 128 个环保项目实现了贷款投放,总贷款额 60.52 亿元,为环保企业节约融资成本 4 418 万元。创新开展"环保贷"业务,目前已发放"环保贷"41 笔,发放贷款总额共计 18.19 亿元,包括 21 个节能环保项目、15 个污染防治项目、5 个生态保护修复资源循环利用项目。大力推进 PPP 项目建设,截至 2019 年 2 月,江苏全省已入库的环保类PPP 项目累计 129 个,投资总额逾 1 208 亿元,落地项目共 51 个,落地总投资达 435.71 亿元,吸引社会资本 348.67 亿元。创建生态环保发展基金,促进环保产业发展、环保基础设施

建设等。目前已设立 2 只实体化子基金,共储备了项目 74 个,拟投资金额 67 亿元。在环保设施升级和资产处置方面,已投资项目资金 40 亿元,在储备的项目 110 个,拟投资金额超 100 亿元,等等。在以上政策推动和多元化措施实施下,江苏省环境服务业得到了较快发展,环境服务业的行业规模、从业企业数、信贷融资以及利用外资规模等指标仅次于广东和浙江,位列全国第三位。未来,随着江苏"强富美高"战略和产业利好政策的持续推进,环境贸易类服务业将迎来良好的发展机遇。

(三)环保载体平台建设助力环境贸易类服务业发展

建立环保产业园区有利于促进进行环保产品的开发、生产、流通或提供环境服务的相关企业聚集,是推动环保产业发展的重要载体。早在 20 世纪 90 年代,为了促进环保产业发展,国家在局部地区开展环保产业园区的试点工作。经过近 30 年的发展,目前各地环保产业园呈现蓬勃发展的态势。江苏省环保产业的发展一直处于全国领先地位,也是建立环保产业园区较早的省份之一。1992 年,江苏省设立了全国第一个以发展环保产业为特色的高新技术产业园区——宜兴环保科技工业园;2001 年,又相继建立了常州国家环保产业园、苏州国家环保高新技术产业园两个国家级环保产业园;2009 年,在苏北地区建立盐城环保产业园;2011 年,启动建设南京江南环保产业园。目前,江苏省已拥有多个在全国范围内影响较大的环保产业园,初步形成了以南京、苏州、无锡为主要增长点,常州、盐城等城市协同发展的环保产业聚集区。环保产业园区的建立有利于江苏省内整合环保产业发展资源,促进园区内企业技术创新,推动环保产业发展,进而促进环境贸易类服务业快速发展。

(四)江苏省环境贸易类服务业发展的实践案例

1. 江苏宜兴环科园环保服务业发展分析

江苏宜兴环科园于 1992 年 11 月成立,是经国务院批准成立的我国目前唯一一个以发展环保产业为特色的国家级高新技术产业园区,是国家环境保护总局和国家科技部共同管理和支持的单位,被列入《中国 21 世纪议程》优先发展项目,并被江苏省政府确立为循环经济发展的重要示范基地。2014 年,宜兴环科园被评为"国家首批低碳示范园区试点单位""国家级环保服务业示范园""苏南国家自主创新示范区创新核心区"。园区始终围绕"环保"主题,坚持构建环保产业园、科技创新园,大力发展环保产业和高新技术产业,目前已经集聚了 1 700 多家环保企业,将近占到无锡市环保企业总数的 90%,其中包括清华紫光、江苏一环、鹏鹞环保、江苏博大等 40 多家规模环保企业。

2014 年,为促进环保服务业发展,环境保护部在江苏宜兴环科园等 19 个园区开展环保服务业试点工作。江苏宜兴环科园环保服务业试点依托中国宜兴国际环保城、南京大学宜兴环保研究院、江苏省(宜兴)环保产业技术研究院等 9 个公共服务平台,在产品交易、技术研发、培养人才等方面都有较大突破。在环境金融创新方面,创建江苏省宜兴节能环保创业投资基金,改变过去依靠税收优惠、土地政策、财政补贴等形式招商引资和人才引进,而是通过股权投资的方式引进优秀项目;政府、银行合作建立中小型环保企业贷款通道与机制,在规范运作、严控风险的基础上,服务于中小企业发展。为促进试点工作的正常开展,2015 年,江苏省政府出台《中国宜兴环保科技工业园"682"创业推进计划(2015—2020)实施方案》《中国宜兴环保科技工业园苏南国家自主创新示范区建设实施方案》等文件,从招引重大项目、引进高层次人才、推动创新资源转化等方面提供政策保障和融资支持,大力推进环保服务业的技术创新、业态创新、模式创新和人才创新,探索环保服务业从原先的以技术和咨询服务为主逐步拓展到提供专业化环保设施运营服务、环境贸易与金融等服务活动。

2.江苏盐城环保产业园区环保服务业发展分析

盐城环保科技城是我国最大的以烟气治理为主要产业特色的环保产业园区,也是全国唯一以"环保"冠名的高新技术产业开发区,目前已汇聚了中建材、中车、国电投、浙江菲达、福建龙净、美国科杰、日本东丽等行业领军企业100余家,其中,央企和大型上市公司30多家。盐城环保科技城也是国内首个雾霾治理研发与产业化基地,清华大学、南京大学、中科院过程研究所、中科院生态中心等10余家知名科研机构在当地设立专业研究机构和科技成果转化基地,其中,烟气多污染物控制技术与装备国家工程实验室是清华大学设立的首个校外国家重点实验。联合国环境规划署、中澳土壤污染防治和修复研究中心、北欧清洁技术联盟、瑞典环境科学研究院等海外机构均与盐城环保科技城达成合作关系。盐城环保产业园以打造环境治理全产业链为目标,启动建设国家环境综合治理诊疗中心,形成全方位、全流程的一站式环境综合治理服务,着力构建以烟气治理、水处理、固废综合利用、新型材料等环保装备制造业和环境服务业协调发展的产业格局。在环境服务业发展方面,目前园区正在打造以全国环境服务业发展中心为目标,提供包括研究开发、技术转移、创新孵化、知识产权、科技金融等专项服务和综合服务,力争在"十三五"末实现环境服务业总产值达到100亿元,环境服务业集聚效应明显,主导作用显著。

参考文献

[1] 国务院."十三五"生态环境保护规划[R].2016.

[2] 环境保护部.环境服务业"十二五"发展规划(意见征求稿)[R].2012.

[3] 环境保护部.关于积极发挥环境保护作用促进供给侧结构性改革的指导意见[R].2016.

[4] 环境保护部、国家发展改革委员会、国家统计局.全国环境保护相关产业状况公报[R].2011.

[5] 环境保护部、国家发展改革委员会、国家统计局.全国环境保护相关产业状况公报[R].2004.

[6] 中国人民银行、财政部、国家发展改革委、环境保护部、银监会、证监会、保监会.关于构建绿色金融体系的指导意见[R].2016.

[7] 江苏省财政厅.关于深入推进绿色金融服务生态环境高质量发展的实施意见[R].2018.

[8] 江苏省生态环境厅、财政厅等9部门.江苏省绿色产业企业发行上市奖励政策实施细则(试行)[R].2019.

[9] 柴蔚舒,李宝娟,赵子骁,王妍.基于统计数据的中国环境服务业发展态势分析[J].中国环保产业,2018(12):25-30.

[10] 张娜,刘金山,贺琛.中国节能环保服务发展现状及建设展望[J].经济资料译丛,2018(3):45-54.

[11] 柴蔚舒,王妍,李宝娟,赵子骁.我国环境服务业经营发展状况观察[J].观察,2019(14):37-41.

[12] 吴剑,陈小林,杨小丽,邹敏.江苏环境服务业现状与发展对策[J].一线,2012(11):

56 - 57.

　[13] 王小平.产业绿色转型与环保服务业发展[M].北京:人民出版社,2017.

　[14] 吴剑,吴海锁,陈小林,杨小丽.基于熵权理论的江苏省环境服务业发展状况及对策分析[J].四川环境,2015(10):117 - 122.

　[15] 石宝雅.广东省环境服务业发展现状及推进策略[J].广东化工,2018(24):35 - 37.

　[16] 邵春雨.福建省环境服务业的现状及发展[J].地方环保,2016(5):63 - 65.

　[17] 裴莹莹,罗宏,薛婕,谢雪松,史丹丹.中国环境服务业的 SCP 范式分析[J].中国环境管理,2018(3):89 - 93.

　[18] 李健.中国环境服务业发展研究[J].沈阳:辽宁大学硕士学位论文,2015.

　[19] 肖燕凤,谭湘萍,杨建军.浅谈浙江省环境服务业的发展[J].中国环保产业,2015(6):64 - 66.

　[20] 中国环境保护产业协会.中国环境保护产业发展报告[R].2018.

集 聚 篇

第七章　江苏环境服务业集聚区发展分析

一、中国环境服务业集聚区发展趋势

（一）中国环境服务业集聚区发展历程

环境服务业集聚区是将环保产业相关的企业聚集在一起，以协调资源分配为主，环保产业适应能力为辅，实现环保产业集聚价值，优化升级环保产业结构。国外发达国家在20世纪70年代就开始了环保产业园的建设，根据我国环保产业整体发展的阶段划分，同时综合考虑应对我国环境问题的产业需求，我国环保产业园区的发展可以分为以下三个阶段。

1. 以水处理产业为核心的探索建设发展期（1990—1999年）

在此期间，我国环保产业刚刚起步，产业集聚还在摸索阶段，仅有宜兴市及沈阳市建有一定产业基础的环保产业园区或基地。结合我国提出"抓重点流域区域，以重点带全面"的污染防治工作思路，从该阶段开始重视水体污染防治，依托流域治理的水处理产品及成套装备市场需求较大，产业园区主营产业以水处理产业及其相关延伸服务业为重点发展方向，领域相对单一。

2. 水、气、固产学研一体化综合发展的快速建设期（2000—2010年）

在此阶段，我国高度重视循环经济在国民经济发展中的作用，以天津子牙、北京朝阳区为代表的多个固体废物综合处理及资源化产业园区得到国家及地方政府批复建设，并形成了典型发展模式。以烟气治理为主营行业的环保产业园开始显现，如盐城环保产业园。随着"十一五"国家水体污染控制与治理科技重大专项的推动，水处理及污染防治类产业继续在园区建设中蓬勃发展。总体看来，该阶段应对各种环境介质污染防治的综合类环保产业园不断建立，园区朝着生产、研发及服务的多元方向发展。

3. 高标准节能环保产业园建设期（2011年至今）

自"十二五"初节能环保产业被列为国家战略性新兴产业并形成专项规划以来，环保产业园的建设开始围绕节能产品、绿色清洁能源等领域发展，园区建设及产业发展日趋规范，技术革新速度加快，正朝着高标准、国际化的方向发展。主要代表园区有2014年成立的贵州节能环保产业园等。

（二）中国环境服务业集聚区发展现状及分布

环保产业的发展带动和推进了我国环保产业园的建设和发展。截至2018年，我国经原环境保护总局和有关部委批准创建的国家级环保产业基地3个，国家级环保科技产业园共9个。各园区分布及概况如图1及表1所示。

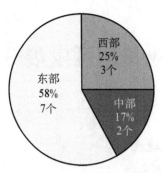 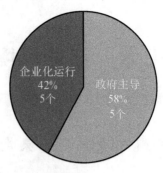

图 1　我国主要环境服务业集聚区分布特征

　　我国 12 个国家级环保产业园区及基地中有 7 个分布在东部地区,占比 58%,中部和西部分别分布有 2 个和 3 个,占比分别为 17% 和 25%。中、西部地区环保产业园发展和建设进度仍较为缓慢。12 个园区中有 7 个为政府主导的管理模式,另外 5 个采用企业化运行的管理模式;东部地区中企业化运行园区所占比例为 57%,中、西部地区合计占比仅为 20%。

表 1　我国主要国家级环保产业园区概况

区　域	名　　称	成立时间	特　　点	管理模式
东部地区	沈阳市环保产业基地	1997 年 5 月	水处理成套设备开发生产试点	政府主导
	苏州国家环保高新技术产业园	2001 年 2 月	国内首家国家级环保高新技术产业园,集环保载体建设和环保科技创新、公共服务为一体	企业化运行
	常州国家环保产业园	2001 年 2 月	中国环境保护产业协会指定的环保产业示范基地	企业化运行
	南海国家生态工业建设示范园区暨华南环保科技产业园	2001 年 11 月	集环保科技产业研发、孵化、生产、教育等诸多功能于一体的国家环保产业基地	政府主导
	大连国家环保产业园	2002 年 3 月	东北地区第一个国家级环保产业园区	企业化运行
	济南国家环保科技产业园	2003 年 3 月	主要发展水资源循环利用、太阳能、风能、生物节能等新能源以及纳米等环保新材料等高科技项目	政府主导
	青岛国际环保产业园	2005 年 6 月	中国第一家定位国际的国家级环保产业园区,也是第一家企业主导、著名高校参与、以循环经济概念为开发理念的环保产业园	企业化运行
中部地区	武汉青山国家环保产业基地	2002 年 6 月	集科研、开发、投资、生产、展示和信息交流于一体,功能齐全,特色鲜明	政府主导
	哈尔滨国家环保科技产业园	2005 年 2 月	含环保清洁能源产品、环保新材料等六大产业群	政府主导

区　域	名　称	成立时间	特　点	管理模式
西部地区	国家环保产业发展重庆基地	2000 年 8 月	以烟气脱硫技术开发和成套设备生产为重点	政府主导
	西安国家环保科技产业园	2001 年 12 月	以科技服务产业为核心	政府主导
	贵州节能环保产业园	2014 年 9 月	节能环保装备制造、资源综合利用和洁净产品制造、环保服务业	企业化运行

除国家部委批复的 12 个园区外,我国各地方也有部分园区发展势头良好,在某些产业领域特色鲜明,详见表 2。由表 2 可以看出,地方基础较好的园区主要集中在东部经济发达的省市,均为地方政府主导的管理模式,中、西部地区很少。

表 2　我国地方主要环保产业园区概况

名称	成立时间	特点	管理模式
中国宜兴环保科技工业园	1992 年 8 月	环保产品涉及水、声、气、固、仪及配套产品六大类,是中国最大的水处理产业装备生产集聚地,中国环保企业最集中、产品最齐全、技术最密集的产业集聚区	政府主导
北京朝阳循环经济产业园	2002 年	集固体废物综合资源化处理、科研开发教育于一体	政府主导
北京中关村环保科技示范园	2004 年	集科研、中试、生产、商贸、技术交易、科普于一体的综合性园区	政府主导
天津子牙循环经济产业区	2007 年	目前中国最大的循环经济园区,以进口第七类废物拆解、再生资源利用、原材料深加工为一体的高标准环保型产业园区	政府主导
江苏盐城环保产业园	2009 年 4 月	以烟气治理为主要方向,中国首家雾霾治理研发与产业化基地和中国环境产业最具竞争力园区,享有"中国烟气治理之都"的美誉	政府主导
南京江南环保产业园	2013 年 9 月	以生活垃圾焚烧、危废固废处理、再生资源利用以及环境服务业和绿色能源等产业为主	政府主导

（三）环境服务业集聚区发展的影响因素分析

1. 政策驱动力分析

环保产业是政策导向型产业,受政策的影响很大,新环保政策的颁布催生了市场需求。环保产业园区只有在发展的历史阶段抓住政策和市场机遇,才能发展壮大。目前,我国出台了一系列促进环保产业发展的相关政策,如《关于环境科学技术和环保产业若干问题的决定》《"十二五"国家战略性新兴产业发展规划》《"十二五"节能环保产业发展规划》《国务院关于加快发展节能环保产业的意见》等,均对环保产业园区和基地建设提出了具体的目标和要求。

宜兴、青岛和江苏等地区也大力出台了相关环保产业园区建设的扶持政策,促进了环保产业园区的快速发展。如宜兴环科园于 1992 年 11 月经国务院批准设立,是当时我国唯一一个以发展环保产业为特色的国家高新技术产业开发区,受到国家与地方政府的重视与大力支持。近年来,宜兴出台了《关于加快环保产业发展的意见》和《国家科技兴贸创新基地(节能环保)骨干企业认定及管理暂行办法》等政策,《意见》在金融支撑、发展环境服务业、企业做大做强、企业技术创新、产业集聚发展、企业进口先进技术和产品、行业交流和对外宣传等方面,明确了详细的奖励规定,设立了专项资金促进环保产业发展。苏州新区通过一系列优惠政策,鼓励包括环保在内的高新技术企业和科技人员到新区创业发展,苏州新区设立了5 000万元的科技发展基金,并且每年都拿出可支配财政收入的3%作为区域的科技发展基金,促进高新技术成果的研究开发和转化。同时,苏州新区对高科技产业和高新技术成果转化项目在税收减免、专利入股、产品出口、土地使用等方面进行政策上的倾斜,这些政策对园区内的环保高新技术技术产业园区的启动和招商,都提供了良好的基础。

虽然国家和地方都陆续出台促进环保产业发展的政策文件,但是目前大部分地区促进环保产业园区的具体政策大多停留在原则层面,操作性不强,导致园区和企业获得环保产业政策方面的切实帮助难以落实。因此,除了宜兴、青岛新天地和江苏环保产业园等二十多个政策支持力度较大、发展较为突出的环保产业园区外,其他的环保产业园区普遍发展缓慢,主要是因为缺乏政策导向和扶持。

2. 产业驱动力分析

环保产业园区的发展主要依托于周边的产业基础和产业环境。

一方面,园区周边的产业环境对于环保产业园区发展的总体定位起到决定性作用。如在京津冀地区装备制造业基础较好,已经形成了相当规模和优势。其中,河北省形成了金属制品业、通用设备制造业、专用设备制造业、交通运输设备制造业、电气机械及器材制造业、仪器仪表及文化办公用品制造业、通信设备和计算机及其他电子设备制造业等7个大类。天津市形成了汽车工业、机械装备制造业和现代冶金工业三大产业。该区域装备制造业的发展一方面必将产生大量的废金属、废机电等生产性废料,另一方面相对于高昂的原材料价格,废旧金属再生产品对于装备制造业也会有很大的市场需求。因此,在此上下游产业环境的影响下,天津子牙环保产业园区发展良好,以资源循环利用产业为主,既处理了周边地区制造业产生的生产性废料,又为其提供了大量的废旧金属再生产品等生产原材料。

另一方面,环保产业园区在建设初期已经具备的环保产业基础对于环保园区的建设的影响也非常巨大。如,宜兴环科园从20世纪70年代中就开始涉足水处理行业,到1993年,高塍镇的环保企业达到228个,产值达到6亿元。因此,目前宜兴环保产业园区依托其初期的环保产业基础,大力发展以水、大气装备制造为主的环保产业装备制造业,截至2019年,宜兴环科园已集聚了1 800多家环保设备生产企业和3 000多家配套企业,培育出50多家环保细分领域的"单打冠军",其中,水污染防治技术装备自我配套率达98%、市场占有率约40%,成为产值达600亿以上的环保产业集群。青岛新天地静脉产业园最初以建设奥运配套环保项目——青岛市危废处置中心为起点,同时承建医疗废物处置中心发展起来的。目前已逐步发展成含危险废物、医疗废物和一般工业固体废物、废旧家电及电子产品、报废汽车、废旧轮胎的收集、运输、综合利用与处置的综合性静脉产业园区,成为山东东部大量危险废物、工业固废和电子垃圾的终端处理站。

3. 人才和技术驱动力分析

环保产业的高科技含量性决定了其对人才的依赖性较大,不仅需要的是创新型项目的人才,同时还需要大量的具有专业环保知识的研发型人才,人才和技术的聚集效应能够为环保产业的发展提供源源不断的动力。

一方面,雄厚的科研和人才是环保产业园区建设的重要技术保障。如苏州国家环保高新技术产业园区发展较快的重要原因之一是拥有雄厚的科研和人才实力。苏州国家环保高新区现有苏州科技大学,它由国家环保部与建设部等单位合作建设,拥有环境科学与工程实验室等国家重点实验室,主要从事废水生物处理技术开发、生态计算机与人工调控技术、环境质量研究与评价、水质自动分析技术开发等领域的研究,是苏州省重要的环境科学技术研发基地。每年都培养出上千名环境保护、环境工程等方面的专业人才,已经成为苏州新区环境保护产业发展重要的科技依托和人才基础。新区还与清华大学、浙江大学等大学院所以及美国、英国、爱尔兰等国的科技园区建立了人才培养、技术创新交流等活动,在国内进行广泛的科技交流与合作,进一步增强了区域的自主创新能力和人才优势。这些都为苏州环保高新技术产业园区的发展提供了人才和技术保障。

另一方面,技术和研发平台的建设促进环保产业园区科技发展。江苏宜兴环保产业园区和苏州国家环保高新技术产业园区发展的关键点主要是建立了"技术孵化平台"。宜兴"技术孵化平台"已与南京大学、哈尔滨工业大学、中国环境科学研究院、南京农业大学等10多所科研院校建立了战略合作关系,建立了南京大学宜兴环保研究院、哈尔滨工业大学宜兴环保研究院、南京农业大学省级重点实验室等50多家产学研机构。苏州国家环保高新技术产业园区建立的"孵化器"已经累计孵化企业100多家,累计毕业企业36家,已成为苏州高新区乃至苏州市节能环保中小企业的孵化摇篮,加速节能环保高新技术成果产业化。这些机构为提高宜兴市、苏州环保产业的创新能力和核心竞争力做出了积极贡献。

4. 信息和商务等信息化平台建设驱动力分析

环保产业园区在起步后想要继续发展壮大和升级转型离不开各类信息平台建设。青岛新天地静脉产业园区近年来越来越注重信息平台建设,努力实现物流、信息流畅通。在建设青岛市回收体系的基础上,建立了"山东省固体废物信息交换中心",为青岛市和山东省的危险处置中心以及本园区提供信息服务。苏州国家环保产业园也已经建立了公共服务平台,公共服务平台主要包括环保服务信息、商品资讯中心信息、环保在线专家资讯服务、企业服务信息等,科技信息服务体系的建立为现代信息、资讯服务和园区的环保科技工作宣传交流提供了便利。

5. 融资体系影响

环保设备和产品的生产和销售、公共基础设施的建设和配套服务、中小环保企业成长的孵化服务,核心技术的研发和产业化,都需要大量的资金作为支撑。因此,先进产业园区都建有高效的投融资体系,保障环保企业和园区的大量可持续的资金来源。目前,中国拥有多种有效的融资途径,如债券融资模式、股权融资模式、项目融资模式和绿色信贷模式等。如项目融资是以项目运营收入承担债务偿还责任的融资形式,主要包括 BOT、PPP、TOT 等模式。苏州国家环保高新技术产业园第二污水处理是以企业化方式运作全过程,即 BOT 运行模式,不仅减轻了当地政府的财政负担,而且为外来投资创造了良好的环境。企业并购也是股权式融资的一种有效途径,2008—2011 年,我国环保产业并购案例 13 例,总金额超过 30 亿元。其中,瀚蓝环境以 18.5 亿元购买创冠 10 个垃圾焚烧项目 100% 的股权,至此,瀚蓝环境从一家小型水务公司变身成为国内前十的固废处理公司。

(四)中国环境服务业集聚区发展存在的主要问题

虽然在各地建立了许多环保产业园区,但园区运营情况并不乐观。自 2014 年贵州节能环保产业园获得批复成为国家级环保产业园区以来,近五年间尚未有其他园区戴上"国字帽"。同时,据调查资料显示,"环保产业"的名不副实现象存在于很多环保产业园区当中。一些园区虽然挂着环保产业园区的招牌,但入驻的环境企业比例很小,与普通的工业区或开发区没有多大区别。这主要是由于现有环保产业园区存在一些问题,如国家缺少关于环保产业集聚区建设的政策扶持,园区定位和建设并未依托当地的产业基础,园区缺少专业化服务平台和信息平台等,这些因素均是限制园区健康发展的不利因素。

1. 缺乏国家层面配套政策,部分地方政策效果欠佳

国家层面,制定并出台了多个重大政策及文件,鼓励并大力推动环保产业的发展,但缺少关于环保产业园区建设的专项扶持政策或相关标准,使园区发展建设动力不足且规范程度欠佳。

地方层面,虽然我国近年来部分地区出台了部分配套政策推进环保产业集聚区的建设,但是绝大部分政策停留在理论和原则层面,可操作性不强,使园区管理工作和企业具体发展缺乏有效指导。

综上,我国尚未形成一套完善的推动并规范环保产业园区建设发展的政策体系,不利于全国各区域园区的统筹发展。

2. 区域发展不均衡,企业同质化严重

与环保产业发展现状一致,我国环保产业园区域化差异明显。主要环保产业园区在东部地区的沿海地带分布较为集中(环渤海、长三角、珠三角),数量和质量均位于全国前列;中、西部地区园区发展较为滞后,且集聚发展效果不明显。

与此相反,全国园区内企业则呈现出较高的均质化,环保服务业比重较小,企业规模整体偏小,产业集中度较低,产品及技术同质化现象严重,缺乏市场竞争力,难以和国际环保企业相比,同时导致园区特色不明。

3. 园区内企业科技创新能力不强,缺乏驱动带头作用

当前,我国多数环保产业园区内的企业仍以产品、装备制造及三废处置为主,研发能力相对不足,从政策及资金投入上均无法保障,导致园区整体创新能力较差,应对突发及新型环境问题能力有限。

同时,环保产业园内企业大多享有来自政府的各种补贴和优惠政策,依赖性强,盈利渠道单一,抗风险能力低,缺乏独立发展的能力,很难形成具有自身特色的行业领军及龙头企业,不利于带动园区的发展。

二、江苏环境服务业集聚区发展现状

(一)江苏环境服务业集聚区发展现状

在国家发展绿色经济、建设生态文明的大环境下,坚决打好污染防治攻坚战,尤其是"蓝天保卫战",顺应人民群众对美好生活的期待,是当前和未来一段时间的重要工作。同时,为响应长江经济带"共抓大保护,不搞大开发"的基调,生态环境部会同相关部门及沿江11个省市,先后制定了《长江经济带生态环境保护规划》《长江保护修复攻坚战行动计划》,并指出长江经济带沿线省市要抓好污染防治,加大环保技术成果转化。环境服务业集聚区是科技与工业的综合体,是以环保产业为主的产业园区,其任务是研究、生产和推广环保产品,促进

科研成果产业化、商业化。因此,充分发挥环保产业园的作用,促进科技成果转化,才能更好地服务长江经济带生态环境保护和"蓝天保卫战"。

江苏省的环保产业园建设从 20 世纪 90 年代开始起步,具有速度超前、省部省市共建、点轴布局、创新模式的特点。1992 年江苏省建立了第一个重点环保产业相关园区—中国宜兴环保科技工业园。该园区坐落在江苏省宜兴市,园区在处理"三废"、资源循环利用、生态环境修复等细分行业领域有一批具有国际领先水平的环保企业,与国内许多大学及科研机构建立了产学研合作平台,在水污染防治、大气污染防治、噪声污染防治、固体废弃物防治、环境监测仪器等全产业形成覆盖。

2001 年江苏省建成两个国家级环保产业园区:苏州国家环保高新技术产业园和常州国家环保产业园。苏州国家环保高新技术产业园以培育环保高新技术为重点,采用股份制公司模式来运作环保产业园区;常州国家环保产业园使得环保工业园、环保生态园、环保科研园、环保产品展销中心和环保产业咨询中心协调发展。2007 年江苏省建成第二个重点环保产业相关园区—中国宜兴国际环保城,设有环保产品展示交易服务平台、环保科技成果转化为生产力服务平台、监测认证服务平台、融资服务平台、环保企业孵化服务平台、环保工程设计服务平台、信息服务平台、生产加工制造服务平台等,吸引世界知名企业入驻。

至 2019 年,江苏省已初步形成南京、苏州、无锡、常州、宜兴、盐城六大环保产业聚集区域,以苏锡常为轴,南京、盐城、泰州等城市为点形成点轴发展的格局。通过省市合作在江苏省内实现高平台上的各市资源的优势交流与融合,加强环保技术创新的交流与融合、完善环保产业的产业链,实现环保产业体系的集群化、规模化、特色化。

表 3 江苏主要环保产业园区概况

名 称	成立时间	特 点	管理模式
南京江南环保产业园	2013 年 9 月	以生活垃圾焚烧、危废固废处理、再生资源利用以及环境服务业和绿色能源等产业为主	政府主导
南京江北环保产业园	2015 年	以循环利用产业为核心	政府主导
苏州国家环保高新技术产业园	2001 年 2 月	国内首家国家级环保高新技术产业园,集环保载体建设和环保科技创新、公共服务为一体	企业化运行
江苏盐城环保产业园	2009 年 4 月	以烟气治理为主要方向,中国首家雾霾治理研发与产业化基地和中国环境产业最具竞争力园区,享有"中国烟气治理之都"的美誉	政府主导
常州国家环保产业园	2001 年 2 月	中国环境保护产业协会指定的环保产业示范基地	企业化运行
中国宜兴环保科技工业园	1992 年 8 月	环保产品涉及水、声、气、固、仪及配套产品六大类,是中国最大的水处理产业装备生产集聚地,中国环保企业最集中、产品最齐全、技术最密集的产业集聚区	政府主导
无锡市梁溪环保物联网产业园	2017 年	重点引进大气、水、土壤等专业监测分析传感器及系统的研发生产企业、环境监测平台及数据服务相关企业,推动物联网技术与环保治理深度融合	政府主导

(二)江苏环境服务业集聚区发展经验

1. 适度超前,省部共建

早在 1992 年,江苏就设立了当时我国唯一一个以发展环保产业为特色的国家级高新技术产业园区,2001 年又相继设立了常州国家环保产业园、苏州国家环保产业园两大国家级环保产业园,并在国家《"十二五"节能环保产业发展规划》发布前率先出台了《江苏省节能环保产业发展规划纲要(2009—2012 年)》,有效抢占了节能环保产业园建设和节能环保产业发展先机。同时,大力实施省部联动战略,积极推动国家部委与地方政府合作共建节能环保产业园,合力建设具有国际竞争力的创新型科技园区。将重点节能环保产业园列入国家科技部、环保部"共同管理和支持"单位,列入部省会商机制,与科技部建立部省合作计划,引入国家科技部、住建部等优质"国字号"资源入园,推动国家发改委、财政部在江苏联合设立全国首只节能环保创业投资基金,并与国家科技部、国家级协会共同举办"中国环保技术与产业发展推进会""中国节能环保设计大赛"等大型展会赛事,不断提升节能环保产业影响力。

2. 立足优势,多点布局

依托国家级环保产业园区建设筑巢引凤、推动要素集聚、完善产业链,初步形成了以无锡、苏州、常州三城为轴,以南京、盐城等城市为点的点轴增长格局,培育出全方位、多功能、高起点的国家级环保产业园区和综合性、系列化的环保工业体系,在水处理、大气污染治理设备等方面处于全国领先地位。宜兴已成为中国"环保之乡",具备环保研发设计、生产制造、工程安装、售后服务等产业链,苏州在节能、环境治理技术与装备、环保新材料等方面优势明显,常州的节水及水处理、大气污染等技术国内领先。目前,宜兴以环保科技工业园为中心聚集了无锡市 89% 的环保企业,苏州以高新区和工业园为主要载体推动产业规模近千亿,江苏节能环保产业主营业务收入约七成集中于苏州、无锡、南京三市。

3. 创新模式,搭建平台

在建设模式上,通过在高新技术产业园内设立节能环保产业园,形成"园中园"模式,推动园区企业优势互补、错位发展。在运作模式上,探索企业化模式运作,实现市场化经营、社会化服务和商业化运作。在产业经营模式上,以产品经营为主向总承包一体化经营转变,推动产业园区由企业集中向创新集群转变。同时,积极为企业搭建发展平台,吸引国际知名企业入驻,为园区企业建设诸如环境监测服务、企业孵化、银行融资、国际前沿环保技术、人才交流等多项专业服务平台。

4. 合理分区,专业孵化

按照功能定位科学规划节能环保产业园布局,形成集科研、生产、生活于一体的多功能协调发展产业园。如苏州环保产业园,该园设有面向创业型企业和中小型企业入驻的含生产加工区、科研办公区和生活配套区的 A 区,以及面向大中型生产型企业使用的 B 区两个功能区。通过资源整合和积聚形成核心专业力量,组建国家千人计划团队,与大型科研院所建立战略合作联盟,建设一流的专业创业环境,尝试科技孵化——产业加速器配套运作,积极孵化节能环保中小企业,打造具有领先水平的节能环保企业,推动节能环保产业链式发展。

三、江苏环境服务业集聚区典型案例

（一）宜兴环保科技工业园

1. 宜兴环保科技工业园简介

中国宜兴环保科技工业园是于1992年由国务院批准设立的我国目前唯一以发展环保产业为主的国家高新技术产业开发区，是国家科技部、环保部（原国家环保总局）"共同管理和支持"的单位。同年，中国宜兴环保科技工业园的建设与管理被列入"中国二十一世纪议程优先项目计划"。工业园规划用地范围70多平方公里，分设一期、二期和配套区三个建设区域。电、水、通讯、排水、道路等基础设施配套齐全。104国道、新长铁路（新沂至长兴）、宁杭高速公路（南京至杭州）和锡宜高速公路（无锡至宜兴）在园区交汇。工业园支撑服务体系健全，包括具有配套的技术服务机构、技术和人才支持、政策和行政支持，以及对到园区设立企业、兴建项目的全程管理服务。工业园坚持"一体两翼"（以环保产业为主体，以高新技术和外向型经济为两翼）的发展方针，通过几年的开发建设，已初具规模，现与日本、德国、美国、加拿大、芬兰、瑞典、澳大利亚、东南亚等20多个国家和地区建立了合资合作关系，一大批环保公司前来投资兴业，共同开发水处理设备、环保药剂、垃圾焚烧设备、环保生物菌等一大批产品已投入市场。

2. 宜兴环保科技工业园功能园区

（1）两区

① 环科园中央商务区：总投资20亿元，占地17万平方米，建筑面积45万平方米，主要实现商务、办公、娱乐、会展四大功能。

② 环保科技研发区：规划建筑面积46万平方米，占地420亩。主要发展以科研、设计、检测为主的创新载体及公共服务平台，吸引国内外重点企业建立独立的研发机构，掌握一批国际领先的环保技术，走在环保技术研发的最前沿，打造成国内一流的环保技术研发中心。主要入驻项目有以下几个中心：

国家电线电缆质量监督检验中心：定位于线缆产品质量检测，重点向产品研究开发方向发展，以检测技术优势促进产品质量水平和新产品研发，中心将按照国内先进、国际一流的标准，建成CE和CB认可实验室，目前已建成运行。

清华大学宜兴环保研发中心：围绕高效脱氮除磷、污水资源化等环保技术开展研发与服务，进行中试、产业化方面的研究和工程示范，在高效脱氮除磷、污水资源化、污水处理厂提标升级等方面提供先进、能耗低的技术与装备。

国家环境保护湖泊工程技术中心：由中国环境科学研究院与江苏中科基业河湖治理工程有限公司共建，由孟伟院士、刘鸿亮院士、金相灿教授等组织团队，进行湖泊水污染防治等重大关键、基础性技术的研究与运用。

环境控制与污染治理工程中心：由中国科学院过程工程研究所与宜兴中昱环保科技有限公司共建，加强除尘脱硫技术合作，推进技术成果的产业化。

江苏省生物肥料工程中心：由南京农业大学与江苏新天地氨基酸肥料有限公司合作共建。3～5年内致力建设成为国家级工程中心、国家级重点实验室；将江苏新天地生物肥料工程中心有限公司培育成上市公司，成为国内有机（类）肥料的龙头企业。

江苏省脱氮除磷水处理工程技术研究中心：由东南大学与江苏凌志环保有限公司合作，

从事开发研究城市污水脱氮除磷专利工艺、专利装备,是低成本处理城市污水科技成果转化的实验平台。

(2) 两中心

① 环保会展中心:占地约 3.5 万平方米,建筑面积 3.8 万平方米,主要功能为环保会展、技术交流、商务交易、人才培训等。

② 国家电线电缆质量监督检验中心(江苏):该中心于 2007 年国家质检总局批复筹建,由江苏省产品质量监督检验研究院和无锡市宜兴质量技术监督局共同建设。项目计划总投资 9 800 万元,建筑面积 18 600 平方米。

国家质检中心是集检测、技术开发、咨询培训服务为一体大型研究型检测机构,是全国电线电缆材料标准化技术委员会秘书处单位。拥有各类检测人员 48 名,博士研究生 1 名,硕士研究生 6 名,拥有各类检测装备 300 余套,其中,65% 以上为进口检测设备,检验产品覆盖了 500 kV 电压等级及以下的各类电线电缆,综合检验能力在全国质检系统中处于领先位置,在电线电缆行业具有较高的知名度和权威性,并与国际知名的跨国公司、检测机构开展了富有成效的合作。

目前,中心承担了省部级大型科技项目 1 项,地市级科技项目 2 项,编制国家标准 2 部。中心建成后 3~5 年力争申请成为 CB、CE 认可实验室,积极服务我国电线电缆企业逐步走向国际市场。中心将不断在人才队伍、检测装备、科研开发等方面继续加大投入的力度,努力在 5 年的时间内把中心建成全国知名的电线电缆技术测试服务中心,建成国际一流的实验室。

(3) 八园

① 江苏省宜兴留学人员创业园:该园于 2007 年 9 月经省人事厅批准建立,总投资 1.2 亿元,建筑面积 3 万多平方米,是集研发、孵化、转化、产业化于一体的智能化、多功能的高新技术企业孵化基地和留学人员回国创业基地。

② 宜兴软件园:由江苏卓易信息科技有限公司投资兴建,一期建筑面积 2.5 万平方米,总投资 2 亿元。二期规划建设面积 3 万平方米,总投资 2.5 亿元。

③ 中国服务外包示范区宜兴环科集聚园:总投资 1.5 亿元,建筑面积 2.7 万平方米。主要功能为集成电路设计研发外包、环保科技研发等环保业务流程外包。

④ 苏大彩虹科技园:位于环科园绿园路南侧,由无锡市彩虹置业有限公司投资 8 亿元整体开发,规划占地面积 72 000 平方米,总建筑面积 22 万平方米,主要发展融环保科技研发、环保科技服务外包、环保科技成果孵化、商务办公、配套商业服务和生活设施等于一体的环保科技现代服务业,形成以环保科技研发为龙头、环保科技成果转化为重点、产业链不断延伸的环保科技商务服务基地。

⑤ 俊知 3G 科技园:由新加坡俊知集团投资兴建的江苏俊知技术有限公司俊知 3G 科技园项目,总投资 2 亿美元,总规划面积 365 亩,建筑面积 19 万平方米。

⑥ 江苏宜兴国际环保产业设计园:经江苏省商务厅批准的省级特色产业园,总投资 1.8 亿元,总建筑面积 2.4 万平方米,建设商务办公、环保研发设计、环保咨询、信息技术外包大楼。

⑦ 南大苏福特环保科技园:项目由南大苏福特科技有限公司与盛丰中国有限公司投资 5 000 万美元,开发环保零配件加工的产业园,项目建成后可吸纳 30 家环保企业入驻,年销售额可达 5 亿美元~8 亿美元。

⑧ 环保产业园:占地 400 亩,建筑面积 32 万平方米,依托德中环保技术转移中心、日中环境技术转移中心,建设具有独特竞争优势的环保园中园,相继有日立环保、安尼康环保、清新粉体、菊池环保等多家日本环保企业入驻。

3."一带一路"上的环保生力军

宜兴环科园依托多年的产业淀积和国际交流,成为我国装备制造能力最强、跨出国门最早的环保产业集聚区,从东盟起步走上"一带一路",通向亚、非、欧、美。前瞻未来开展国际合作,为人类寻找可持续的生态文明之路。

(1) 从东盟起步走上"一带一路"

在国家提出"一带一路"倡议之前,宜兴的环保企业于新世纪初就在全国最先走出国门,是一支受国际信赖的环保生力军。凌志环保是宜兴对外环保工程总承包大户,2006 年以来承接越南、印尼、印度等国的大型环保工程。国外的行业标准、法律法规很复杂,宜兴环保人从技术创新、业务营销转向通晓外国政策法规、风俗民情的全套服务,适应各国国情,并在多个国家申请了专利。

2014 年 5 月,为落实李克强总理在第 16 届中国—东盟领导人会上提出的"建立中国——东盟环境保护与产业合作交流示范基地"的设想,宜兴环科园承建了该示范基地。接着,与东盟十国联合撰写了分国别的环保产业调查报告,出版了东盟生态环境蓝皮书。2015 年 6 月,响应习近平主席提出的"一带一路"重大倡议,环科园管委会对宜兴 200 多家环保规模企业开展了"走向一带一路的基本情况"的调研,获悉大多环保企业都有"走出去"的意向,其中有 28 家已与"一带一路"上的国家开展过合作。11 月,应东盟中心、泰国资源与环境部、印尼环境与林业部的邀请,宜兴环科园组织 6 家在水污染防治、土壤修复、固体废弃物处理等领域已与东盟有过合作的企业,参加在泰国曼谷和印尼雅加达举办的环保技术合作研讨会。一系列合作项目陆续展开:江华集团与泰国合作工业园 PPP 项目,并被新加坡邀请参与海水淡化建设;凌志环保参与建设孟加拉国皮革污水处理厂成功后,接着再建污泥发电厂,预计 2017 年底竣工;一环集团承包了吉尔吉斯坦、安哥拉等国的环保项目;碧落环保科技公司的产品在马来西亚、印尼、越南拥有独家代理后又在波兰、美国找到独家代理,打开了通向亚、非、欧、美的道路。

在东北亚,宜兴环科园与韩国、日本的合作也取得成效。2015 年,环科园与韩国大邱市合资建设污泥干化项目,把污泥变成能源,有广泛的国际推广价值。菲力集团与日本伊藤忠商事、松江土建株式会社合作,引入 WEP 水体环境修复技术合作建厂,其技术设备将推向世界各地。

"鹤从珠树舞,凤向玉阶飞。"宜兴环科园与东南亚、东北亚的环保合作在国际上震动了视听,引来了诸多优质的生产要素,联手解决许多国家、地区的环保难题。宜兴浩远集团一直在非洲做大型工程基础设施,但双方资金都不足。世界著名的基础建设基金——麦克里基金很欣赏宜兴浩远在非洲的人才、技术,欣然解囊相助,使得非洲好几家大型环保项目上马。非洲有不少厕所还是露天的,宜兴五洲环保与美国加州理工合作研发生态厕所销往非洲,逐步改变那里的卫生环境。

(2) 构建多种国际化创业创新平台

走上"一带一路"的过程是不断走向国际高端的过程。宜兴环科园瞄准"中国第一,世界一流"的目标,构建了一系列国际化创业创新平台。

与国际优秀环保公司建立技术对接中心:近几年来,宜兴环保园与德国、丹麦、芬兰、荷兰等十几个国家合作建立清洁技术对接中心,引进了100多项国际先进技术和项目。江苏一环、博大环保等企业赴马来西亚、俄罗斯、美国设立生产基地和代表处。公司请来国际水协主席格雷戴格院士在园区建立了外籍院士工作站。南洋理工环保技术转移中心来此落户共建石墨烯产业园。俄罗斯科学院、莫斯科国立大学在园内设立了生态材料研发中心。江华集团被以色列魏兹曼——耶达公司的两项水处理技术所吸引,与对方成立联合成立研发中心,由江华集团出资,对方提供技术支持,对技术进行改进,以期更加适合国内外水处理的需要。菲力集团与德国FUCHS公司(自吸式螺旋曝气机的专利所有者)、德国Wessling公司(世界前三名的土壤修复企业)、美国E/ONC公司等多家企业结成紧密合作伙伴,菲力进出口公司已经从原先单纯的产品代理进出口向技术买进、合作研发、技术设备输出转型。

加入国际环保组织:宜兴环科园先后加入欧洲商业与创新联盟(EBN)、国际清洁技术网路(ICN)等环境创新组织,分别与芬兰拉赫蒂商务科学园、韩国仁川科技园结成姐妹园区,与丹麦卡伦堡生态工业园结为友好园区,进行长期交流合作。环科园还在加拿大魁北克省蒙特利尔市等地建立了3个海外联络处,作为"引进来,走出去"的基地。

参与多种国际环保展:先后组织100余次参与德国幕尼赫环保展、美国水展、韩国环保展、上海国际环保展,开展跨国技术交流12批次。通过多种国际环保展,与美国尼康集团、加拿大绿色中心、新加坡工商总会等国外机构合作,引进了加拿大的电催化综合污水处理系统、美国的蓝藻处理技术、德国的高效多功能过滤技术、法国的HMD蒸发技术等一批国际先进的清洁环保技术、产品和项目。

举办环保产品、装备交易会:2013年投资10亿元创办的中国宜兴国际环保城,是国内乃至国际最大的环保装备和产品的集散交易中心,国内外近千家环保企业入驻,已成功举办了4届。2016年10月举办的第四届中国环保技术与产品发展推进会,主题为"集聚全球资源,引领产业高端发展",盛况空前,受到各国环保官员、生态学者、环保企业的广泛赞誉,交易额甚大。

开班国际环保高级研讨班,探索"南南合作":2016年7月,"中国—东盟"可持续发展高层研讨班、"一带一路"绿色金融与环保产业国际合作研讨班在宜兴召开,宜兴环科园与东盟相关组织签署第二轮战略合作协议(2016—2020),联合中信环境、麦格里基金等成立了首批45家的"一带一路"环保"走出去"企业联盟,将环保技术与产业推向中东及非洲,探索南南环保合作的新模式。

(3)前瞻未来,指引当今

宜兴环科园所做的事在全国乃至全球的环保事业中具有超前量,为未来预埋伏子。2014年中国工程院院士曲久辉等6位专家提出建设面向未来的中国污水处理概念厂,要把污水变成城市的能源、水源。这一蓝图在很多人看来很遥远,能否盈利未可知,然而宜兴环科园认为应该做。中国第一座面向2030—2040年的概念水厂于2016年10月在此开工,预计2018年底建成运行,项目总投资3.2亿元,包括水处理厂、湿地公园、都市农业等,日处理规模2.5万吨,将成为中国乃至世界水处理领域的标杆。

2017年6月初,国内首家德国清洁技术超级孵化器进驻宜兴环科园。这是中德今后长期合作创新的平台,深入研发、转化德国及欧盟的前瞻性清洁技术,与水处理概念厂、水科技生态城相配套,同时将建成装备制造基地,将成果和装备推向全球。

（二）江苏盐城环保科技城

1. 盐城环保科技城简介

盐城环保科技城成立于 2009 年 4 月,是江苏省唯一以环保产业命名的省级高新技术产业开发区,以"科技为先、产业兴城"的发展思路,科技城导向四大发展重点:大气污染治理、水处理、固废综合利用、新型材料等优势领域,并注重四大发展形态:环保装备制造基地、环保工程服务基地、环保技术研发基地、环保应用体验基地。科技城规划总面积 50.53 平方公里,北至新洋港、南抵胜利河、西临沿海高速、东至南港林带大沟,其中,一期规划面积 26 平方公里,启动区 6.69 平方公里。园区地理位置优越,西部紧邻沿海高速,省道 331 在境内穿过,北侧为新洋港 5 级航道,为盐城主要内河航道,西侧 5 公里处有盐城机场。

环科城以大气污染环境治理为特色产业,环科城先后荣获"国家环保产业集聚区""国家雾霾治理研发与产业化基地""国家新型工业化产业示范基地"等 29 个省级以上荣誉。2018年,环科城成功计入中国开发区审核目录,成为全国唯一以"环保"冠名的高新技术开发区。环科城集聚了全国大气治理前 10 强中的 7 家企业,能够为需求方提供烟气治理一站式解决方案。环科城集聚了主板和创业板上市公司 24 家、规模上企业 118 家和 400 多家上下游配套企业,全国认证齐全的 6 家大气治理企业中有 4 家落户园区。目前,环科城在绿色能源、清洁生产、区域治理、节能环保新材料等领域形成了八大技术体系,拥有 30 多项国际领先技术,特别是煤炭清洁燃料、催化剂再生、膜技术、土壤修复等方面拥有多项核心自主知识产权,销售市场覆盖美国、德国等 50 多个国家和地区。

2. 盐城环保科技城目标定位

（1）经济实力更强

地区生产总值、财政收入、科技创新研发投入持续保持中高速增长,力争 2020 年实现地区生产总值突破千亿元,到 2020 年,财政总收入在 2015 年基础上实现翻两番。

（2）创新能力更强

科技创新支撑体系层次清晰、衔接紧密,企业原始创新、集成创新和引进消化吸收再创新能力不断提升,行业国际话语权增大。着力形成"大众创业、万众创新"的良好环境,建成具有国际影响力的环保高端人才创业中心。

（3）产业层级更高

环境服务业的发展成几何级增长,能够提供包括研究开发、技术转移、检验检测认证、创新孵化、知识产权、科技金融等专项服务和综合服务,成为全国环境服务业发展中心,集聚集群效应明显,主导作用增强,企业梯队完备。力争 2020 年实现环境服务业产业规模达 100 亿元。

（4）产城形态更美

建成 20 平方公里的环保科技新城,"产城融合、两化融合、三态(形态、业态、生态)合一"水平迈入新台阶,生产空间集约高效,生活空间宜居适度,生态空间天蓝水清草绿。

（5）体制机制更新

形成更加有利于自主创新和产业发展的新机制新政策,在激励成果转化、科技投融资、产学研合作、创新政策制定、创新创业人才培养改革等方面不断取得新突破,在全国环保类产业园区中,创新能力排名始终保持前列,成为具有国际影响力的环保品牌集聚中心。

（6）国际影响更广

国际化的知名企业入驻率增加，国际化的生活创业环境基本形成，以国际化的环境吸引一流的国际化人才，带动江苏环保产业率先实现国际化，建成具有国际影响力、符合国际化要求的宜居宜业的"东方硅谷"。

3. 盐城环保科技城发展优势

（1）科教资源丰富，建立紧密的产学合作机制

盐城市现拥有 5 所高等院校、44 所中等职业技术学校，成立了六大职业教育联盟，每年输送 10 万名左右的专业技术人才。与盐城工学院、盐城师范学院建立长期合作机制，建有国内唯一以环保为主导专业的教育院校——盐城环保职业技术学院，开展订单式人才培训，强化管理人才和技术人才支撑，与北京大学、清华大学、南京大学、哈尔滨工业大学等国内名牌高校合作，联合办学，培养实用型、应用型高端环保高技能人才，为园区发展储备了大量技术型、实用型人才，以优质科教资源夯实产业发展基础。此外，积极建立紧密的产学合作机制，环科城拥有 9 个博士后工作站、22 家研发机构以及 11 家国家级企业技术中心，并积极吸引领军人才，包括两院院士 11 名、"千人计划""百人计划"高端领军人才 35 名以及教授、专家 104 名。

（2）科技创新攀升

园区集聚先进研究机构，建设高质量科技创新平台，诸如中国科学院过程工程研究所、中国科学院生态环境研究中心、清华大学、复旦大学、美国明尼苏达大学、澳大利亚墨尔本大学等研究机构在园区内建有 18 家实体研究院，建成烟气多污染物控制技术与装备国家工程实验室、高浓度难降解有机废水处理国家工程实验室、国家环境保护工业炉窑烟气脱硝工程技术中心等 10 个国家级研发公共服务平台，已形成"两室、两所、一中心"的创新研发格局，创立了江苏科行环保股份有限公司等国家级企业技术中心 11 家，集聚了高新技术企业 35 家。2018 年，环科城高新技术产值占生产总值的 58%。

（3）开展国际合作，国际影响更广

园区建立了国际化环保产业合作区、欧洲高新技术环保产业园等国际联合体，并与德国 GEA 公司、美国麻省理工学院等在技术引进、联合技术研发、成果转化等方面开展合作。从 2012 年起园区每年举办一届盐城国际环保产业博览会，邀请国际著名环保企业、环保专家交流合作，提升环科城国际知名度，建立全球开放合作机制，2019 第八届中国盐城环保产业博览会暨绿色产业创新发展大会在盐城开幕，吸引来自 23 个国家的 51 家知名环保企业和 130 个国内环保企业参展，以"创新发展促转型，助力长三角绿色发展一体化"为主题，旨在搭建政府与企业、企业与企业之间的交流合作平台，促进盐城环保产业快速发展，推动环境质量持续改善。2019 年环博会开幕式上，现场签约了新兴产业股权投资基金项目、环保大数据平台建设项目、新能源综合利用及环保小镇建设项目等 10 个重大产业项目，协议总投资达 80 多亿元。这些项目科技含量高，投资强度大，预期税收强，带动辐射广，将进一步加快各类创新资源高效系统的融合。

（4）科技为先、产业兴城

全市拥有近 300 家节能环保企业，建有 18 家实体研究院和 12 个国家级技术研发平台，形成了环保装备、环保滤料、节能电光源等三大产业特色，目前已集聚众多国内外著名企业入驻，包括瑞图生态、苏伊士、美国麦王、法国拜玛、福建龙净、中国节能、北京万邦达、北京清新环境、凯天环保、科达洁能、国电投远达、浙江菲达等一批行业龙头企业，全国大气治理行

业前10强已有7家入驻,烟气治理装备制造全国市场占有率达到19.8%,水泥行业、玻璃行业脱硫脱硝工程全国市场占有率分别达到52%、70%。

(5)发挥存量资源,不断强化创新政策引导,在"引、聚、用、留"上做好文章

要不断完善以"两室两所一中心"为核心的绿色创新体系,在此基础上加快筹建环保产业研究院;要加快现有研发平台的资源整合,推动中环城绿色环保产业创新联盟正式运营,实现人才、信息、技术、仪器等各种资源共享,发挥出有限资源的无限作用,推动技术成果转化、产业化进程;要加大高新技术企业的培育力度,鼓励支持企业与园区研发平台合作、与国内外知名高校、科研院所合作,加大研发投入归集力度,提升专利指标、建立研发机构,确保全年高新技术企业占规上工业比重超80%,实现高新技术企业数量和质量的"双提升";要扎实推进"线上环科城"建设,加快企业技术改造升级和"两化"深度融合,推进智能工厂、智能车间试点,推动企业高端化、智能化、绿色化改造升级,实现降本提质增效;要不断强化创新政策引导,在"引、聚、用、留"上做好文章,精准集聚产业发展紧缺的高端人才,提升人才与经济发展的匹配度。要全力加快领军人才的引进,迅速集聚一批领军人才、产业人才到园区创新创业,力争全年引进高层次人才不少于35人、高层次创新创业团队不少于3个,确保120套人才公寓8月份全部交付使用。

(三)江苏南京江南环保产业园

1.南京江南环保产业园简介

为适应新型城镇化发展的战略需求,南京江南静脉产业园于2011年9月启动建设。2013年9月园区总体规划获得市政府正式批复(宁政复〔2013〕143号),规划用地面积6.02平方公里,规划范围:西临长江、北靠滨江开发区、东依南山湖、南连马鞍山,分南北两块片区,以"长三角静脉产业示范园与再生资源研究中心、南京废弃物资源回收处置利用中心"为功能定位。2013年11月,为拓宽产业内涵,南京市政府将"江南静脉产业园"更名为"江南环保产业园";江南环保产业园控制性详细规划于2013年12月启动,在总体规划确定的规模不变的前提下,进行了规划范围的调整与优化,考虑园区与周边的整体关系,北部片区向北扩大规划范围至汤铜公路,南部片区不纳入规划范围,规划用地面积仍为6.02平方公里。2016年1月,江宁分局就《江南环保产业园控制性详细规划》规划范围调整情况事宜在市规划局规划编制专题例会上提请审议,根据南京市规划局规划编制专题例会2016年第1次会议的指示,江宁区结合城市增长边界,经充分研究后重新优化了城市增长边界,将园区近期重点发展地区纳入其中。

因此,江南环保产业园规划范围调整为北依铜井河、西邻宁马高速、南至焚烧发电厂、东邻南山湖,规划用地面积3.59平方公里,规划期限为2018—2030年。考虑到江南环保产业园距离生态保护区较近,原产业定位中规划的静脉产业污染较大,园区产业定位调整为:以研发测试为主,兼具环境工程与技术服务、环境设计服务和生态修复工程与技术服务的环境服务业、环保装备制造业以及生活垃圾处置及配套产业。

2.南京江南环保产业园空间结构和功能布局

根据规划,产业园发展定位为集环保、新能源、科普教育、生态农业、工业旅游为一体的"环保主题生态公园",重点引进生活垃圾焚烧、危废固废处理、再生资源利用以及环境服务业和绿色能源等产业。园区致力于打造成为国家级静脉产业和"城市矿产"示范区,国家级循环经济集聚区,以及南京市环境服务业发展中心和全民科普教育中心。按照园区产业发

展的总体路径、择定产业的重点发展领域、基础设施建设的时序,以及生态约束与布局的规避条件,规划形成三个功能片区,环保装备制造业功能区、环境服务业功能区、生活垃圾处置及配套产业,对应产业发展为以下三大产业:环境服务业:以研发测试为主,兼具环境工程与技术服务、环境设计服务和生态修复工程与技术服务;环保装备制造业:主要包括环保装备、环保产品制造;生活垃圾处置及配套产业:以焚烧发电为主的生活垃圾处置及灰渣填埋、泥浆处置等配套产业。从北至南依次为环境服务业功能区环保装备制造业功能区,生活垃圾处置及配套产业集中布置于园区南部,各功能区之间不存在交叉污染。同时,结合园区产业定位,园区各功能区布局形成了循环经济体系,从而各功能区之间相互促进。园区的总体布局最大限度地保留了现状用地中的工业等建设用地,同时针对周边生态敏感区做到了最大限度的避让,规划范围内不涉及江苏省以及南京市的生态红线规划中的一级和二级管控区。

3. 南京江南环保产业园的发展机遇

(1) 环保产业巨大的需求市场空间

由于历史的原因,我国水体、大气、土壤污染严重,治理任务艰巨,但这对于环保产业而言,又是巨大的潜在需求市场。国家现已推出了谁污染谁付费、污染第三方治理、环境监测社会化服务、PPP制度等新的环保政策,将环境保护主要依靠政府的传统发展方式转变成为由市场要素起主导作用的发展方式,市场机制在推进环境保护工作中发挥了重要作用,政府主要是加强环境监管,综合运用政策法规和市场的手段,推进环境保护的发展。多要素的作用,可以释放巨大的环境保护市场,为环保产业发展提供巨大的发展空间。特别是已经开始实施和即将开始实施的《大气污染防治行动计划》《水污染防治行动计划》和《土壤污染防治行动计划》,将带来8.5万亿元的投资,实施一系列重大环境工程项目,将带动环保装备制造、产品开发、工程建设和各类环境服务业等全面发展。

(2) 新环保法规、政策出台实施

环保行业相比装备制造业、智能电网、轨道交通等其他行业,具有一定的敏感性、特殊性,这就要求它必须要有一个强大后盾作为发展支撑。目前,我国环保相关法律建设不断加强,新《环保法》开始实施,《大气污染防治法》也在抓紧修订。这些法规、政策、措施的制定实施,为环保产业的管理和规范提供了基础。特别是新《环保法》的实施,对环保产业产生了巨大影响。"依法环保"要求环保产业与环保产业园的发展必须紧扣新《环保法》强调生态文明、监管更为严厉、鼓励公众参与、鼓励跨区域协调生态保护的特点。有了法律支撑,园区的发展就有了一块稳定的基石,企业的头顶也悬挂了一把"利剑",不敢再胡作非为。以前"先污染后治理"的现象将逐渐得到杜绝,同时,园区也会竭力杜绝一切可能产生的二次污染。

(3) "互联网+"的热点

互联网与大数据纵横交织的时代,已融人们生产、生活的各个环节。顺势而为,环保产业线上线下的结合也成为一种趋势。环保产业园应该依托最新的互联网技术,不断提高自身起点。

(4) 南京市大力推行产业转型升级,降低企业产能消耗的现状

江南环保产业园首先当立足南京市,为本地企业在节能减排、形象改善方面提供支撑。像本地知名企业南钢集团,目前就已将目光投向了废旧汽车拆解以及固废、危废处置等领域,这正好与环保产业园的主导产业不谋而合。借助于环保产业园在节能环保服务、绿色生产示范方面的天然优势,全市更多企业将会在效率提升、环保达标上得到支持帮助。

（5）科普政策与需求

南京市"十二五"旅游产业发展规划中明确提出重点培育和发展与科普相关的新型旅游项目。重点培育若干科教旅游点和重大项目，包括依托大型科研机构和科技企业，面向游人开放；打造若干以科技为主题的主题公园；加强由观光向互动的旅游体验方式转变，增强科教旅游的参与性、趣味性和科普性。

江南环保产业园坐拥周边极为丰富的山水资源，园区对入园项目严格把关，严密监管，已建成运营的光大生活垃圾焚烧发电厂项目，已经为后续入园企业树立了一个标杆。这些企业技术先进，管理水平高，从事的项目与老百姓的生活息息相关，可谓是科普旅游的不二选择。光大电厂项目自建成以来，已迎接了来自全国各地各个行业、众多团体的考察。可以想象，未来南京市的中小学生会组团来环保产业园上一堂生动的科普知识课，而南京市也将出现一个新的独一无二的科普旅游景点。

4.南京江南环保产业园发展路径探索

在现阶段经济环境下，传统工业园区的发展确实遇到了很大挑战。江南环保产业园不仅要吸收借鉴以往传统工业园区开发模式的成功之处，更重要的是吸取它们在发展过程中的失败教训，避免重蹈覆辙。这里仅从园区实际情况出发，提出几点不成熟的思考。

（1）主导产业的确定

环保产业园到底要发展什么产业？到底要引进什么样的企业？作者认为不能一味只生产环保设备或者只做环保技术研发的企业，更重要的是要立足于南京市的市情、环保行业的行情，不能盲目折腾。

先就危废处置项目来说，据江苏省环科院相关人士介绍，南京市现在每年危废饱和能力大约是 8 万～10 万 t，江北的威立雅项目设计年处理量 2.8 万 t，天宇项目设计年处理量 3 万 t，这两个项目现在处于准启动状态。那么剩下的 2 万 t 如何处理？环保产业园当然可以考虑新上此项目。那么问题来了，危废处置项目利润十分可观，盯着这块"肥肉"的企业不止一家，而实际可以处理的量是相对有限的，这就要求环保产业园不能像企业那样把目标盯死在某一个利润可观的行业领域，更不能搞项目重复建设、企业同质竞争。只能优中选优，对园区的长远发展负责。

再以餐厨垃圾项目来说，根据《南京市餐厨废弃物处理规划》预计，2015 年、2020 年南京市餐厨废弃物产生量年分别为 814 t/d 和 934 t/d。南京现已建成板桥餐厨垃圾处理厂，设计处理规模 100 t/d，但项目自建成以来负面消息不断，对周边环境的影响也很明显。从根本上说，100 t/d 规模完全无法满足南京市的处置需求，更制约了餐厨垃圾的规范化收运处理。那么，江南环保产业园要不要做这个项目？当然要做，因为它不仅有可观的效益，更能解决南京市的实际需求，但前提是在处理技术、处理设备的比选上必须严格把关，项目环境影响评估要细致到位，不能做成有二次污染、影响民生的负面形象工程。

结合以上所举两例，笔者的观点是环保产业园启动任何项目决不可人云亦云、盲目跟风，而是要充分考虑本地情况和市场行情。

（2）打造特色产业：环境服务业

《环境服务业"十二五"发展规划》中提出的具体目标之一就是环境服务业产值占环保产业的比重达 30% 以上。环境服务业的发展是实现环保产业业态转型的重要途径，其发展水平是环保产业成熟度的重要标志，也是江南环保产业园发展的重点方向。

江南环保产业园发展环境服务业具有十分明显的先天条件：南京是全国有名的科教名

城,南京大学、东南大学等一批优质高校,在环保产业理论研究、产学研方面具有相当不错的实力。此外,江苏省环科院、环保部南京所、南京地理与湖泊研究所等众多有实力的科研单位,都可为环保产业园环境服务业的发展提供强大的智力支持。可以想象,未来在江南环保产业园的青山绿水间,遍布着充满智慧火花,弥漫浓厚环保科技创新氛围的一个个研究机构。环境服务业对企业和整个园区的支撑都具有不可替代的作用。

（3）发展环保企业总部经济

江南环保产业园致力于打造成为"高大上"的精品园区,而园区的核心当然是企业。园区将目标锁定在环保企业总部集聚区,这一目标虽宏大却一点都不虚幻。已入园的光大电厂项目现已成为园区的标杆项目,也是光大集团又一示范项目。园区的招商对象是央企、500强、环保行业领军企业等。在和这些企业打交道的过程中,园区能感受到来自企业的浓浓兴趣,以及企业对园区发展理念的认可。如若在这里能建成一个集环保上下游完整产业链的央企或上市企业集聚区,那么整个产业园的档次自然就不会低。这些企业凭借自身在资本、技术、市场、管理方面的优势,必然会相互辐射,而后汇聚起来再共同向外辐射,这些辐射所能产生的能量对园区的发展将有极大的推动作用。

（4）园区管委会的职能转变

首先,园区管委会是为企业服务的,这一点永远不会改变。但是"做好服务"说易行难,因为管委会往往很难摆脱政府主导那种居高临下的姿态,总觉得企业随时都要听园区的指挥管理。正因如此,江南环保产业园管委会要努力转变角色,放低姿态,近商亲商,务实做好企业服务工作。

其次,园区管委会要大胆尝试走市场化的路子。传统的工业园区,往往是先平整土地,拉开路网框架,然后陆续往里面填项目,但这样做,投资成本巨大,特别是在土地平整、青苗补偿、拆迁安置、园区基础设施建设等方面。园区规模打造起来以后,又单纯依赖入园企业的税收,而园区自身没有造血功能,到最后只能依赖银行贷款才能发展建设,园区债台高筑。大胆设想,环保产业园做大做强之后,引入产业引导基金,吸收社会和民间资本,把园区作为一个整体品牌去塑造,甚至在未来将园区整体运作上市。管委会没有必要将自己永远局限在政府派出机构的角色里,而应该充分发挥自身优势,带头参与到园区的开发建设中。管委会有自己的资源,特别是在土地管理、政府协调、平台搭建、部门沟通等方面,如果将这些资源与环保企业自身的资金、技术、管理等资源结合起来,不就能形成"一加一大于二"的效果了吗? 管委会与企业共建园区,不单单是一种想法,更应该努力付诸实践。

（5）鼓励企业、社会资本、民间资本参与到园区的开发建设中来

仍以光大集团举例。国家当前鼓励民间资本以PPP模式参与环保共建,江南环保产业园引入光大环保作为战略合作伙伴。光大集团拥有强大的金融支持能力,对于园区在招商、贷款、品牌打造等方面成为重要助力;光大项目作为园区核心企业,可以引导民间资本与多种金融资本参与园区的项目建设,争取政府与公益资本的补贴,通过PPP方式共建具有竞争力的项目。

此外,以后陆续入园的诸如光大这样的央企,自身在资本运作上就具有强大的实力和丰富的经验,让这些企业参与到园区的开发建设中,拓展他们的受益方式,即不单单是通过生产销售获益,也能通过园区开发建设获益,让他们既成为园区的客人,也成为园区的主人。

（6）充分发挥环保产业引导基金的作用

目前,政府、企业、产业等各类基金均在争夺节能环保市场的"大蛋糕",但政府引导型基

金大多存在市场化运作困难、投资回报周期长,难以形成有效的商业模式。国内不少环保产业项目初始投资大,运营回收周期长、投资回报预期不佳,让产业资本望而却步,导致环保产业项目面临一定的融资难问题。因此,江南环保产业园设立环保产业引导基金十分必要。

产业引导基金可以按照"政府引导、市场运作、科学决策、防范风险"的原则运行,通过市场化方式引入国内外优秀基金管理人和优质社会资本,合作发起设立专项基金,通过专项基金以股权投资方式投入园区企业,投资决策由专项基金管理公司按照市场化原则做出。基金投资阶段全面覆盖初创期、发展期、扩张期、成熟期、pre-IPO期等阶段。引导基金发起设立的专项基金可以对企业进行战略性股权投资,参股但不控股,为入园企业提供低成本优质股权资金,优化企业财务结构,同时为入园企业提供技术引进、产业并购、渠道拓展、上市辅导等全方位支持,助力企业快速成长壮大。而这些企业做大做强之后,又可以成立壮大新的基金,通过同样的方式反哺后续入园企业,这实际上也是反哺园区。这样一来,也就实现了引导基金资本运作的良性循环。

(7) 打造模式开放化、功能多元化的园区

很多工业园区白天机器轰鸣,晚上却静如鬼城,基本只有生产这一项功能。环保产业园要想做大做强,不妨更做更多思考:一个园区为什么只是孤零零地摆在那里?如果把生产、服务、交易、教育、休闲、创新等多种功能融合在一起,那环保产业园就是一个有生命力的园区。

企业可以在生产的同时组织工业观光旅游。园区也不单单只有工业区,也可以有绿色旅游休闲区—科普教育互动区等。企业人员在企业安心上班,外来游客在园区尽情玩耍,也是一幅和谐安定的美好画面。环保产业园不单单肩负着环保生产的职能,更肩负着环保宣传的职能。

江南环保产业园应结合周边江河湖泊,山岗丘陵交错的地形地貌,综合利用自然景观,将环保生产、研发、体验、教育、旅游等有机地融入自然生态环境中,面向所有人开放,特别是学生群体等,积极鼓励公众参与。产业园还应该充分发挥自身区位优势,打造综合型环保交通枢纽,集生态绿廊、观光步道、科普展馆、亲水乐园、酒店度假区等各种业态载体于一体,充分满足不同人群的多种需求。

5. 南京江南环保产业园生活垃圾焚烧发电PPP项目案例

(1) 项目背景

近年来,随着南京市经济和社会的快速发展,城镇化速度明显加快,居民生活水平明显提高,生活垃圾产生量也随之激增。2010年,全市生活垃圾产量已超过5 000吨/天,填埋是南京当时解决生活垃圾出路的最主要方法。为切实解决南京市的生活垃圾出路问题,破解"垃圾围城"的困境,迎接2014年南京"青奥会"的顺利召开,2011年底,南京市政府启动江南和江北两个环保产业园生活垃圾焚烧发电厂项目的招标工作,中国光大国际有限公司中标南京市江南环保产业园生活垃圾焚烧发电厂项目,以BOT模式承建,特许经营期为30年。

(2) 社会资本方概况

中国光大国际有限公司("光大国际")为中国光大集团旗下实业投资的旗舰公司,在香港联合交易所主板上市公司。公司以环保能源、环保水务、新能源及环保科技为主业,已发展成为一家以"项目投资、工程建设、运营管理、技术研发、设备制造"一体化的实业投资公司,是中国首个全方位、一站式的环保产业服务商,是国内乃至亚洲领先的垃圾发电投资商和运营商。

（3）建设内容、规模以及实施情况

南京市江南环保产业园生活垃圾焚烧发电厂项目日处理生活垃圾 2 000 吨,总投资约 10.5 亿元人民币。项目建设 4 台 500 吨/日机械炉排炉和 2 台 20 MW 汽轮发电机组及配套设施,项目采用机械炉排炉技术,焚烧炉、烟气净化系统、垃圾渗滤液处理系统、自动控制系统等关键设备均采用国际知名公司的成熟产品,烟气排放指标全面达到欧盟 2000 标准,二噁英排放小于 0.1 纳克毒性当量每立方米,垃圾渗滤液全量处理后回用,全厂实现污水"零排放",飞灰经螯合剂稳定固化后安全填埋,炉渣实现综合利用。

2011 年下半年,南京市城市管理局委托咨询服务及招标代理机构对南京市江南环保产业园生活垃圾焚烧发电厂项目进行 BOT 咨询和评估,编制项目特许经营协议文本。2011 年底,中国光大国际有限公司中标该项目后,南京市城市管理局、上海济邦投资咨询有限公司与中国光大国际有限公司进行项目 BOT 协议谈判。2012 年 1 月 19 日,受南京市政府委托,南京市城市管理局与中国光大国际有限公司正式签署南京市江南环保产业园生活垃圾焚烧发电厂项目特许经营协议,随后立即开展了项目环评、征地、核准等项目前期工作。2012 年底,项目正式开工。2014 年 6 月底,项目顺利建成投产。该项目由中国建设银行股份有限公司提供融资服务。

（4）实施效果

本项目是南京 2014 年"青奥会"配套环保基础设施项目,也是南京市江南环保产业园第一个建成投产的项目。光大国际一直秉承"企业不仅是物质财富的创造者,更应成为环境与责任的承担者"这一核心价值观,高标准、高质量建设和运营项目。该项目自 2014 年 7 月建成投产以来,截至 2016 年底,已累计处理生活垃圾约 230 万吨,发电 6.8 亿度。项目已接待社会各界参观考察超过 12 000 人次,得到了社会各界的广泛赞誉,为南京市破解垃圾围城困局暨南京市城市生活垃圾迈上"三化"(无害化、减量化、资源化)快车道及生态文明建设做出了突出贡献。

（5）示范效应

① 政企合作,实现共赢

本项目以 BOT 方式进行运作,一方面解决了政府在资金和专业技术方面的短板,另一方面政府可以从日常的项目运营中解脱出来,专注于项目运行监管和为企业提供必要行政服务支撑。作为企业,专注于做专业的事,为政府提供优质的城市生活垃圾处置服务,保障城市的正常运行。通过政企合作,充分发挥各自优势,实现共赢。

② 融入地方,和谐共建

南京市政府和光大国际十分注重项目建设与地方百姓的关系,快速融入地方,深入群众广泛听取意见,做好项目宣传,带领地方干部和群众实地考察垃圾焚烧项目,消除百姓疑虑。同时,光大国际勇担社会责任,出资修建道路,为项目周边百姓出行提供便利;公司成立关心村民生计小组,走访项目周边村民,逢年过节慰问当地困难家庭,开展送温暖活动;最大限度解决当地村民的就业,同等条件下,优先录用本地村民及其子女;项目投产后,邀请周边村民走进公司参观,听取百姓对公司的意见和建议。项目优良的运营状况、高标准的环保口碑和真诚深入的群众互动,赢得了当地百姓的信任,有效化解了项目的"邻避效应",树立了垃圾焚烧发电项目和谐共建的典型。

③ 以厂带园,集群发展

本项目是南京江南环保产业园的第一个项目,项目的成功建设和运行为后续项目的进驻奠定了良好的根基。同时,南京江南环保产业园开发也采用 PPP 模式,由南京市江宁区政府投资平台与光大国际合作(政府投资平台占比 49%,光大国际占比 51%)。按照产业园发展规划,危废处理、电子垃圾处理、汽车拆解、餐厨垃圾处理等环保产业项目将进驻产业园,生活垃圾焚烧项目产生的蒸汽可以向园区内热用户提供供热服务,产生的电能可以供园区用户使用,项目间产生耦合,形成能源的梯级利用,打造环保产业集群,推动产业园规模化发展。

④ 政策支持,生态补偿

南京市为支持江南环保产业园的发展,建立了生活垃圾处理的生态补偿机制,对进入环保产业园处理的各行政区生活垃圾,征收生态补偿费,标准为每吨 50 元,专项用于环保产业园及周边地区的生态保护、修复及相关生态补偿。生活垃圾处理生态补偿机制体现了"污染者付费、专业化治理"的环境污染第三方治理模式。

参考文献

[1] 姜亦华."一带一路"上的环保生力军——宜兴环保科技工业园的发展与前瞻[J].环境与发展,2017(8):11 - 12.

[2] 李重阳,江磊,王志垚.中国环保产业园区发展现状及问题探究[J].环境工程技术学报,2019(11):769 - 774.

[3] 刘飞忍,季凯文,韩迟.江苏节能环保产业园建设经验对中西部省份的启示—基于江西的分析[J].特区经济,2015:44 - 46.

[4] 刘兆香,王京,史琳,杨琦,唐艳冬,张晓岚.我国环保产业园的发展及政策建议——以盐城环保科技城为例[J].环境保护,2019(7):53 - 56.

[5] 裴莹莹,薛婕,罗宏,冯慧娟,杨占红.中国环保产业园区发展模式研究[J].环境与可持续发展,2015(6):47 - 50.

[6] 王焱,段惠元.环保产业园发展路径探索——以南京江南环保产业园为例[J].再生资源与循环经济,2016(5):8 - 13.

第八章 江苏环境服务业发展分析

一、江苏环境服务业企业发展现状

根据环境保护部 2012 年 3 月发布的《环境服务业"十二五"发展规划（征求意见稿）》，环境服务业是指与环境相关的服务贸易活动。目前，我国环境服务业主要包括环境工程设计、施工与运营，环境评价、规划等咨询，环境技术研究与开发，环境监测与检测，环境贸易、金融服务，环境信息、教育与培训等。随着环境保护事业的发展，环境服务业所占的比重将不断提高，而环境服务业的发展，不仅是环保产业成熟度的重要标志，也已经成为实现环保产业转型的一个重要途径。

（一）环境服务业发展概况

1. 产业规模不断扩大

我国环境服务业起步较晚，1990 年后才形成雏形，2002 年前后才开始重视起来。"十二五"期间，环境服务业发展取得显著进展，已从单一的工程技术与咨询服务向决策、管理、金融等综合性、全方位的智力型服务发展，结构性调整明显加快。截至 2017 年底，全国环境服务业从业单位数为 6 438 家，而江苏省环境服务业从业单位数量为 501 家，占全国总数量的 7.78%，仅次于浙江省 661 家、占比 10.27% 和广东省 639 家、占比 9.93%。2017 年全国环境服务业营业收入总额为 3 139.6 亿元，而江苏省环境服务业实现营业收入 264.3 亿元，占全国总量的 8.42%，总的来看，江苏省的环境服务业发展水平较高，位于全国前列。

2. 竞争环境激烈，企业兼并重组水平高

截至 2017 年底，江苏省环境服务业从业单位数量为 501 家，与前几年从业单位数量相比有所下降，较 2012 年下降 34%，通过调查发现，这主要是由于江苏省环境服务业企业的竞争环境十分激烈，导致企业之间的兼并重组水平相当高，所以，通过统计数量来看江苏省服务业从业单位的数量反而是下降的。

3. 环境服务业政策环境不断完善

1979 年颁布的《中华人民共和国环境保护法（试行）》标志着我国环境保护工作进入法制阶段，这部法律的颁布实施刺激我国产生了最初的环保产业。

我国原国家环境保护总局在 2000 年印发的《全国环境保护相关产业状况公报》中，首次将"环境服务业"定义为"与环境相关的服务贸易活动，具体分为环境技术服务、环境咨询服务、污染设施运营管理、废旧资源回收处置、环境贸易与金融服务、环境功能及其他服务六类"。在 2012 年的《环境服务业"十二五"发展规划》中，将我国环境服务业定义为："为环境保护、污染防治等提供的相关服务活动"，对其范畴描述为："主要包括环境工程设计、施工与运营，环境评价、规划、决策、管理等咨询，环境技术研究与开发，环境监测与检测，环境贸易、金融服务，环境信息、教育与培训及其他与环境相关的服务活动"。

2011 年 3 月，国家发布的《"十二五"国民经济和社会发展规划纲要》将节能环保产业确

定为"十二五"期间重点培育和实现跨越式发展的战略性新兴产业,提出把推动服务业大发展作为产业结构优化升级的战略重点。2011 年 4 月 5 日环境保护部颁布《关于环保系统进一步推动环保产业发展的指导意见》提出大力推进环境服务体系建设,推动环保需求的产业化,具体包括大力推进环境保护设施的专业化、社会化运营服务;大力发展环境咨询服务业;鼓励发展提供系统解决方案的综合环境服务业。2011 年 10 月国家发布的《国务院关于加强环境保护重点工作的意见》提出"加大政策扶持力度,扩大环保产业市场需求",明确"着重发展环保设施运营、环境咨询、环境监理、工程技术设计、认证评估等环境服务业"。2011 年 12 月国家发布的《国家环境保护"十二五"规划》将发展环保产业作为"十二五"期间需要完善的重要政策措施之一,提出"研究制定提升工程投融资、设计和建设、设施运营和维护、技术咨询、清洁生产审核、产品认证和人才培训等环境服务业水平的政策措施"。2018 年国务院《关于全面加强生态环境保护坚决打好污染防治攻坚战的意见》中明确提出"大力发展节能和环境服务业,推行合同能源管理、合同节水管理,积极探索区域环境托管服务等新模式。"

2015 年江苏省人民政府办公厅发布《省政府办公厅关于印发进一步加强标准化工作意见的通知》:建立健全环保标准体系,加强环境质量和污染物排放标准制修订工作。针对二氧化硫和氮氧化物控制、烟尘控制、污水处理、工业固废处理等环保设备,研究制定高效能产品标准。建立健全环保服务标准体系,制定环保设施运行效果评估、环境监测与检测服务、环保企业服务水平分等分级等标准。针对高排放行业,研究制定低碳产品标准,探索建立低碳企业、园区、城市等评价指标体系。建立环保标准实施情况监测系统,强化环保标准的约束力。

4. 市场机制体系初步建立

"十一五"期间,随着市场机制改革的推进,我国在环境服务领域初步建立了以特许经营为核心的市场引入机制体系,并积极开展了事业单位环境影响评价体制改革试点,个别地区开展了监测社会化试点,探索将传统事业单位垄断的环境服务市场化。习近平总书记在 2018 年 5 月召开的全国生态环境保护大会上强调,"加快形成绿色发展方式,是解决污染问题的根本之策,培育壮大节能环保产业……,要充分运用市场化手段,推进生态环境保护市场化进程,撬动更多社会资本进入生态环境保护领域。"

国家和地方政府都为节能环保产业的发展提供了大量的资金支持,江苏省的财政投入在全国名列前茅。此外,"十三五"期间,政府对节能环保产业提出了新的更高的期望和要求,提出到 2020 年,节能环保产业快速发展、质量效益显著提升,高效节能环保产品市场占有率明显提高,一批关键核心技术取得突破,有利于节能环保产业发展的制度政策体系基本形成,节能环保产业成为国民经济的一大支柱产业。

表 1　地方政府对节能环保财政投入排名[①]

	2010 年	2011 年	2012 年	2013 年	2014 年	2015 年	2016 年	2017 年
第一	广东	广东	广东	广东	广东	广东	北京	北京
第二	江苏	江苏	江苏	江苏	江苏	江苏	广东	广东
第三	河北	内蒙古	山东	山东	北京	北京	江苏	河北

---

① 数据来源:《中国统计年鉴》2011~2018.

5. 自主创新能力有所增强

在江苏环保产业总量增加与规模扩大的同时,众多企业还通过自主开发和技术引进,提高了产业的科技含量,逐步实现了产品和治理技术的升级换代。全省具有技术开发能力的企业达到总数的 54%,相当多的企业通过了 ISO 9000 认证,全行业拥有环保技术专利 300 多项,获得市级以上奖项的产品占总数的 6.6%。在环保技术创新方面,有机毒物治理、烟气脱硫脱硝等一批关键技术取得突破,环保创新能力有所增强。涌现出一大批具有自主知识产权的科技成果与核心产品。如宜兴环保科技公共技术服务中心研制的高污染工业集中园区废水处理技术共申请发明专利 11 项和美国发明专利 1 项,获国家发明专利授权 4 项、国际发明专利 4 项和计算机软件著作权登记 2 项。此项技术已示范应用于 6 家企业,处理污水累计能力达到 12.5 万吨/日,出水全部达到规定的标准,环境效益、社会效益显著,有效地解决了多年困扰生产型产业快速集聚发展过程中污水达标减排的技术难题。

6. 科研成果产业化速度加快

江苏 11 所国家"985"和"211"高校中有 10 所设立环保院系,中科院南京地理与湖泊所、土壤所均设有环保相关专业,拥有环保部南京环科所、国电环院、省环科院等科研究院所,建成一批省级以上重点实验室和技术中心,科研能力很强。为了使众多科研成果有效转化为生产力,江苏省通过采取多种方法,如举办环保科技成果展示暨产学研对接洽谈会、筹建"江苏省环保产业技术创新联盟"为院校成果与企业需求的沟通、对接提供平台,深化了产学研合作,促进了产业组织创新,加快了科研成果产业化速度。

(二)环境服务业存在的主要问题

1. 规模偏小,大型龙头企业不多

江苏省的环境服务业供给仍然不能满足当前市场对环境服务的需求。目前,尽管环境服务业发展速度较快,但是起步晚,底子薄,总体规模还很小,远远不能满足环境污染治理和经济发展的需要,也缺乏竞争力。且大部分以小型企业为主,缺乏龙头企业,影响力和市场占有率不足,品牌效应不强;整个产业的专业化程度较低,经营效率不高,主要表现为:经营主体的专业化层次较低、专业化技术水平较低、专业化经营模式缺乏。

近年来,江苏环境服务发展越来越受到重视,被确立为环保产业的核心,其发展速度也高于整个环保产业。但是整体来看,江苏环境服务业在环保产业中所占比例仍然很小,与发达国家环境服务业占环保产业的比重有很大差距。

2. 技术落后,创新能力有待提高

相比传统环保装备业,江苏环境服务业起步较晚,行业基础薄弱,企业市场竞争力、技术服务能力和人员素质尚待提高。江苏环保科技创新环境在逐步改善,科研技术实力有了很大提高,但是在环保高新技术领域的研发仍然不完善,多数企业研发力量薄弱,常规技术占主导地位,节能环保新技术、新装备、新工艺发展缓慢,技术开发能力有待进一步加强,还不能充分满足环保科技发展的需求;关键核心技术仍处在研发、引进、消化和吸收阶段,环境服务业还没有成为环保产业的核心领域。

3. 投入不足,投融资渠道单一

环境服务业是资金密集型产业,目前,江苏省环境服务业的投资大多来源于国家财政的投资渠道,但仅仅依靠政府财政投资为主的方式难以满足环境服务业快速发展的需求,资金投入的不足,已成为制约江苏环境服务业发展的主要因素之一。

4. 市场发育不完善,服务产业发展滞后

江苏环境服务业尚处于初级阶段,产业标准体系不健全、技术服务市场不规范、产品质量缺乏有效监督,还未形成统一开放、竞争有序的市场体系,不正当竞争、地方保护、行业垄断在一些地区依然存在。一些地方不恰当地设置过高的市场准入门槛,甚至采取非市场手段干预市场交易活动。市场化程度还不高,政府行为规范化尚需提高,非国有经济的介入不够活跃,价格由市场决定的程度还不高,法律制度环境和市场秩序仍需完善。江苏环境服务业发展中,非国有经济在环境服务业中所占比例较低,价格也大多采取公益性定价,市场不规范进一步影响到环保服务产业的发展,环境工程设计与施工、污染治理设施运营服务的力量不足,社会化程度不高;环保咨询与监测服务机构业务单一,缺乏竞争力。因此,江苏环境服务业需要不断加强市场化进程,才能得到快速发展。

5. 法律法规体系仍存在不足

环境服务业属于典型的政策导向型产业,强化鼓励环境服务业发展的政策环境,是推动环境服务业发展的重要措施。从国家到江苏省涉及环境服务业的政策法规基本包含第三产业政策、对外贸易和引进外资政策、综合环境政策和法规以及环保产业政策。其内容分散,相互间缺乏协调,有些已不适应形势的发展。例如,促进环境服务业发展的投融资政策欠缺,从商业银行获得信贷资金支持的难度较大,税收优惠政策不完善,现行税制中涉及环境服务业的税收扶植政策较少,而且大多为临时性,缺乏系统性,对环境服务业的扶持作用有限。此外,江苏环境服务体系尚需完善,尚未制定全面的环境服务业发展规划,例如,环境服务业统计体系和标准体系不健全,对环境服务业发展政策制定与决策支撑力度不够。现有的相关环境政策体系缺乏配套措施,特别是罚则较轻,同时也存在有法不依、执法不严的现象,使得环境"违法成本低、守法成本高"情形长期存在。基本的环境是一种公共产品,破坏环境的行为必须受到严惩。否则,潜在环境服务需求很难变成现实和有效需求,难以发挥应有的作用。

6. 专业化程度低

区位商又称专业化率,由哈盖特提出,用于衡量某一区域要素的空间分布情况,反映某产业在特定区域的专业化程度。区位商 $Q=(n'/a')/(n/a)$,其中 n 表示背景区域某产业产值,a 表示背景区域总产值,n' 和 a' 则分别表示特定区域某产业产值和总产值。如果区位商值大于 1,则说明存在专业化程度优势,若大于 1.5,则说明专业化程度优势显著。通过查找《中国统计年鉴(2018 年)》得到,2017 年中国的国内生产总值为 827 121.7 亿元,江苏省地方生产总值为 85 869.76 亿元,占全国 GDP 的 10.38%,其中,全国环境服务业营业收入金额为 3 139.6 亿元,江苏省环境服务业实现营业收入金额 264.3 亿元,占全国总量的8.42%,不难算出,现阶段江苏省环境服务业的区位商为 0.81,不足 1,说明江苏省的环境服务业专业程度不高,仍有待提高。

(三)环境服务业发展面临的国内外环境

1. 国内环境

国家环境服务业的发展提供了日臻完善的外部环境,环境服务业有着巨大的市场前景。在新形势下,江苏环境服务业正面临前所未有的机遇,但也要清醒地意识到,在响应中央政府拉动内需、培育新增长点的号召下,不少周边省市都将环保产业作为重点产业加以培育,江苏面临着来自浙江、广东、山东等省强有力的竞争。随着市场的进一步开放,我国巨大的环境服务业市场更是各国争夺的对象,市场竞争更加激烈。在这种情况下,为了促进江苏环

保产业又好又快的发展,必须明确发展重点,加强政策保障。

我国环境服务业发展规划对环境服务业发展提出的更高要求,说明环境服务业发展空间很大。在我国继续发展环境保护产业,加大污染治理和生态环境建设的投资规模,大力推动环境服务业发展的过程中,通过重点发展具有自主知识产权的环保技术和装备,以及相关的环境咨询、环境信息、环境工程建设、污染治理设施运营、环境监测等服务,使环境保护服务在规模和质量上更进一步。规划不仅明确了环境服务业发展的方向,而且还加大了资金支持,以加速环境服务业的发展。

环保法规的完善和国民环保意识的提高将更有利于促进绿色消费,绿色生活会产生更多的环保需求。而对环境保护的需求不仅表现为对环境污染治理方面产生的环境服务需求,更重要的是对环境咨询、环境评价、环境金融保险支持以及环境产品消费等方面形成的环保服务需求。所以,我国相继出台了《环境影响评价法》《垃圾处理产业化发展意见的通知》《清洁生产促进法》等法规,并重新修订了《中华人民共和国水法》,环境保护法律法规体系的不断完善,不仅使环境得到保护和治理,而且最重要的是派生和发展治理和保护及服务于环境的相关产业的增加。另外,随着公民环保意识的增强,对环境服务需求的增加,必然促进社会再生产的各个环节从生产至流通再到消费,无不以绿色化为追求目标,从而提高对包括环境服务业在内的环保产业的需求。从目前的情况看,不仅发达国家由于环保意识的增强,使环保产品和产业不断增加,我国也出现了较好的开端,人们开始关注和消费绿色环保产品,尽量少使用一次性产品,争取重复利用、多次利用,甚至对环境监测、环境咨询等方面的需求日益增加,特别是发展循环经济、实施低碳经济后,经济发展模式的转变必将使整个国民经济运行体系发生根本性转变,即以节能降耗为目的的发展模式本身就衍生出从始端到末端的全方位环境保护方面的需求。

2. 国外环境

20世纪90年代以后,环境服务业开始受到世界各国的普遍重视。随着经济全球化、环境全球化的迅猛发展,环境服务业在国际环境市场中的份额不断提高,已成为最具发展潜力的环境保护产业领域。据统计,2010年全球环境服务业市场产值达6 400亿美元,年平均增长率为8%。环境服务业属于技术密集型产业,其综合实力表现在技术优势上。在国际市场占有率和竞争优势方面,德国、法国及意大利的企业具有废水处理的优势,美国企业在环境监测、废物管理和污染物修复方面具有优势,日本企业在空气污染防治方面具有优势。环境服务业同时也是政策推动型产业,其发展是一个逐步市场化、社会化、专业化的过程,垄断的范围不断地缩小,市场竞争机制被引入,全球环境服务业领域整体格局已日趋稳定。纵观全球环境服务业发展,污水处理和固废处理处置领域环境服务业发展规模最大,其次是环境咨询服务,而环境服务和产品出口主要集中在欧美等发达国家,发展中国家则以进口为主。

当前的全球低碳经济发展也必将为环境服务业提供新的机遇和空间。环境问题的出现,并不以人为的国界为限,而是发展为区域性、全球性的环境污染和生态问题,这就要求加强环境问题的国际合作。达成全球或多变环境公约是解决国际环境问题的一个主要手段,且发挥了积极作用。近年来环境公约谈判进程加快,各缔约方履约压力不断加大,推动环境服务业加大研发投入,加快创新步伐。旨在控制温室气体排放的《联合国气候变化框架公约》、保护臭氧层的《维也纳公约》、控制危险废料越境转移及其处置的《巴塞尔公约》、减少或消除有机污染物排放和释放的《斯德哥尔摩公约》、防止因倾倒废弃物及其他物质而引起海洋污染的《伦敦公约》等一系列有广泛影响力的国际公约对各国的环境治理提出了全面要求,各国履约压力成为环境服务业发展的动力。

二、江苏环境服务业企业发展趋势

在市场经济中,扩大企业规模、实现规模效应是企业降低成本、增强竞争力的重要途径。环境服务业的集中趋势正在不断增强,规模收益使大企业比小企业更容易获得高回报率。技术进步有利于大企业,首先,技术进步使环境处理过程变得越来越复杂,小企业难以支付必要的设备投资。同时,越来越严格的管制使消费者倾向于政府使用少数大的环保企业提供的服务。经过多年的发展,我国环境服务业已取得长足进步,但其规模在环保产业中所占比例与发达国家相比仍偏小,且规模以上企业数量较少,并滞后于环境保护工作对环境服务业的需求,未来还有很大提升空间。关于环境服务业企业未来发展趋势,存在诸多合理预测。吴剑,陈小林,杨小丽,邹敏(2012)分析江苏环境服务业提出,未来江苏省的环境服务企业,应向两个方向发展:一类是以项目投资工程承包和运营管理为主,技术、人才、资金、管理等均适应信息社会化要求,具有国际竞争力的综合性企业,这类企业是环境服务业的主导,但数量较少,占全部环境企业的10%以下;另一类是极其专业化企业,它们擅长某类技术,精于某种产品或工艺,规模较小,但人员专而精,富有经验。这类企业完全不同于现有的中小环境服务企业,它们可能依附于某个综合性环境企业,或经营某些大型环境企业不愿涉足的领域,这类企业将占今后环境服务业企业总数的90%以上。这一看法可以为我们提供趋势研究的思路,根据历史研究分析,可以将环境服务业企业未来发展趋势归纳如下:

(一)企业竞争发展趋势

1.以环境高新技术形成企业优势

环境服务业属于技术密集型产业,环境高新技术的发展对江苏环境服务业参与国际竞争、争夺未来发展的战略制高点,具有重要意义。第一,要从研究经费、税收和信贷上,支持环境服务业的研发活动。环境服务业的研发投入相当高,风险也相当大,政府要在信贷和税收上给予企业的研发活动以相应的优惠。第二,在加强环境服务业科研与技术创新的同时,加强环境服务业技术的国际交流和合作,积极引进、消化、吸收国外先进技术。第三,为解决环境服务业智力资源短缺,应从人才培养、使用等方面实施政策倾斜,加大力度培养环境高层人才。第四,要充分利用市场机制,激励技术创新。在正常市场机制下,加之严格的环境法规的约束,由高新技术支持的优质环境服务更容易占领市场,而技术落后的环境服务会被迫退出市场,这无疑会为环境技术创新提供最现实的动力。

2.企业发展理念创新
(1)创新合作网络

范雪晴,汪涛(2016)通过对江苏省节能环保产业创新网络的研究,探讨了江苏省节能环保产业创新网络的互动机制,为政府相关部门制定科技政策提供借鉴和参考。创新网络中企业之间的合作次数比较多,企业-高校(F-U)、企业-科研院所(F-P)以及高校-科研院所(U-P)之间的合作在逐年增多。企业不仅仅局限于和企业的联系,更多地向高校寻求合作,实现优势互补、资源共享。从总量上看,企业更多的是向其他企业寻求合作,同时也意识到与高校和科研院所合作的重要性,逐渐寻求新的合作伙伴,以期实现资源互补。江苏省节能环保产业产学研创新网络仍处于初级阶段,网络的联系程度、产学研之间的合作都有待加强。

(2)"环境医院"

王学君(2016)认为当前,环保行业的"分水岭"已经显现,环保产业的春天已经到来。"环境医院"契合了当前环保产业发展的新常态,是引领环保产业转型升级、可持续发展的必然趋势。展望未来,"环境医院"必然大有可为。当前,环保产业发展进入了"新常态",这个"新常态"呈现三大趋势:一是从"政策+污染驱动"向"政策+市场驱动"转变,产业自身的技术创新、模式创新、市场的资源配置作用等因素将对环保产业的发展起决定性作用。二是环境服务业比重加大,服务内容从"有没有"向"好不好"转变,服务方式从"谁污染谁治理"向"谁污染谁买单"转变。三是技术分工越来越专业化,产业服务越来越综合化,催生了"一站式综合服务商"。在这样的大趋势下,"环境医院"模式将是未来主流的发展路径。"环境医院",顾名思义,就是为环境看病,即在一个协同机制下,从污染源的分析诊断、治污方案设计到环保设备、除污药剂提供形成一条龙服务,将企业、人才、技术和资本等诸要素有机整合,构建一个一站式、全流程的环境综合服务平台,为环境问题的治理和改善提供系统的解决方案。宜兴环科园打造的中宜环境医院,在内涵、定位、方向、功能上都有着非常清晰的指向。

从内涵上看,环境医院就是将企业、人才、技术和资本等诸要素有机整合,以医院的组织肌理构建一个一站式、全流程的环境综合服务平台,为环境问题的治理和改善提供系统解决方案。江苏宜兴中宜环境医院就是依托本地丰富的优质环保企业集群,整合国际国内领军专家、领先技术和优势企业,以环保产业集团为龙头,以各产学研创新平台为支撑,以PPP、第三方治理服务为模式,为国内外的区域环境治理提供系统解决方案、工程建设和运营服务。一句话,环境医院就是一个超级环境服务商。从定位上分析,环境医院必须实现"七个最、三个一"。"七个最"就是集聚最优秀的环境医生、最优秀的环境技术、最优秀的环境设备,为行业提供最优的问题诊断、最优的方案设计、最优的工程实施、最好的运营服务,推动行业革命,引领产业转型,支撑环境治理,服务生态文明。"三个一":一面旗帜,对内有效引领、组织与整合各细分领域优秀技术企业加盟,对外打响园区品牌,扩大知名度和影响力,集聚更多的环保正能量;一个平台,打造国际国内领先技术集成、环保产业细分领域全覆盖的设计、施工、运营、服务一条龙的一个超级平台;一套服务,对外有效推介宜兴环保产业一整套服务,以系统方案的设计和问题解决提供可复制的服务模式,为目标客户提供一揽子整体合作、全流程服务。在主攻方向上,环境医院一是面向工业污染领域的疑难杂症,主要包括工业企业和工业园区的累积性环境问题;二是面向治标不治本的后遗症,包括"重水轻泥"症、垃圾焚烧带来的二次污染问题等,并向生态修复、土壤修复等新领域拓展;三是面向流域治理和区域治理的并发症,主要包括太湖、滇湖、巢湖等水体富营养化问题。这些都是环保界难啃的"硬骨头",也是未来实现环境改善的关键。环境医院将彻底改变过去重验收、轻效果的治理模式,实现"四个负责":一是对诊疗过程负责。通过医生监管,确保每一家出诊企业都足够胜任环境治理工作,避免"庸医杀人"的悲剧。通过产品监管,将质检中心和标准化工厂作为环境医院的配备平台,确保将客户的采购风险降到最低,采购效率升到最高。二是对治疗方案负责。通过信息整合,集各家之长,做到"门门精""个个通",为优化方案搭建信息渠道和数据库。通过智力整合,对单一症状由专科解决,对综合性、区域性问题实行专家会诊制度,辨证施治,取长补短,科学用药。三是对医患关系负责。对每个"病例"都精心服务,明晰收治前后的变化,突出疗效,以真正"根治"为最终目的,而不是简单的"头痛医头"。"医"和"患"之间建立反馈机制,实现良性互动,实施质量跟踪和效果保险,确保双方满意。四是对技术创新负责。依托环保学院,建立保质保量的人才输入渠道,实现环境医院和环保学院的相辅相成、共赢发展。依托环境医院,让"临床"和"科研"以最快的速度对接,成为产学研合作模式探索的有益补充,成为瓶颈突破的一个关键点。

（3）企业环境工程平台创新

由于污染源自动监控系统的大规模建设,企业监控数据欺诈现象呈上升趋势,给环保部门的监管带来了极大挑战。江苏环保在线监控数据反欺诈分析系统依托大数据平台,利用完善的数据处理分析生态链,基于专家算法和评分模型,实现了对污染源在线监控数据欺诈的智能识别,从江苏近千个国控污染源中成功识别多家问题企业,充分体现了在线监控数据的潜在价值,同时为缓解污染企业和现场执法人员比例严重失调而导致的监管压力提供了解决方案,极大地节约了执法部门人力物力的投入,让执法更高效、检查更精准,最终达到倒逼企业规范自身环境行为的目的。

现有系统仅利用了自动监控数据进行评判,缺少用水、用电、原辅料等辅助信息,不仅增加了识别的难度,而且还降低了识别的准确率。下一步,平台将收集更多的企业相关信息,包括企业工况监控、生产经营、环保信用、税务等多维度的数据,利用机器学习算法,来解决现有分析系统中出现的瓶颈。随着系统的反欺诈功能的加强,企业为了规避监管所花费的造假成本也将大大提高,最终会放弃这种高成本的违法行为,监控数据将变得更加真实可靠。随着系统运营的不断深入、平台算法的不断改进优化,这套系统的数据分析模式也会越来越成熟,相同的模式可以扩展到第三方检测数据造假识别、工况过程数据监控分析等更多环保业务中,最终真正实现大数据在环保领域的全面应用,为提升环境监管效能和质量提供技术支撑。

周腾腾,戚永洁,戴建军,杨峰,王俊,张魏建(2019)基于大数据思维的环境工程发展趋势分析,环保在大数据的协助下,将政府、企业、公众紧密结合在一起。之前,由于行业割据及壁垒的存在,信息化往往无法发挥其引领作用,大数据的发展为环境工程的管理带来了更多可能,在多维化的管理和监督模式下,政府部门之间分工和配合更明确,为企业和公众打造监管、监控、服务、信息公开平台;公众从政府平台了解到周边环境质量和企业排污情况,及时获得环境预警信息,通过政府平台或微信等 App 举报环境污染事件;企业建立二级平台,实时掌握企业内部环境动态,上传数据至政府管理平台,互动互助,促使企业安全稳步发展。大数据促使环境工程更加便利化和高效化,统筹环境要素协调高效发展,全社会参与的环境工程管理将更加科学,推动我国环保产业迈向新的台阶。

（二）企业外部经营环境变动趋势

吴剑,吴海锁,陈小林,杨小丽(2015)通过应用熵权理论对江苏环境服务业企业发展面临问题的分析可知,外因权重均值大于内因,迫切需要改善外部经营环境。资金筹集难和缺少政府支持是当前制约江苏环境服务业发展最重要的两个因素,此外,还存在着外界认知度不高、市场需求不足、集约化发展程度不高等问题,直接导致其发展的相对滞后。通过对企业营业额与其他因素之间相关性的回归分析发现,税收优惠和职工人员素质对提升营业额的贡献较大,直接的政府补贴对于营业额的影响并不明显。考虑到江苏环境服务业仍处在发展的初级阶段,应当充分发挥政府宏观调控的积极作用,扎实构建和完善有利于环境服务业发展的外部环境。政府相关部门一是要以新修订的《环境保护法》正式实施为契机,严格执法强化环境监管,加大对环境违法行为的责任追究力度,有效推动企业等私人部门对环境服务的需求;二是开展有针对性、多样化的宣传教育,推进环境保护信息公开,提高全民的环境保护意识,使其成为发展环境服务业的又一重要推动因素;三是支持并建立完善的投融资机制,鼓励社会资本参与到环境服务市场中来,解决目前企业的融资难问题;四是制定相应的优惠政策及产业政策,如税收优惠等,发挥市场的引导作用,促进行业发展水平的提升。从环境服务业企业的角度来讲,一是需要加强标准化、专业化建设,通过制定和实施一整套技术标准、管理标准和工作标准,实现外部市场环境与企业内部经营环境的高度协调,从而建立起高效的生产经营秩序。二是加大专业技术人才和综合管理人才的培养力度,打造一支具有长远战略眼光、良好组织管理能力和职业素养的人才团队。三是结合业务发展开展必要的技术研发和创新,通过获取独立的知识产权提高自身的核心竞争力,从而顺应时代的发展和社会的进步,在市场竞争中抢占有利地位。四是推进环境服务业集群化发展,积极应用"互联网+"思维,通过有效的分工合作提高市场资源配置的效率,在加快企业发展的同时促进环境服务业产业机构的升级和优化。

(三)综合化成发展必然趋势

环境综合服务业能够改变传统环境服务业结构松散的缺点,有效整合环境服务产业链的多个关联环节,为环境治理提供系统且综合的解决方案,改变环境服务与环境效果脱节的现象,确保环境治理效果的最终实现。在当前竞争格局下,环境服务企业将向中、大型化发展,通过兼并重组、产能提升、集团化发展等路径壮大己身。中小微企业则将朝向差异化、专业化、精细化发展,形成一批拥有自主知识产权和专业化服务能力的专精特新企业。

江苏省(宜兴)环保产业技术研究院院长高嵩在《未来10年环保事业发展趋势》中指出:"环境大建设是社会的建设和发展,将由以基础设施为主,转为以环保为元素统筹各个领域发展,例如,目前火热的海绵城市、黑臭水体治理、流域治理等。"结合环保行业的发展,曾经在不同历史阶段出现的爆款环保技术产品。例如,"三同时"制度催生了鹏鹞环保的地埋式设备、"零点行动"催生山东十方的 UASB 反应器、蓝藻危机催生浦华环保的纤维转盘滤池等。但是,由于新时代的环保需求,以上企业业务没有得到很好的延续。而新涌现出的康泰环保、兆盛环保等独角兽企业,通过大量的客户访谈和需求提炼,研发出新的技术产品,并通过创业的方式将其推向市场,从而获得成功。可以得出,一个好的技术产品的打造,需要环保企业跟客户去沟通,深入地去了解客户,知道他们的需求,围绕需求去开发产品。定义出真正的问题,再去开发技术。通过创业的方式将技术推向市场。未来的技术产品趋势,一定是可以应用在多种场景下,可实现标准化、规模化生产,或是工艺装备化的设备设施。有技术实力的环保企业在产品质量、产品现场、生产制造、服务水平、研发创新体系、解决方案等方面都会有其独到之处。

在一些试点地区,部分综合环保企业经历了由"成长期"向"成熟期"过渡的过程,环保服务各环节的水平已经大幅提高,形成了一批环保综合服务龙头企业。这些企业以环保综合服务业为重点,拥有自主品牌,掌握核心技术,市场竞争力较强,提高了专业服务的市场集中度和技术水平。未来,跨区域龙头企业将引领行业发展。成长为跨区域龙头企业,有利于满足优质企业的低成本扩张需求,弥补某些区域环境服务业崛起面临的欠缺,借助联动以较低成本促进行业发展提速。此外,跨域龙头企业可以聚焦行业发展需要,发挥机制创新对环境服务业升级的倍增效用,释放增长潜力,放大可持续发展新动能。将融合云计算、物联网、大数据为代表的新一代信息技术,打造跨行业和区域的环境服务智能信息公共平台,顺畅有效的信息交互,利于实现效率和公平的有机统一,加快成长的分享,助推环境服务从业单位厚植发展优势、踏准节奏、降本增效、提振信心,整体拉动环境服务业发展。

三、江苏环境服务业企业典型案例

(一)南京大学环境规划设计研究院股份公司

1. 概况

"学府智慧、绿动未来"。南京大学环境规划设计研究院发源于南京大学环境科学与工程学科群,坚持实践、科研、教学相结合的发展思路,严守"责任、诚信、公益、创新"的价值理念和"求实、求是、求精"的质量方针,利用综合性院校的优势,致力于推动我国社会经济的可持续发展。围绕环境标准制修订、环境模拟技术、环境经济政策、污染防控技术和风险防范与应急技术研究等重点方向,环规院科研人员开展了大量科学研究和技术开发工作,研究成果获得多项国家级、省部级奖励。在环保服务业领域,环规院开展了大量的顾问咨询、环境规划、工程设计、环境影响评价、监理核查、清洁生产、水资源论证、教育培训等工作,为各级政府、各类开发区、百余家世界 500 强企业等 2 000 余家客户提供了高品质的服务,获得了主管部门和社会各界的高度肯定。此外,南京大学环境规划设计研究院还承担了南京大学环境行业校友会秘书处的职能,致力于为海内外从事环境保护相关领域工作的校友提供服务。

2. 资质

资质类型	等 级	业务范围	颁发单位
建设项目环境影响评价资质	甲级	报告书:轻工纺织化纤,社会区域,化工石化医药,冶金机电;报告表:一般项目环境影响报告表	环境保护部
规划环境影响评价推荐单位			环境保护部
工程设计资质	甲级	水污染防治工程	住建部
水文水资源调查评价资质	甲级	水文分析与计算,地表水和地下水资源调查评价,水质评价	水利部
建设项目水资源论证资质	甲级	地表水、浅层地下水、深层承压水,水利、火电、纺织、皮革、造纸、石化、采掘、建材、木材、食品、机械、建筑业、商饮业、服务业	水利部
建设项目环境监理资质	甲级	轻工纺织化纤,化工石化医药,冶金机电,交通运输,社会区域,采掘,建材火电	江苏省环保厅
工程设计资质	乙级	市政行业(排水工程),环境工程(大气污染防治工程)	江苏省住建厅
工程咨询资质	丙级	生态建设和环境工程,机械,化工,市政公用工程(给排水)	国家发改委
重点企业清洁生产审核资质		化学原料及化学制品制造,轻工,纺织,金属表面处理及热处理加工,废弃资源和废旧资料回收加工	江苏省环保厅

资质类型	等　级	业务范围	颁发单位
危废鉴别机构			江苏省环保厅
军工涉密咨询服务资质			国家国防科技工业局
环境、质量管理体系认证资质		环境影响评价(建设项目和规划环境影响评价),市政行业(排水工程)设计,环境工程(水和大气污染防治工程)设计,环境规划设计,建设项目环境监理,环保技术咨询,清洁生产审核咨询及相关管理活动	方圆标志认证集

3. 主营业务

(1) 咨询

随着全球经济一体化与分工专业化的进程深入推进,作为专业的第三方环境咨询机构,环规院为社会提供以下服务:

① 环境影响评价:战略环境影响评价、规划环境影响评价、建设项目环境影响评价。

② 自然与生态保护咨询:规划与建设项目生态环境影响评价专题研究、生物多样性与生态系统保护研究、生态资源调查与监测、自然保护区科学考察、规划、管理和保护性使用研究、生态公园规划、生态湿地规划、生态修复与水环境修复研究、农村环境综合整治规划与实施方案、覆盖拉网式农村环境综合整治前期研究、施工、运营一站式服务以及其他咨询业务。

(2) 规划

规划设计即进行比较全面的长远的发展计划,是对未来整体性、长期性、基本性问题的思考和未来整套行动方案的设计。环规院拥有一支环境规划设计的专业团队,主要承接如下规划设计业务:

工业园区产业发展战略规划、基础设施建设规划、绿化与生态防护系统规划、各级政府中长期环保规划、各类环保专项规划和行动计划、方案、水生态文明建设规划、水环境功能区划与纳污总量规划、水利系统现代化建设规划、水资源"三条红线"管理规划、流域、区域、行业、园区专项环境整治规划、各级政府的生态创建规划、环保模范城市创建规划、生态工业园创建规划、循环经济建设规划、饮用水源涵养与保护区、自然保护区、风景名胜区等重要生态功能区规划、排水体系建设规划、农村环境连片整治规划等专项规划、城市环境总体规划、生态红线划定及调整规划,等等。

(3) 工程技术服务

在我国城市化和工业化的大背景下,污染防控工程仍然是当前环境保护工作的主要手段。环规院发源于南京大学环境科学与工程学科群,同时拥有一支专业团队,可为社会提供如下工程技术服务:

工程方案与可行性研究、区域给排水体系设计、工业废水处理工程、市政污水处理及排水工程、VOCs处理工程、固废处理工程设计、河道、湖泊整治等生态型工程设计、管廊、管沟等基础设施施工图设计、工业类建设项目环境监理、生态类建设项目环境监理、竣工环保验收、工程、技术与装备水平评价、环保设施运营等。

(4) 培训

南京大学是全国最早开展环境科学研究和教学的单位之一,数十年来为社会培养了大

批环境保护人才。环规院将充分依托南京大学环境学院的科技与人才优势资源,为社会提供高品质的教育培训服务:

① 针对政府部门提供环境咨询等培训服务:环规院接受各级政府、机关、各开发区(园区、集中区等)委托,举办具有针对性和个性化的环境领域相关业务培训与技术指导。

② 针对企业专门成立 EHS 中心提供培训服务:南京大学- ISC 环境、健康与安全中心(EHS 中心)是南京大学与美国可持续发展社区协会(ISC)合作成立的 EHS 培训中心,环规院承担其具体办公及运营职能。中心旨在为跨国品牌及其在华供应商企业打造绿色和可持续的供应链体系,专注于为企业提供专业的环境、健康和安全(EHS)以及节能减排、温室气体排放核算等方面的培训和各项实际能力建设。

(二)江苏环保产业技术研究院股份公司

1. 概况

江苏环保产业技术研究院股份公司是江苏省环境科学研究院环评脱钩改制设立的科技型服务企业,是国内最早开展建设项目环境影响评价的机构之一,是江苏省环境科学研究院环评脱钩改革成立的科技型服务企业。该公司主要从事生态与环境保护技术的研发与应用,提供环保高新技术成果转化与产业化运作服务,生态与环境保护领域的管理与技术顾问服务。

通过加大对技术管理团队的投入,不断吸引优秀人才,优化质量管理体系,公司已经组建了严谨、专业、高效、准确、全面的技术团队,并拥有国际国内一流的环保行业领军专家,其中,享受国务院政府特殊津贴专家 2 人、江苏省有突出贡献的中青年专家 3 人、江苏省"333工程"中青年科技领军人才 2 人、科学技术带头人 2 人。公司现有各类技术人员 170 人,其中,研究员 5 人、高级职称 21 人、中级职称 53 人;博士 10 人、硕士 125 人;环境影响评价工程师 39 人、勘察设计类注册工程师 13 人;清洁生产审计师 13 人。技术团队中 95% 以上具有环境保护领域相关学科硕士及以上学位,具备专业的环境科学技术素养及丰富的工程、咨询领域实践经验,为公司的业务水平与质量提供了绝对保障。

公司主要研究方向:水、废气及固体废物污染治理工程研究,区域环境风险防控与应急研究,大气复合污染控制与政策研究,水污染防治及水环境管理研究,土壤污染控制与政策研究,生态文明理论与实践应用研究,污染物总量控制政策体系研究,环境损害评估及司法鉴定研究等。近年来,公司技术团队成员曾主持或参与完成省级以上课题百余项,其中,科技部、环保部课题 40 余项,取得丰硕成果,先后获得国家科学技术进步二等奖 1 项、省部级科学进步一等奖 5 项、二等奖 6 项、三等奖 9 项,优秀工程咨询及省级课题成果奖 10 余项,拥有专利 40 余项,发表 SCI、EI 论文 100 余篇、核心期刊论文 400 余篇,出版专著 30 余部。

作为国内最早开展建设项目环境影响评价的机构之一,团队在环评业务方面,曾先后荣获"全国优秀环境影响评价机构""全国建设项目环境影响评价优秀甲级单位""江苏省建设项目环境影响评价优秀单位""全国优秀环境影响报告书"等荣誉称号,2 名同志荣获全国"优秀环境影响评价工程师"称号。在以往成绩的基础上,公司将持续秉承"客户至上,质量第一"的经营理念,以更专业的团队、更全面的服务、更优秀的质量,为社会各界提供全方位的环境咨询和技术解决方案。

2. 资质

目前,公司持有环境保护部颁发的环评甲级资质证书(国环评证甲字 1902 号),甲级报告书业务范围覆盖轻工纺织化纤、化工石化医药、冶金机电、建材火电、交通运输、社会区域六大行业板块，以及环境工程（水污染防治工程）设计专项资质（A232048297），可从事资质证书许可范围内相应的建设工程总承包业务以及项目管理和相关的技术与管理服务。公司还拥有江苏省环境污染治理工程设计能力评价甲级资质，可从事水污染治理、大气污染治理、生态修复、固体废弃物处理处置四大模块的业务类型。同时，公司还开展环境规划、环境监理、清洁生产审核、环境损害评估、环保技术推广、环境工程咨询、勘察设计及运行管理等多项业务。

3. 主营业务

① 建设项目、规划、战略环境影响评价；环境监理，环保核查，清洁生产审核；环境监控预警与风险应急管理，环境风险评估与应急预案编制，化学品环境风险评价；环境损害鉴定与评估，危险废物鉴定；环境与生态监测，项目竣工环境保护验收监测与调查；节能审计与评估。

② 规划：环境保护和生态建设规划的编制及方案论证。

③ 环保技术服务：环境工程咨询、设计、施工与总承包；污染场地环境风险调查评估、修复和处置；环保设备、仪器、药剂的制造、销售。

④ 环保科技培训：环保技术、环境政策咨询及相关业务培训。

（三）江苏润环环境科技有限公司

1. 概况

江苏润环环境科技有限公司成立于 2012 年，总部位于六朝古都南京市，是南京市环保局下属南京市环境保护科学研究院环评体制改革成立的专业从事环保技术咨询和服务的国家高新技术企业。通过近年来的快速发展，公司目前在环境影响评价、环境监理、污染场地调查及评估、环保管家、项目竣工环保验收等细分领域的市场份额均位居江苏省前列，正向全国各地迅速布局和拓展，现已在广东、吉林、江西、湖南、青海、内蒙古、河南、安徽、浙江以及江苏省内的常州、泰州、苏州、南通、盐城、徐州等地设立分支机构及办事处，业务遍布全国。公司未来五年的发展目标是打造成为全国环保咨询服务业龙头，并积极向资本市场进军、打通环保行业全产业链。

公司现有一支技术过硬的环保管家技术顾问团队，其核心成员大多来自环保系统内的资深专家学者和管理人员，团队由一批多年从事环保工作的环保部门改制离职人员、注册环评工程师、注册环保工程师、环境监理工程师、清洁生产审核师组成。公司总部及各分支机构在职人员约 400 人，其中，60％以上具有硕士研究生学历，拥有高级工程师 14 人，各类持证技术人员 200 余人，其中，注册环评工程师 46 人，环境监理工程师 47 人，清洁生产审核师 50 人，军工涉密业务咨询服务安全保密监督管理持证人员 6 人，水土保持方案编制持证人员 6 人。

2. 资质

公司是 AAA 信用等级企业，成立以来先后顺利通过了 ISO 9001 质量管理体系认证（QMS）、ISO 14001 环境管理体系认证（EMS）、ISO 45001 职业健康安全管理体系认证（QHSAS）。2018 年 4 月，在全国知名微信公众号《环评观察》举办的最受业界赞赏的环评公司评选中，公司获得了全国"十大最受业界赞赏环评公司"的荣誉称号。秉承南京市环境保护科学研究院 30 多年来在环境影响评价、环境工程设计及环保科研等领域的丰富经验、专业精神和良好口碑，江苏润环以高起点致力于为各级政府部门、园区、企事业单位提供全方位、专业化、系统性、持续性的环保管家一站式服务，包括环境影响评价、环境监理、环保竣工验收、清洁生产审核、污染场地调查评估及土壤修复、污染治理设施运营、环境工程设计及施工、环境检测等技术服务、咨询、设计及施工。截至 2019 年 9 月,公司已先后完成了国家、省、市重点项目逾 1 000 项。

公司现持有国家生态环境部颁发的环境影响评价甲级资质证书(证书编号为国环评证甲字第 1907 号),环评资质业务范围包括化工石化医药、轻工纺织化纤、社会区域、冶金机电、建材火电、交通运输、海洋工程等行业,是生态环境部推荐的规划环评单位之一。近五年来,公司在江苏省环保厅年度环评机构考核中均稳居前 3 名。

根据江苏省环保厅《关于公布江苏省建设项目环境监理机构准入单位名单的通知》(苏环办〔2013〕327 号)、《关于公布江苏省第二批建设项目环境监理机构准入单位名单的通知》(苏环办〔2014〕184 号),公司已获得甲级环境监理机构准入资质,监理资质范围包括轻工纺织化纤、化工石化医药、冶金机电、交通运输、社会区域、火电建材等行业。根据江苏省环保厅《关于公布我省第七批重点企业清洁生产审核咨询机构名单的通知》(苏环办〔2014〕145 号),公司已获得清洁生产审核资质,清洁生产审核业务范围包括:化工原料及化学制品制造、机械及器材制造、通信设备计算机及其他电子设备制造。根据《中国环境修复产业联盟关于申请进入污染场地调查评估修复从业单位推荐名录(第二批)的通知》,公司位列污染场地调查评估修复从业单位推荐名录。

3. 主营业务

包括但不限于:① 环境影响评价技术服务及咨询;② 环境监理及清洁生产审核;③ 上市公司环保核查;④ 土壤评估及修复;⑤ 污染治理设施运营;⑥ 环境治理工程设计及施工;⑦ 环保设备、仪器研发及销售。

(四) 江苏绿源工程设计研究有限公司

1. 概况

江苏绿源工程设计研究有限公司成立于 2002 年,注册资本 5 000 万元,现有固定资产 1 亿多元。经多年发展,现已成为集咨询、评估、研究、认证、设计及工程总承包于一体的综合性技术服务公司。公司旗下有三个全资子公司、30 余家分公司:

江苏天达绿源安全评价有限公司,系江苏绿源工程设计研究有限公司旗下全资子公司,注册资本 1 000 万元,现有固定资产 1 500 余万元。公司原名江苏省天达华宇安全评价咨询有限公司,依托江苏省燃气协会成立,拥有众多工艺、工程、管道、安全等领域的知名技术专家。公司在燃气行业安全方面享有较高的知名度和权威性,先后参与编写了国家标准《燃气系统运行安全评价标准》(GB/T 50811—2012)以及《江苏省城镇燃气安全检查标准》(苏建函城〔2010〕867 号)等国家和省、市有关燃气安全方面的规范和标准的制定。

江苏天达绿源拥有专职安全评价师 20 名,其中,高级职称 7 名,中级职称 8 名,公司拥有安全评价机构乙级资质。

江苏国正检测有限公司系江苏绿源工程设计研究有限公司旗下全资子公司。公司注册资本 1 000 万元,投资 2 000 万元建成集环境检测、职业卫生检测与评价、公共场所卫生检测、节能检测、生态生物检测、污染治理技术于一体的大型现代实验室。

江苏国正实验室面积 2 500 平方米,配备有先进的检验检测仪器 350 余台套。其中包括气相色谱、原子吸收、气相色谱-质谱联用仪、离子色谱、ICP 等大型的进口先进分析仪器,基本覆盖水和废水、空气和废气、噪声、土壤固废、公共场所卫生、工作场所、生物群居等大部分检测能力。

江苏国正检测实验室现有检测能力范围包括水和废水检测、空气和废气检测、噪声检测、工作场所检测、辐射检测、节能检测、公共场所卫生检测、生态系统监测、泄漏检测与修复(LDAR)、土壤调查检测与修复等10个方面,检测项目参数达800余项。

污染治理重点实验室集中了环境、材料、生物等多学科人才,是从污染控制、环境保护和生态修复工程技术研发的产业一体化平台,为国内一流的、集科技成果创造、培育、发展和市场化于一体的研究平台。

山东国正检测认证有限公司,系江苏绿源工程设计研究有限公司旗下全资子公司。公司投资1 500万元建成集环境监测、职业卫生检测、公共场所检测技术于一体的大型现代实验室。

山东国正具有雄厚的技术力量及人才储备,拥有专业技术人员60人,其中,高级职称或博士10人、中级职称或硕士20人。实验室致力于打造集分析测试、科学研究和科技开发于一体的理化检测中心,为全省提供大型仪器的资源共享和跨学科的学术研究,为其他科研机构、工矿企事业提供分析测试、样品剖析和技术培训等;为培养高层次人才提供良好的实验基地。

国正现有检测能力类别包括水和废水检测、空气和废气检测、噪声检测、土壤固体废物检测、工作场所检测、辐射检测等6个方面,检测产品46大项,检测项目参数达500余项。2018年,公司被评为山东省高新技术企业。

江苏绿源工程设计研究有限公司现已在江苏、山东、安徽、江西、湖北、广东、广西、辽宁、云南、贵州、福建、内蒙古等省、市、自治区先后设立了30余家分公司。江苏绿源的网络正稳步走向全国。

2. 资质

公司为国家甲级设计院,现有《工程设计资格证书》《建设项目环境影响评价资格证书》《安全评价机构资质证书》《工程咨询单位资信证书》《压力管道设计资格证书》《房屋建设工程施工总承包资质》《市政工程施工总承包资质》《石油化工设备管道安装专业承包资质》《环保工程专业承包资质》,以及江苏省的社会稳定风险评估、环境监理、清洁生产等资质资格证书。

公司现有专业技术人员180余人,其中,工程设计类工程师14人、建筑类国家注册工程师9人、注册咨询工程师12人、注册环境影响评价工程师24人、注册安全评价师20人、环境监理工程师11人、国家清洁生产审核师10人、国家认定压力管道设计审批人员8人、各专业高级工程师35人。公司目前多项技术居于国内领先水平,凭借强有力的技术团队,公司在清洁生产、关键生产工序的自动控制、高浓度有机废水处理、重金属废水处理、有毒恶臭气体处理等方面有技术专长。

3. 主营业务

包括但不限于:① 环境影响评价;② 环境监理;③ 清洁生产审核;④ 生态环保规划;⑤ 上市环保核查;⑥ 污染防治资金申请;⑦ 环保工程涉及与施工总承包。

(五)南京亘屹环保科技有限公司

1. 概况

南京亘屹环保科技有限公司已建立了较完善的环境影响评价和环保管家服务工作质量

保证体系,包括环评和环保管家的业务承接、质量控制、档案管理、资质证书管理等相关制度。它们涵盖了环境影响评价和环保管家服务管理工作、规范相关服务工作人员的职业行为、加强环评和环保管家服务工作的质量监督等各方面。公司目前对上述制度的实施情况良好,公司环境影响评价和环保管家服务工作的质量能够得到很好的保证。

南京亘屹环保科技有限公司社会信誉良好,一直以来秉承为企业提供优质服务的原则,目前已经拥有了较为稳定的客户群体。自亘屹公司成立以来,一直处于正常运营中,公司未因环评文件编制质量问题及其他违反法律、法规的行为被勒令限期整改或取消资质;未处于被责令停业、投标资格被取消或者财产被接管、冻结和破产状态;未因骗取中标或者严重违约以及发生重大工程质量、安全生产事故等问题被有关部门暂停投标资格;未因招投标活动中有违法违规和不良行为被有关招投标行政监督部门公示等。

2. 资质

公司目前拥有国家环评乙级资质证书(证书编号:国环评证乙字第 19103 号),资质类别为化工石化医药类、社会服务类乙级报告书和一般项目环境影响报告表。公司总部由总工办、环评部和环保工程部构成,公司组建了优秀的项目团队,目前公司总部共有员工 16 名,其中,教授兼总工 1 名,高级工程师 2 名,中级工程师 6 名,助理工程师 7 名。公司环评部分为环评一部、环评二部和环评三部,目前有 10 位注册环评工程师和 4 位环评技术人员,主要负责建设项目环评和环保管家等项目的技术咨询和服务工作。公司环保工程部由 2 位环保工程师组成,主要负责废水、废气和固废治理的环保工程设计和施工管理。除此之外,公司下设若干分公司、环保工程施工团队等。

3. 主营业务

公司经营范围:环保管家服务、环境影响评价、节能评估、地质灾害及风险评估、环境规划及评价、环境风险评价和应急预案、环保信息咨询、职业卫生技术服务与咨询、环保工程技术咨询与技术服务、环保工程监理、环保产品研发及销售、职业技能培训。

(六)江苏国恒安全评价咨询服务有限公司

1. 概况

江苏国恒安全评价咨询服务有限公司(以下简称"江苏国恒")始建于 1999 年 2 月。"江苏国恒"已为江苏省内多家大、中型企业(含军工单位)和客户提供了安全评价、安全生产标准化评审和职业卫生检测、评价等技术服务,并以较高的质量和超值服务赢得了市场和声誉。

"江苏国恒"坚持走"专业化、规范化和规模化"的道路,通过"人才强企、优化管理、拓展服务"三大策略,进一步弘扬"以人为本、以诚为利、敢于争先、自强不息"的企业精神,继续秉承诚信、公正、客观、科学、高效的服务宗旨,恪守职业道德,遵守执业准则,遵循"控制风险,造福社会"的行为规范,为各类生产经营单位提供"合法、科学、公正、规范"的多元化安全专业技术服务,为政府安全监管和企业安全生产决策咨询、安全生产标准化建设、职业危害防治、专家定期安全检查、隐患整治、事故应急救援等方面提供有力的技术支撑,为实现科学发展、安全发展,构建和谐社会做出贡献。

2. 资质

公司是一家具有甲级安全评价资质、甲级职业卫生技术服务资质、乙级建设项目环境影响评价资质、江苏省建筑消防设施检测资质、乙级安全生产检测检验资质、江苏省重点企业清洁生产审核咨询服务、二级安全培训资格、二级企业安全生产标准化评审单位资格(含军工单位、交通运输企业)、军工涉密业务咨询服务资格、港口危险货物安全评价、江苏省发电机组(风电场)并网安全性评价评审等资质(资格)为一体的综合性专业技术服务机构。全公司有员工760多名,中高级职称者占50%以上,本科以上学历者占85%以上,拥有国家、省、市各类专家数十名。

"江苏国恒"技术力量雄厚,拥有业内一流的安全专业技术服务团队。其中,注册安全评价师72名、注册安全工程师46名、安全生产标准化评审人员68名、职业卫生技术服务人员42名、安全生产检测检验技术服务人员37名,安全培训教师19名,并聘请相关专业领域具有高级技术职称技术专家39名,为公司各类技术服务质量提供可靠的专业技术保障和支撑。

3. 主营业务

公司目前主要业务包括安全标准化、职业卫生、安全评价、环保竣工验收、安全生产检测检验、环评报告、环境检测。

(七)江苏嘉溢安全环境科技服务有限公司

1. 概况

江苏嘉溢安全环境科技服务有限公司(以下简称江苏嘉溢环境)是一家综合型的环境科技服务机构,位于江苏省会南京市鼓楼区中心地段,成立十多年来一直致力于环境技术方面的工作,为省内外广大客户提供最专业、最专注、最专心的环境咨询和环境工程服务,通过快速高效的工作效率以及诚信负责的服务态度,获得了广大客户以及各地环保部门的一致认可。

公司秉承着"科技创新、诚实经营、团结协作、追求卓越"的服务理念,本着以诚为本,以法为基,诚信经营,客户至上的服务宗旨,严格按照国家规定的环保法律法规、政策标准为广大新老客户提供更专业、更全面的环境咨询和环境工程服务,为进一步改善生态环境,实现人与自然和谐发展,为我国生态文明建设添砖加瓦。

2. 资质

公司作为高校实践教学基地,依托各大高校及科研院所的技术支持,拥有一支技术力量雄厚、结构合理、学术思想活跃、勇于创新、业务精干的人员队伍,配备多名高级工程师、注册环评工程师、注册环保工程师、环境监理工程师、清洁生产审核师。

公司积极推行"环保管家"服务,提供从项目前期环保设计、环境影响评价、环保工程建设、环保验收、排污许可咨询、污染防治措施运营、清洁生产、环境审计、退役环境评价等全过程的环保服务。公司拥有国家环保部颁发的环境影响评价乙级资质证书,评价范围包括建设项目环境影响报告书、一般项目环评报告表、核与辐射项目环评报告表。

3. 主营业务

目前主营业务主要包括以下几种:

(1) 环境咨询:主要从事环境影响评价、环保核查、竣工环保验收调查、环境监理、清洁生产审核、环保政策咨询、环境与生态调查、突发环境事件应急预案、环境审计。具有多年的实际操作经验,具备业内领先的技术水平,尤其擅长在医院、输变电线路、输变电站、移动信号基站、医疗机构放射性装置、工业探伤放射源等特殊类别项目方面的环境咨询工作。

(2) 环境工程:主要从事废气处理、废水处理、噪声防治与核辐射防护工程等的设计、设备总包与施工建设。尤其擅长工业废气处理、工业废水处理与医疗机构核辐射防护。

政　策　篇

《"十三五"节能环保产业发展规划》

关于印发《"十三五"节能环保产业
发展规划》的通知

各省、自治区、直辖市及计划单列市、新疆生产建设兵团发展改革委、科技厅(局)、工信委(厅)、环保厅(局):

现将《"十三五"节能环保产业发展规划》印发给你们,请认真贯彻执行。

国家发展改革委
科技部
工业和信息化部
环境保护部
2016 年 12 月 22 日

"十三五"节能环保产业发展规划

发展节能环保产业,是培育发展新动能、提升绿色竞争力的重大举措,是补齐资源环境短板、改善生态环境质量的重要支撑,是推进生态文明建设、建设美丽中国的客观要求。为加快将节能环保产业培育成我国国民经济的支柱产业,根据《国民经济和社会发展第十三个五年规划纲要》,制定本规划。

一、发展基础

"十二五"期间,在国家一系列政策支持和全社会共同努力下,我国节能环保产业发展取得显著成效。产业规模快速扩大,2015 年产值约 4.5 万亿元,从业人数达 3 000 多万。技术装备水平大幅提升,高效燃煤锅炉、高效电机、膜生物反应器、高压压滤机等装备技术水平国际领先,燃煤机组超低排放、煤炭清洁高效加工及利用、再制造等技术取得重大突破,拥有世界一流的除尘脱硫、生活污水处理、余热余压利用、绿色照明等装备供给能力。产业集中度明显提高,涌现出 70 余家年营业收入超过 10 亿元的节能环保龙头企业,形成了一批节能环保产业基地。节能环保服务业保持良好发展势头,合同能源管理、环境污染第三方治理等服务模式得到广泛应用,一批生产制造型企业快速向生产服务型企业转变。

同时,我国节能环保产业发展还存在不少困难和问题,突出表现在:自主创新能力不强,缺乏基础性、开拓性、颠覆性技术创新,部分关键设备和核心零部件受制于人,垃圾渗滤液处理、高盐工业废水处理、能量系统优化等难点技术有待突破,高端技术装备供给能力不强。市场秩序不规范,环境基础设施建设等领域恶性竞争问题突出,部分地区地方保护现象严重、市场竞争不充分,产品能效、水效虚标屡禁不止,部分落后低效技术装备对中高端产品形成市场挤压。节能环保服务业违约现象增多,纠纷处理尚未建立机制性安排。制度体系不完善,节能环保标准建设滞后,税收优惠政策有待进一步落实,企业融资难、融资贵问题突出,绿色消费缺乏有力引导。

提高资源利用效率、保护和改善生态环境,是人类社会发展的永恒主题,是我国发展面临的紧迫任务。我国资源环境形势严峻,有世界上最强烈的环境改善诉求,有最大的节能环保市场,有良好的产业发展基础,发展节能环保产业大有可为。要紧紧抓住历史机遇,推动节能环保产业和传统产业融合发展,做好存量的绿色化改造和增量的绿色化构建,提升经济整体的绿色竞争力,促进经济社会发展绿色转型,以最少的成本取得更大的环境和社会效益。

二、总体要求

(一)指导思想

全面贯彻党的十八大和十八届三中、四中、五中全会精神,深入落实习近平总书记系列重要讲话精神,牢固树立创新、协调、绿色、开放、共享的新发展理念,立足发展阶段和现实国情,以解决突出资源环境问题为导向,以提高节能环保供给水平为主线,以创新为驱动,以重大工程为着力点,不断完善政策措施,优化市场环境,运用市场机制引导社会资源要素充分、有序投入节能环保产业,实现节能环保产业的快速、提质、创新发展,为改善环境质量、建设美丽中国提供可靠保障。

(二)基本原则

坚持创新引领。以节能环保领域科技创新为核心,强化产学研用结合,打造协同创新平台,提高原始创新能力,加快技术更新换代。推动商业、服务、管理模式创新,满足多元化、个性化市场需求。促进新技术、新产品、新服务脱颖而出,提升节能环保产业供给质量和水平。

坚持市场主导。充分发挥市场在节能环保产业资源配置中的决定性作用,规范市场秩序,形成统一开放、平等准入、竞争有序的市场体系。更好发挥政府作用,加强政策扶持,打破隐形壁垒,强化监督管理。

坚持重点突破。以系统节能、水气土环境污染治理、尾矿资源化及工业废渣利用等影响可持续发展的突出问题为重点,有针对性的加强关键节能环保技术装备产品的研发攻关,提升节能环保产业对解决重大资源环境问题的支撑能力。

坚持开放共赢。坚持"引进来"和"走出去"并重,鼓励外商投资,积极引进先进技术和管理经验;结合"一带一路"、国际产能合作、绿色对外援助等,支持我国节能环保企业参与全球生态环境保护事业。

(三)主要目标

到2020年,节能环保产业快速发展、质量效益显著提升,高效节能环保产品市场占有率明显提高,一批关键核心技术取得突破,有利于节能环保产业发展的制度政策体系基本形成,节能环保产业成为国民经济的一大支柱产业。

——产业规模持续扩大,吸纳就业能力增强。节能环保产业增加值占国内生产总值比重为3%左右,吸纳就业能力显著增强。

——技术水平进步明显,节能环保装备产品市场占有率显著提高。拥有一批自主知识产权的关键共性技术,一些难点技术得到突破,装备成套化与核心零部件国产化程度进一步提高,主要节能环保产品和设备销售量比 2015 年翻一番。

——产业集中度提高,竞争能力增强。到 2020 年,培育一批具有国际竞争力的大型节能环保企业集团,在节能环保产业重点领域培育骨干企业 100 家以上。形成 20 个产业配套能力强、辐射带动作用大、服务保障水平高的节能环保产业集聚区。

——市场环境更加优化,政策机制更加成熟。全国统一、竞争充分、规范有序的市场体系基本建立,价格、财税、金融等引导支持政策日趋健全,群众购买绿色产品和服务意愿明显增强。

三、提升技术装备供给水平

加大研发投入力度,加强核心技术攻关,推动跨学科技术创新,促进科技成果加快转化,开展绿色装备认证评价,淘汰落后供给能力,着力提高节能环保产业供给水平,全面提升装备产品的绿色竞争力。

(一)节能技术装备

工业锅炉。加快研发高效低氮燃烧器、智能配风系统等高效清洁燃烧设备和波纹板式换热器、螺纹管式换热器等高效换热设备。支持开发锅炉系统能效在线诊断与专家咨询系统、主辅机匹配优化技术等,不断提高锅炉自动调节和智能燃烧控制水平。推进高效环保的循环流化床、工业煤粉锅炉及生物质成型燃料锅炉等产业化。鼓励锅炉制造企业提供锅炉及配套环保设施设计、生产、安装、运行等一体化服务。

电机系统。加强绝缘栅极型功率管、特种非晶电机和非晶电抗器等核心元器件的研发,加快特大功率高压变频、无功补偿控制系统等核心技术以及冷轧硅钢片、新型绝缘材料等关键材料的应用,推动高效风机水泵等机电装备整体化设计,促进电机及拖动系统与电力电子技术、现代信息控制技术、计量测试技术相融合。加快稀土永磁无铁芯电机等新型高效电机的研发示范。

能量系统优化。加大系统优化技术研发和推广力度,鼓励先进节能技术、信息控制技术与传统生产工艺的集成优化运用,加强流程工业系统节能。针对新增产能和具备条件的既有产能,以整合设计为突破口,形成贯通整个工业企业生产流程的综合性节能工艺技术路线。

专栏 1　重点行业能量系统优化的重点节能技术

开发热态炉渣余热高效回收和资源化利用技术、复合铁焦新技术、换热式两段焦炉技术等。推广"一罐到底"铁水供应、烧结烟气循环、高温高压干熄焦等技术。

开发铝电解槽大型化及智能化技术、连续或半连续镁冶炼技术等。推广铝液直供、新型结构铝电解槽、高效强化拜耳法氧化铝生产、富氧熔炼、粗铜连续吹炼等技术。

开发油品及大宗化工原料绿色制备技术、石化装置换热系统智能控制技术等。推广炼化能量系统优化、烯烃原料轻质化、高效清洁先进煤气化等技术。

开发水泥制造全流程信息化模糊控制策略、平板玻璃节能窑炉新技术、浮法玻璃生产过程数字化智能型控制与管理技术等。推广高效熟料煅烧、玻璃熔窑纯低温余热发电、陶瓷薄形化和湿改干等技术。

大力发展焦炉煤气、煤焦油、电石尾气等副产品的高质高效利用技术。

余能回收利用。加强有机朗肯循环发电、吸收式换热集中供热、低浓度瓦斯发电等技术攻关,推动中低品位余热余压资源回收利用。加快炉渣、钢坯和钢材等余热回收利用技术开发,推进固态余热资源回收利用。探索余热余压利用新方式,鼓励余热温差发电、新型相变储热材料、液态金属余热利用换热器技术等研发。推动余热余压跨行业协同利用和余热供暖应用。

照明和家电。推动半导体照明节能产业发展水平提升,加快大尺寸外延芯片制备、集成封装等关键技术研发,加快硅衬底 LED 技术产业化,推进高纯金属有机化合物(MO 源)、生产型金属有机源化学气相沉积设备(MOCVD)等关键材料和设备产业化,支持 LED 智能系统技术发展。大幅提高空调、冰箱、电视机、热水器等主要用能家电能效水平,加快智能控制、低待机能耗技术等通用技术的推广应用。

绿色建材。鼓励开发保温、隔热及防火性能良好、施工便利、使用寿命长的外墙保温材料、低辐射镀膜玻璃、断桥隔热门窗、遮阳系统等,开发推广结构与保温装饰一体化外墙板,引导高性能混凝土、高强钢等建材的应用。支持发展环境友好型建筑涂料和胶黏剂,推广应用高分子防水材料、密封材料和热反射膜。

(二)环保技术装备

大气污染防治。加快烟气多污染物协同处理技术及其集成工艺、成套装备与催化剂开发,攻克低氮燃烧和脱硝工艺氨逃逸控制、PM 2.5 和臭氧主要前体物联合脱除、窑炉多污染物协同控制技术,研发脱硫、脱硝、除尘、除汞副产物的回收利用技术。探索挥发性有机物(VOCs)源头控制方法,研发推广吸附浓缩、低温等离子体净化、生物法脱臭、光氧化和光催化等末端治理及组合治理技术,在石油石化、汽车喷涂、印刷等行业开展 VOCs 治理,推进吸附材料再生平台示范建设。促进发动机、汽轮机等机内净化、尾气治理、蒸发排放控制等移动源环保升级,以及柴油机(车)排放净化。加强大气污染来源识别及区域联防联控技术集成研究。推进钢铁、水泥等行业以特别排放限值或更高标准为目标的技术研发示范和应用。

水污染防治。加强高浓度难降解工业废水处理、水体富营养化控制、总磷达标排放等关键技术研发力度,着力突破藻毒素处理、饮用水消毒副产物去除等水安全保障技术。开展地下水污染溯源技术、修复材料及技术研究,开展工业废水生物毒性、急性毒性等前瞻性技术研究,开发新型高效水处理材料及高效水处理生物菌剂。加快反渗透膜、纳滤膜的推广,提高膜生物反应器性能、降低成本。开展高效低耗生活污水处理与回用工艺研发和示范,示范推广污泥无害化资源化处理技术。大力推行低成本、微动力的小型水处理技术和畜禽养殖面源污染控制技术,推动小城镇和农村生活污水以及施工营地生产生活污水分散处理。

土壤污染防治。增强土壤污染诊断水平,增强风险识别、污染物快速检测、土壤及地下水污染阻隔等风险管控能力。突破功能材料(药剂)、土壤调理剂和修复药剂的技术和成本瓶颈。加快实现原位修复专用工程设备国产化。加强生命科学技术在土壤修复领域的技术储备。提升农田土壤重金属和持久性有机污染物快速检测修复技术水平,以及污染场地风险评价数值模拟技术水平。开展污染场地和矿山修复,推动土壤污染治理试点示范。

城镇生活垃圾和危险废物处理处置。提高生活垃圾焚烧飞灰、浓缩渗滤液、填埋气利用技术水平,加快村镇低成本小型垃圾处理成套设备开发示范。着力突破重金属废物、抗生素菌渣、高毒持久性废物综合整治工作,推动与我国危险废物基本特征相适应的利用处置技术研发,提升危险废物利用处置过程的风险控制水平,促进危险废物高效焚烧装备产业化,提升危险废物环境管理的精细化、信息化水平。

噪声和振动控制。开发新型吸声、隔声、隔振、减振材料,重点推进阻尼弹簧浮置板轨道隔振技术国产化,提升配套产品的自动化和集成化水平。推动燃煤电厂低频噪声源头治理成套设备研发和应用。推进施工场地、机场等环境噪声在线连续监测技术设备的研发和应用,加强低成本、可移动降噪设备研究与推广。

环境大数据。推动在线监测技术与信息化技术的深度融合,加强环境物联网与大数据建设,实现环境监测数据模型化、精细化、准确化。以突出环境问题为重点,加强挥发性有机污染物(VOCs)、重金属、火电厂 ppb 级 PM 2.5 在线监测和现场快速检测技术,以及相关标准物质的研发和应用。开展大气新型污染物、空气环境颗粒物、工业排放气体在线监测计量、水质生物毒性监测、土壤和地下水监测等技术研究。研究适用范围广、监测数据准确的多参数水质自动检测仪器和连续监测装备,推进水质自动化监测。提高在线监测仪器的测量精度和性能稳定性,提升仪器仪表智能化水平。

(三)资源循环利用技术装备

尾矿资源化。开发选矿药剂及装备,加快多种共伴生有价组分综合回收利用等高效尾矿回收技术研发。加大膏体尾矿干式堆存、尾矿高浓度充填自动化控制、高浓度尾矿胶结充填采矿等关键技术装备的研发力度。开发低成本生产超高强度混凝土、微晶玻璃等尾矿利用产品。加大煤矸石资源化利用技术研发。

工业废渣。积极研发源头减量、杂质脱除、结构重构、强化成型等关键技术,突破冶炼渣多种有价组分综合回收技术,示范推广赤泥、脱硫石膏、磷石膏、粉煤灰等工业废渣的高效无害化处理技术和资源化利用技术。开发以工业废渣为原料的高附加值产品和低成本利用技术。

专栏 2　工业废渣研发和推广的技术及产品

重点研发低成本赤泥脱碱、高铁赤泥及赤泥铁精矿深度还原再选技术、赤泥制备路基固结材料,开发以赤泥为主要原料的泡沫玻璃、循环流化床脱硫剂、环境修复材料、化学结合陶瓷(CBC)复合材料等产品。

重点研发微膨胀型充填采矿专用胶凝材料、多种有价组分综合回收等技术。

重点突破低能耗磷石膏制硫酸钾副产氯化铵等技术和利用副产石膏改良土壤、脱硫石膏质量在线监测等技术;推广磷石膏、不溶性含钾页岩制酸联产硅钙镁肥技术。

推广粉煤灰分质分级利用系统化技术、粉煤灰提取氧化铝和高附加值元素技术、粉煤灰制作纤维纸浆、粉煤灰制备超细纤维等技术;研发粉煤灰提取 Fe_2O_3、漂珠、碳粒等多重有价组分技术,突破高铝粉煤灰低能耗冶炼硅铝合金、粉煤灰制备环保材料、大掺量粉煤灰混凝土路面材料技术等技术。

再生资源。加快开发报废汽车和废旧电器电子产品的智能拆解和拆解物自动化分选等关键技术装备,研发废旧塑料的改性改质技术。开展农业废弃物资源化利用,推动以农林废

弃物原料生产高强度纤维板、轻质装饰用防火板等中高端产品。研发餐厨垃圾的低成本资源化技术和产品。探索废旧太阳能光伏板、报废动力蓄电池、废碳纤维材料、废纺织品、废节能灯、农膜和农药化肥等新型废弃物的资源化利用及无害化处理技术。鼓励企业研发和应用智能型回收设备。鼓励研发和推广基于物联网的再生资源收运系统。

再制造。研发推广生物表面处理、自动化纳米颗粒复合电刷镀、自动化高速电弧喷涂等再制造产品表面处理技术和废旧汽车发动机、机床、电机、盾构机等无损再制造技术，突破自动化激光熔覆成形、自动化微束等离子熔覆、在役再制造等关键共性技术。开发基于监测诊断的个性化设计、自动化高效解体、零部件绿色清洗、再制造产品疲劳检测与服役寿命评估等技术。组织实施再制造技术工艺应用示范。

水资源节约利用。开发雨水高效回收利用、管网检漏和防渗、民用净水设备浓水利用等节水技术，研发和推广高效生活用水节水器具。农业领域推广输水明渠防渗、喷灌、微灌、水肥一体化等节水灌溉技术，工业领域推广高硬高碱循环水处理技术、水质分级梯级利用技术、高钙高 COD 废水处理回用技术、变频节水系统等节水技术。进一步解决反渗透膜、超滤纤维等水处理关键部件运行不稳定、寿命短等技术障碍，大力推进反渗透淡化装置和真空纤维超滤水处理等海水、苦咸水淡化技术。

四、创新节能环保服务模式

深入推进节能环保服务模式创新，培育新业态，拓展新领域，凝聚新动能，提高服务专业化水平，充分激发节能环保市场活力。

（一）节能节水服务

做大做强节能服务产业，创新合同能源管理服务模式，健全效益分享型机制，推广能源费用托管、节能量保证、融资租赁等商业模式，满足用能单位个性化需要。支持开展节能咨询、评估、监测、检验检测、审计、认证等服务。鼓励节能服务公司整合上下游资源，为用户提供诊断、设计、融资、建设、运营等合同能源管理"一站式"服务，推动服务内容由单一设备、单一项目改造向能量系统优化、区域能效提升拓展。到 2020 年，节能服务业总产值达到 6 000亿。鼓励采用合同节水模式，在电力、化工、钢铁、造纸、纺织、炼焦等高耗水行业开展节水改造，实施 100 个合同节水管理示范试点。

（二）环境污染第三方治理

推进环境基础设施建设运营市场化，采取政府和社会资本合作（PPP）、特许经营、委托运营等方式引导社会资本提供环境基础设施投资运营服务，完善工程总承包＋系统托管运营（EPC＋C）、项目管理承包（PMC）等运营机制。进一步明确第三方治理项目的绩效考核指标体系，减少项目在运营期的争议。对政府负有支付义务的项目，应纳入预算管理。开展小城镇、园区环境综合治理托管试点与环境服务试点，鼓励地方政府采取环境绩效合同服务模式引入服务商，推行环境治理整体式设计、模块化建设、一体化运营。创新排污企业第三方治理机制，鼓励电力、化工、钢铁、采矿、纺织、造纸、畜禽养殖等行业企业将环境治理业务剥离并交由第三方治理。做好环境污染第三方治理试点评估，总结推广有效模式，研究解决制约问题。

（三）环境监测和咨询服务

引导社会环境监测机构参与污染源监测、环境损害评估监测、环境影响评价监测等环境监测活动,推进环境监测服务主体多元化和服务方式多样化。对公共环境监测数据,逐步推行以政府购买服务的方式取得,有序放开环境质量自动监测站、污染源自动监测设施的建设运行维护等公益性、监督性监(检)测业务,有序发展固体废物和危险废物鉴别、化学品环境危害特别测试等中介服务。提高社会环境监测从业人员的业务素质,评估社会环境监测机构的业务水平,促进环境监测服务水平的不断提升。强化对社会环境监测机构事中和事后监管,逐步纳入执法监管体系,推动环境监测服务社会化工作的制度化、体系化、规范化,形成以环保系统环境监测机构为骨干、社会环境监测力量共同参与的环境监测管理新体制。推动环境调查、环境风险评价、环境规划、环境影响评价、环境监理等环境咨询服务水平提高。

（四）资源循环利用服务

利用"互联网＋"技术,探索建立再生资源交易平台,支持回收行业建设线上线下融合的回收网络,推广"互联网＋回收"新模式。建设兼具垃圾分类与再生资源回收功能的交投点,推进垃圾收运系统与再生资源回收系统衔接,推动"两网融合"。推进机械装备包装标准化,探索建立逆向物流体系,提高包装物的回用率和资源化率。鼓励选矿单位与尾矿资源化利用企业加强合作,开展尾矿库专业化委托管理服务,建立尾矿管理与综合利用相衔接的治理模式。推广秸秆的第三方收贮运模式,提高农林剩余物回收率,促进高值化利用。

五、培育壮大市场主体

以节能环保企业为重点,以产业园区为依托,以第三方机构为有益补充,推动市场主体形成良性互动、协同发展的共生关系,培育节能环保产业的生力军。

（一）促进各类型企业协调发展

加强龙头企业的骨干作用,打造综合实力强、管理水平先进、具有市场带动能力的龙头企业和产业集团。引导中小企业差异化、专业化、精细化发展,形成一批拥有自主知识产权和专业化服务能力的专精特新企业。大力推进节能环保领域的"大众创业、万众创新",鼓励掌握核心技术的研发人员自主创业,加快科技成果转化。研究科技型新企业条件和标准,落实普惠性政策,支持节能环保高新技术企业发展。发挥国有企业技术和管理优势,提高国有资本的整体功能和效率。充分激发民营企业在节能环保领域的创新活力,引导民营资本参与环境治理和生态保护项目建设,在PPP项目中不得以任何形式设置对民营企业的歧视性条款。鼓励在项目层面开展混合所有制合作,促进国有资本和民营资本协同发展。

（二）加快产业集聚区提质增效

优化升级现有节能环保产业园区和集聚区,创新政府引导产业集聚方式,由招商引资向引资、引智、引技转变,以管理体制机制改革激发市场活力。在充分考虑地方资源特点和产业发展的基础上,布局培育一批创新优势突出、区域特色明显、规模效益显著的产业集聚区,创建以节能环保产业为主导的国家基础创新中心。整合集聚区内创新资源,推动创新资源和成果开放共享,提升集聚区整体创新能力,使集聚区成为产业创新的新载体。促进集聚区内产业链关联企业的协同发展,通过深化分工降低生产和交易成本,发挥集聚效应和带动作用,提高整体竞争优势。避免对市场行为的过度干预,防止园区重复建设。

(三)发挥第三方机构催化作用

发挥产业协会和产业联盟等产业组织对节能环保产业的催化作用,在政府与行业、企业之间建立起桥梁和纽带。支持产业协会建立节能环保网络小组,加强业内企业间的互动互助,建立节能环保企业统计信息报送平台,开展产业发展动态监测,强化数据采集处理,提高产业数据统计能力和分析能力。及时向政府及其相关部门反映行业诉求,维护行业整体利益,协助政府完成节能环保产业调查、技术遴选认证、行业标准和技术目录制修订等工作。通过组织技术装备展览、技术交流和供需对接等活动,促进国内外节能环保产业技术和项目信息的交流合作。推动建设专业化节能环保众创空间、面向市场和产业的科技创新中心,完善技术转移转化机制。加强行业自律和同业监管,建立完善行业内自律性管理制度。

六、激发节能环保市场需求

以实施节能环保和资源循环利用重大工程、推广绿色产品、培育绿色消费习惯等方式,有力刺激市场对节能环保产品和服务的需求,全面扩展产业发展空间。

(一)强化重大工程需求牵引

通过实施节能环保重点工程,有力激发市场对节能环保技术、装备、产品及服务的需求。以燃煤锅炉、电机系统、照明产品等通用设备为重点,大力推动节能装备升级改造;开展工业能效赶超行动,推动钢铁、有色、石化、建材等高耗能行业工艺革新,实施系统节能改造,鼓励先进节能技术的集成优化运用,进一步加强能源管控中心建设。推动环境基础设施建设,推进工业污染源全面达标排放、水气土领域环境治理、危险废物防治等环保重大工程,扩大环保产业有效需求。推进国家级和省级园区循环化改造,推动大宗废弃物和新型废弃物的综合利用,发展再制造技术和产业,提高城市低值废弃物资源化水平。坚决淘汰落后产能,严防落后产能向中西部地区转移;积极稳妥化解过剩产能,强化资源、能源、环保等硬约束,强化行业规范和准入管理。

(二)完善绿色产品推广机制

健全绿色产品和服务的标准体系,扩大标准覆盖范围,加快制修订产品生产过程的能耗、水耗、物耗以及终端产品全生命周期的能效、水效和环境标志等标准。建立统一的绿色产品认证、标识等体系,逐步将目前分头设立的环保、节能、节水、循环、低碳、再生、有机等产品统一整合为绿色产品,加强绿色产品全生命周期计量测试、质量检测和监管。鼓励认证机构对所认证的绿色产品提供担保并承担连带责任。组织实施能效、水效、环保领跑者行动,推动实施企业产品标准自我声明和监督制度。实施高效节能产品推广量倍增行动、绿色建材生产和应用行动计划,大幅提高节能家电、绿色建材、再生产品、环境标志产品等绿色产品的市场占有率。全面推行绿色办公,严格落实政府对绿色产品的优先采购和强制采购制度,适时调整政府绿色采购的范围和标准,及时发布政府采购绿色产品清单。

（三）着力培育绿色消费文化

开展全民绿色消费教育,把绿色消费纳入全国节能宣传周、全国城市节水宣传周、科普活动周、全国低碳日、环境日等主题宣传活动,利用报纸、广播、电视、互联网等多种形式引导消费者主动选择和消费绿色产品。深入实施节能减排全民行动、节俭养德全民节约行动。同时,鼓励企业实行绿色产品的规模化生产和经营,进一步降低成本,促进公众消费。完善居民社区再生资源回收体系。倡导绿色生活方式,探索建立绿色积分制度,鼓励居民通过购买绿色产品、垃圾分类、绿色出行等方式积分,用于购买商品或服务。

七、规范优化市场环境

发挥市场的决定性作用,加强规范引导,拓展市场空间,建立统一开放、竞争充分、规范有序的市场体系,营造有利于产业提质增效的市场生境。

（一）加强法规标准建设

严格落实《节约能源法》《环境保护法》《循环经济促进法》等节能环保法律,研究制定碳排放权交易管理条例,完善相关配套法规,坚决查处严重浪费能源资源、污染环境的违法行为,加大处罚力度。推进环境保护督察,对地方政府及其有关部门履行环境保护工作职责的情况开展全面的监督检查,落实生态环境损害责任终身追究制。实施随机抽查和专项督查相结合的监督制度,加强对工业、建筑、公共机构等重点耗能单位监察和对污染源的监管执法。加强信息公开,依法公开重点用能单位节能目标责任考核和国家重点监控企业污染源监测结果,鼓励公众监督企业环境行为。建立健全节能环保标准体系,加快制修订一批强制性能效标准、能耗限额标准和污染物排放标准,提高产品标准中的节能环保技术要求;加强与节能环保相关的国家、地方、行业和企业标准的相互协调。打击假冒节能环保产品的生产、流通和销售,加大家电产品能效审查和能效标识产品的专项检查力度,整顿家电市场能效虚标行为。

（二）简政放权优化服务

深入推进简政放权,优化简化节能环保项目行政事项审批流程,推进节能环保项目行政审批标准、项目核准条件等信息公开,鼓励各级政府建立节能环保项目绿色审批通道。优化创新创业服务,深入推进商事制度改革,为节能环保投资创业提供更便捷的条件;落实对节能环保小微企业的优惠扶持政策,在就业培训、创业辅导等方面给予支持,帮扶小微企业规避初创期风险。强化对节能环保项目的环境绩效管理,减少政府对项目技术方案、技术路线等的干预。对农村生活污水、生活垃圾处理项目,加强规划可行性论证,简化项目环评审批,规范工程验收,对位于环境敏感区的定期开展环境监督性监测。

（三）统一规范市场秩序

清理废除地方自行制定的影响统一市场形成的限制性规定,严肃查处设立不合理招投标条件等行为,加快放开垄断行业竞争性环节,建立申诉渠道和复议机制。探索改革环境基础设施建设招投标机制,建立质量优先的评标原则,大幅增加技术标权重;定期公布重大环境基础设施项目中标价格,加强对明显低于市场平均价格项目的运营监管,严防恶性低价竞争。加强信用体系建设,建立严重违法失信的市场主体的信用记录,纳入全国信用信息共享平台,依法公示企业环境行政许可、行政处罚等信息,实施跨部门联合惩戒;强化纠纷处理,建立节能环保纠纷快速解决机制。在城镇化过程中对环境基础设施建设要优先布局、优先建设,严格落实环评要求,做好环保知识的宣传普及,稳妥解决"邻避"问题。

八、完善落实保障措施

加强财税价格金融等政策的引导支持,依托国家重大对外战略拓展国际合作,培育高素质人才队伍,为产业发展提供有力保障。

(一)加大财税和价格政策支持

继续利用中央预算内投资对节能环保产业给予支持,鼓励地方政府安排财政专项资金支持和引导节能环保产业发展。落实节能环保产业税收优惠政策,修订完善节能节水、环境保护专用设备企业所得税优惠目录,落实资源综合利用产品的增值税优惠政策。做好环境保护税立法和实施工作。推进资源性产品价格改革,落实差别电价、惩罚性电价和阶梯电价政策;适时完善环保电价政策,探索建立污水处理服务费用与污水处理效果挂钩调整机制。

(二)发展绿色金融

建立健全绿色金融体系,推动节能环保产业与绿色金融的深度融合。大力发展绿色信贷,完善绿色信贷统计制度,鼓励银行设立绿色信贷专项额度,支持有条件的银行探索绿色金融专业化经营。鼓励银行业金融机构将碳排放权、排污权、合同能源管理未来收益、特许经营收费权等纳入贷款质押担保物范围,推广融资租赁等新型融资方式。强化直接融资,支持绿色债券规范有序发展,鼓励符合条件企业发行绿色债券,通过债券市场筹措节能环保项目建设资金。引导和支持社会资本建立绿色发展基金,投资节能环保产业。支持社会资本以PPP和第三方服务等模式投入资源循环利用产业。探索发展绿色保险,研究开发针对合同能源管理、环境污染第三方治理等的保险产品,在环境高风险领域建立环境污染强制责任保险制度。支持信用担保机构、绿色发展基金对资质好、管理规范的中小型节能环保企业融资提供担保服务。

(三)加强国际合作

推进节能环保产品和服务"走出去",拓展一体化水处理装备、高效电机、高效锅炉、除尘脱硫设施等先进节能环保装备的国际市场,促进绿色产品出口;依托"一带一路"建设、国际产能合作,鼓励节能环保企业境外工程承包和劳务输出,提供优质高效的纯低温余热发电、污染治理、垃圾焚烧发电、生态修复、环境影响评价等服务。实施绿色援助,在受援国开展节能环保工程示范和能力建设,支持环境基础设施建设,帮助受援国改善生态环境,同时形成对我国节能环保产业"走出去"的有力带动。实施高水平"引进来",积极引进境外节能环保产业投资、先进技术、管理理念和商业模式,鼓励外资投向节能环保高端装备制造、节能环保技术创新,支持设立研发中心。积极参与国际节能环保标准制修订,加强重点领域节能环保标准与国际标准接轨,推动与主要贸易国建立节能环保标准互认机制。加强与发达国家节能环保产业合作,共同开拓第三方市场。

（四）夯实人才基础

围绕节能环保产业发展需要，在创新人才推进计划、青年英才开发计划、"千人计划""万人计划"提升工程等重大人才工程中，加大对节能环保人才的培养和引进，培育一批突破关键技术、引领学科发展、带动产业转型的领军人才。发挥大学和科研机构在培养优秀创新人才方面的作用，鼓励高校根据市场需求设置节能环保产业相关学科专业，做好课程设计，形成一批具有国际影响的科学研究基地和人才培养基地。加强多元化培训，提升经营管理人才在金融、法律、企业管理等方面的综合能力，提高节能环保企业管理水平。强化产业技术工人专业技能培训。加强节能监察、环保执法队伍能力建设，提高人员业务素质。

九、组织实施

发改、环保、工信、科技、财政、住建、水利等部门要加强规划落实的统筹协调，依据职能完善细化各项政策措施，适时开展规划执行情况评估。开展节能环保产业调查统计工作，做好节能环保产业发展形势分析，加强苗头性、倾向性、潜在性问题研究，及时解决产业发展中出现的突出问题。各地区要充分认识发展节能环保产业对于培育发展新动能、提升绿色竞争力的重要意义，创新方式方法，因地制宜地制订本地区的实施方案，加大对节能环保产业发展的扶持力度，规范市场秩序，推动节能环保产业做大做强，为建设生态文明和美丽中国提供坚实的产业保障。

《江苏省循环经济促进条例》

(2015 年 9 月 25 日江苏省第十二届人民代表大会常务委员会第十八次会议通过)

江苏省人大常委会公告第 28 号

江苏省人民代表大会常务委员会
2015 年 9 月 25 日

第一章 总 则

第一条 为了促进循环经济发展,提高资源利用效率,保护和改善环境,加快转变经济发展方式,实现经济社会可持续发展,根据《中华人民共和国循环经济促进法》和相关法律、行政法规,结合本省实际,制定本条例。

第二条 在本省范围内生产、流通和消费等过程中进行的减量化、再利用、资源化等循环经济活动以及相关的管理与服务,适用本条例。

第三条 发展循环经济应当在有利于节约资源、保护环境的前提下,采取各种技术可行、经济合理的措施,按照减量化优先的原则,最大化地减少资源消耗和废弃物产生、提高废弃物再利用和资源化水平。

第四条 县级以上地方人民政府负责本行政区域内循环经济发展的统筹规划,制定产业政策,调整产业结构,建立和完善发展循环经济的目标责任制和评价考核制度。

县级以上地方人民政府应当建立发展循环经济联席会议制度,协调解决发展循环经济中的重大问题,促进循环经济发展。

第五条 县级以上地方人民政府发展和改革部门是发展循环经济的综合管理部门,负责组织协调、监督管理本行政区域内的循环经济发展工作。

县级以上地方人民政府其他相关部门,按照各自职责负责循环经济的监督管理工作。

第六条 地方各级人民政府和相关部门应当组织开展循环经济宣传教育,倡导绿色、低碳、循环发展理念。

中小学校、高等院校和各类职业学校、职业培训机构应当对学生和学员开展循环经济理念和知识的教育。

鼓励和支持企业、科研机构、高等院校开展循环经济科学技术的研究、开发、推广和应用。

鼓励和支持中介机构、行业协会等社会组织开展循环经济宣传、技术指导和咨询等服务。

第七条 国家机关、企业事业单位和其他组织应当按照发展循环经济的要求,建立健全管理制度并采取措施,降低资源消耗,减少废弃物的产生量和排放量,提高资源循环利用水平。

公民应当自觉履行节约资源和保护环境的义务,合理消费,减少资源消耗,抑制废弃物的产生。鼓励和引导家庭、个人使用节能、节水、节材和有利于保护环境的产品及再生利用、再制造产品。

第八条　任何公民和组织有权举报浪费资源、破坏环境的行为。政府有关部门应当公布举报和投诉电话、网站等,方便公众举报和投诉。政府有关部门接到举报、投诉后,应当及时查处,并将处理结果告知举报人、投诉人。

第二章　规划与管理

第九条　县级以上地方人民政府发展和改革部门会同相关部门编制本行政区域循环经济发展规划,报本级人民政府批准,并报上级人民政府发展和改革部门备案。

编制循环经济发展规划应当明确规划目标、适用范围、主要内容、重点任务和保障措施等,并规定资源产出率、废弃物再利用和资源化率等指标。

国家级和省级各类产业园区应当根据所在地的循环经济发展规划制定实施方案,报所在地设区的市、县(市)人民政府批准。

第十条　省和设区的市人民政府应当根据当地经济发展水平、产业结构、节约潜力及重大生产力布局等因素,将能源和煤炭消费、主要污染物排放、碳排放、用水总量控制指标分解落实到下一级地方人民政府、重点单位,将建设用地总量控制指标分解落实到下一级地方人民政府。

设区的市、县(市、区)人民政府应当完成上级人民政府下达的本行政区域能源和煤炭消费、主要污染物排放、碳排放、建设用地和用水总量控制指标,依据指标要求,规划和调整本行政区域的产业结构,推进循环经济发展。

新建、改建、扩建项目,应当符合本行政区域能源和煤炭消费、主要污染物排放、碳排放、建设用地和用水总量控制指标的要求。

第十一条　重点单位应当完成分解落实到本单位的能源和煤炭消费、主要污染物排放、碳排放、用水总量控制指标。

县级以上地方人民政府相关部门应当建立能耗、水耗、碳排放监督管理制度,对年综合能源消费量、用水量、碳排放量超过国家和省规定的重点单位,实行重点监督管理。

第十二条　省人民政府标准化主管部门会同相关部门制定严于国家标准、行业标准的单位产品能耗限额标准。

生产单位应当执行前款规定的单位产品能耗限额标准,超过限额标准用能的,由县级以上地方人民政府有关部门依法责令限期治理。

第十三条　省人民政府发展和改革部门应当会同相关部门建立循环经济评价考核指标体系。

省和设区的市人民政府应当根据循环经济评价考核指标体系,定期考核下级地方人民政府发展循环经济的状况,考核结果作为对下级地方人民政府及其负责人考核评价的重要内容。

第十四条　对列入国家强制回收名录的产品和包装物,应当依法实行强制回收制度。

县级以上地方人民政府发展和改革部门和其他相关部门依据各自职责,对强制回收的产品或者包装物回收情况依法进行监督检查。

第十五条　县级以上地方人民政府统计机构应当会同发展和改革等相关部门按照国家规定的循环经济统计调查制度,负责资源消耗、综合利用和废弃物产生、温室气体排放的统计管理,并将主要统计数据定期向社会公布。

第三章　减量化

第十六条　从事工艺、设备、产品以及包装物设计,应当按照减少资源消耗和废弃物产生的原则,优先选择采用易回收、易拆解、易降解、无毒无害或者低毒低害的材料和设计方案,并应当符合有关国家标准的强制性要求。

对在拆解和处置过程中可能造成环境污染的电器电子等产品,不得设计使用国家禁止使用的有毒有害物质。

第十七条　商品包装应当执行国家规定的标准,优先选择采用易回收、易拆解、易降解、无毒无害或者低毒低害的材料,确定合理的体积和层数,采用适当的形式和结构,减少包装材料的使用量和包装废弃物的产生。禁止生产和销售过度包装的商品。

第十八条　县级以上地方人民政府应当合理配置生活、生产和生态用水,发展节水产业,建设节水型社会。鼓励国家机关、企业事业单位通过循环用水、分质供水、废污水处理回用等措施,降低用水消耗。

工业企业应当采用先进或者适用的节水技术、工艺和设备,制定并实施节水计划。新建、改建、扩建建设项目需要取用水的,应当制订节水措施方案,进行节水评估,配套建设节水设施,节水设施应当与主体工程同时设计、同时施工、同时投产。

第十九条　工业企业应当采用符合国家相关规定的能效先进的技术、装备,禁止使用不符合国家规定的用能设备。

鼓励开展燃煤锅炉改造、余热余压利用、电机系统节能、能量系统优化,实施能源梯级利用,提高能源利用效率。

第二十条　设区的市、县(市)应当优先发展公共交通。车流量较大路段应当设立公交专用车道。有条件的地方应当推广使用公共自行车,引导公众低碳出行。

设区的市、县(市)新建、改建、扩建城市市内地面道路,应当留有充足的人行、自行车专用路面。

鼓励使用节能环保的交通运输工具。公安机关交通管理部门应当为加装、改装清洁能源或者电力驱动装置的符合国家规定的安全技术标准和产品质量标准的汽车依法办理机动车登记。

公共停车场、住宅小区和有条件的国家机关、企业事业单位应当根据需要规划和建设电动交通运输工具充电设施。

第二十一条　新建民用建筑应当符合绿色建筑标准,建设主体应当按照国家和省相关规定和标准进行规划建设,建筑物所有权人、使用权人或者受委托的物业服务企业应当对建筑用能系统和用水设备进行日常维护,保证节约运行。

第二十二条　开发利用土地应当符合土地利用总体规划,遵循保护耕地和节约、集约用地的原则。

造成土地破坏的单位和个人应当按照规定履行土地复垦的义务。

第二十三条　县级以上地方人民政府及其农业等主管部门应当推进土地集约利用和适度规模经营,优先发展生态循环农业。

鼓励和引导从事农业生产的单位和个人使用高效低毒低残留农药和可降解农用薄膜,提倡科学施肥,提高有机肥施用比例。禁止销售和使用国家明令停止使用的农药和其他农用品。

鼓励和引导从事农业生产的单位和个人采用先进适用的农业节水、节地、节能等措施和设备。

第二十四条　国家机关以及使用财政性资金的其他组织应当厉行节约、杜绝浪费,使用节能、节水、节地、节材的产品、设备和设施,节约使用和重复利用办公用品,推行电子化办公。

机关办公建筑、政府投资和以政府投资为主的公共建筑的所有者或者使用者,应当采取措施,加强建筑物维护管理,延长建筑物使用寿命。对符合规划和工程建设标准,在合理使用寿命内的建筑物,除为了公共利益的需要外,地方各级人民政府不得决定拆除。

第二十五条　建筑物、构筑物外部灯饰工程、城市道路照明、景观照明应当采用高效节能灯具。公共机构办公场所,应当采用节能灯具。

公共建筑物室内温度调节应当符合国家和本省的规定。

第二十六条　宾馆、洗浴等服务性企业应当采用有利于资源循环利用和环境保护的产品,采取环保提示、费用优惠等措施,鼓励和引导消费者减少使用一次性消费品。

自本条例施行一年后,餐饮经营者应当提供可循环使用筷子;超市、商场、集贸市场等商品零售场所不得销售、无偿或者变相无偿提供不可降解的塑料购物袋。

第二十七条　鼓励家庭、个人将闲置不用、但仍有使用价值的消费品,通过捐赠、义卖、旧货交易等形式转让给需要的人继续使用。有条件的地方应当通过提供场地、开办网站等方式给予支持。

第二十八条　单位和个人应当节约和合理使用水、电、气等资源性产品。对水、电、气等资源性产品,实行居民阶梯价格制度;对非居民用水实行超定额、超计划累进加价制度。

第四章　再利用和资源化

第二十九条　县级以上地方人民政府应当按照循环经济的产业链延伸、资源循环利用和能量梯级利用关系等要求,统筹规划本行政区域的产业布局和产业园区建设,引导新建企业向园区聚集,鼓励已建企业向园区搬迁。

产业园区管理机构应当按照布局优化、产业成链、企业集群、物质循环、集约发展的要求,推进园区循环化改造。鼓励第三方机构为园区循环化改造提供专业化服务。

第三十条　企业应当按照国家和本省的规定,对生产过程中产生的粉煤灰、煤矸石、尾矿、废石、废料、废气等工业废弃物以及城镇污水处理过程中产生的污泥进行综合利用。不具备综合利用条件的,应当委托具备条件的生产经营者进行综合利用或者无害化处理。

利用废弃物生产的产品,应当符合国家有关产品质量的标准。相关产品应当标注生产原料来源。

第三十一条　设区的市、县(市)人民政府应当制定本地区的区域供热规划,全面推广集中供热,实施现有热源点整合、大型机组改造供热和供热管网规划建设。各类产业园区应当集中建设热电联产机组,逐步淘汰分散燃煤锅炉。

钢铁、水泥、化工等行业的企业应当按照国家和省有关规定,实行余热、余压、余气资源综合利用,余热余压发电实施标杆上网电价。鼓励企业将自身余热、余压、余气或转化后的能源通过市场化方式提供给周边企业和居民。

第三十二条　设区的市、县(市)人民政府应当加大投入,统筹规划建设污水处理厂尾水再生利用设施和再生水供水管网。

城乡绿化、环境卫生、建筑施工、道路以及车辆冲洗等市政用水,冷却、洗涤等企业生产用水,观赏性景观、生态湿地等环境用水,有条件使用再生水的,应当使用再生水。集中办公的机关、学校、宾馆饭店、住宅小区等适宜使用再生水的,鼓励使用再生水。

再生水供水管网覆盖范围内的工业企业,应当使用符合用水水质要求的再生水。对使用再生水的工业企业,根据再生水使用量计算其主要污染物减排量。县级以上地方人民政府发展和改革部门会同相关部门制定优先使用再生水企业目录。

第三十三条 地方各级人民政府应当推进农业领域的循环利用和农村清洁能源工作,采取措施,推广先进、适用的资源循环利用技术。鼓励和支持单位和个人采用先进、适用技术,对农作物秸秆、畜禽粪便、农产品加工业副产品、废旧农用薄膜等进行综合利用。

畜禽养殖场应当配套建设畜禽粪便综合利用设施,对畜禽粪便进行沼气化、肥料化等综合利用。

第三十四条 县级以上地方人民政府及其林业主管部门应当积极发展生态林业,鼓励和支持林业生产者等相关企业和个人采用木材节约和代用技术,开展林业废弃物和次小薪材、灌木等综合利用,提高木材综合利用率。

第三十五条 建设单位应当对建筑废弃物采取回填、制作新型墙体材料等方式进行综合利用;不具备条件的,应当委托具备条件的生产经营者进行无害化处理或者综合利用。

第三十六条 设区的市、县(市、区)人民政府应当建立和完善餐厨废弃物收运体系,对餐厨废弃物进行资源化利用和无害化处理。鼓励和推广利用餐厨废弃物提取油脂、制备沼气等技术。

餐厨废弃物产生单位应当按照规定将餐厨废弃物交由具备条件的单位进行资源化利用和无害化处置。禁止将餐厨废弃物再利用为食品或者食品原料。

第三十七条 地方各级人民政府应当鼓励和支持再制造产品的生产和使用。支持符合国家再制造相关标准规范的企业,开展再制造业务。支持再制造旧件拆解、清洗、无损检测、装配再制造品检测等技术和装备推广。鼓励专业化旧件回收企业为再制造单位提供符合要求的旧件。

机动车零部件、工程机械、机床等产品的再制造,应当符合国家规定的质量标准,并在显著位置标识为再制造产品。

第三十八条 地方各级人民政府应当鼓励和支持再生产品生产和使用。废旧电器电子产品、报废机动车船、废旧轮胎、废旧铅酸电池等特定产品的拆解或者再利用,应当符合国家规定的质量标准,并在显著位置标识为再利用产品或者翻新产品。

鼓励企业和相关组织开展废旧纺织品的回收和再利用,相关再生利用产品应当符合国家规定的卫生标准和质量标准。

第三十九条 县级以上地方人民政府应当按照统筹规划、合理布局的原则,根据本地区经济发展水平、人口密度、环境和资源等具体情况,合理规划并布局再生资源回收网点、交易市场和分拣加工集聚区。

产业园区、居民社区、大型超市商场等应当设置再生资源集中回收站点。鼓励和支持流通企业利用销售配送网络,建立逆向物流回收渠道。鼓励回收企业延伸回收网点,建设与厂商直挂的产业类再生资源回收体系。

再生资源回收交易市场和分拣加工集聚区应当符合国家环境保护、安全和消防等规定,配备集中污染治理设施,防止二次污染。

鼓励和支持再生资源分拣、加工设备的研发、推广和运用,实现分拣自动化和精细化。

第四十条 设区的市、县(市)人民政府应当推进废弃物集中处置。鼓励废弃物处置的新技术、新工艺、新材料、新设备的研究、开发和使用。

鼓励具备条件的企业开展工业生产过程协同处理城市及产业废弃物,并可以按照规定享受相关优惠政策。

第四十一条　产品因为不当处置可能污染环境或者危害人体健康的,企业应当在产品或者包装物的显著位置标明最终使用后的处置方法等信息。

产品使用者应当按照前款规定的信息处置产品。

第四十二条　列入国家《废弃电器电子产品处理目录》的废弃电器电子产品的回收和处理,按照国家有关规定执行。

节能灯、电池的生产者和销售者应当对其销售的产品进行回收。销售者应当在其销售场所设置废旧节能灯、废旧电池的回收容器。

鼓励通过以旧换新、押金等方式回收废弃电器电子产品。

第四十三条　设区的市、县(市)人民政府应当建立和完善生活垃圾分类收集系统,统筹规划建设垃圾焚烧厂、堆肥厂等处理设施,对生活垃圾进行资源化利用和无害化处理。

鼓励和引导公民按照要求对生活垃圾进行分类放置,并配合垃圾回收体系的运行。

第四十四条　城市污水处理厂污泥处理处置应当优先采用可实现资源能源回收利用的工艺技术。

鼓励垃圾焚烧厂、水泥厂、燃煤电厂、有机肥厂等单位协同处理处置污泥。鼓励符合泥质标准的污泥与秸秆或者园林绿化垃圾堆置有机肥。鼓励污泥与餐厨垃圾厌氧消化沼气用于发电上网、汽车加气或者燃气并网。

第五章　服务与保障

第四十五条　省和设区的市人民政府发展和改革部门应当推进循环经济信息服务平台建设,提供循环经济相关信息的采集、分析、处理和发布以及政策引导、技术推广、交换交易、金融支持等服务,促进资源合理配置和循环利用。

鼓励和引导企业、社会组织利用循环经济信息服务平台,发布副产品和废弃物供求等信息。

第四十六条　县级以上地方人民政府应当加大财政资金扶持力度,促进循环经济发展。

省人民政府设立的发展循环经济的有关专项资金,重点支持循环经济的科技研究开发、循环经济技术和产品的示范与推广、重大循环经济项目的实施、发展循环经济的信息服务等。

第四十七条　县级以上地方人民政府应当将资源节约和循环利用项目列入重点支持的投资领域。政府投资应当发挥引导作用,吸引社会各类资金投向循环经济领域。

县级以上地方人民政府应当支持废弃物处置和再生利用项目建设,保证用地需求,其污染物排放总量控制指标在全省范围内进行统筹安排。

第四十八条　省人民政府及其相关部门应当将循环经济重大共性关键技术攻关、应用示范和产业化发展列入省科技创新规划和战略性新兴产业发展规划,并安排财政性资金予以支持。

县级以上地方人民政府应当鼓励和支持企业、科研机构、高等院校在减量化、再利用和资源化方面进行科技成果示范应用。通过补助、贴息等形式,支持企业开展相关科技成果的转化和技术改造。

第四十九条　县级以上地方人民政府和相关部门应当落实国家推进循环经济发展的税

收优惠政策。

企业从事环境保护、节能节水项目,综合利用资源生产符合规定的产品,购置用于环境保护、节能节水等专用设备的,相关部门应当按照国家有关规定办理税收优惠。

第五十条 对符合国家和本省产业政策的资源节约和循环利用项目,金融机构应当给予优先贷款等信贷支持,并积极提供配套金融服务。

支持符合条件的资源循环利用企业发行企业债券、公司债券、中期票据、中小微企业私募债和短期融资券等进行直接融资。

支持符合条件的资源循环利用企业申请境内外上市和再融资。

鼓励设立循环经济创业投资基金、产业投资基金。

第五十一条 使用财政性资金进行采购的,应当优先采购节能、节水、节材、低碳和有利于资源综合利用、环境保护的产品及再生产品。

前款规定的政府采购产品目录,由省人民政府定期发布。

第五十二条 县级以上地方人民政府应当采取措施构建以企业为主体、市场为导向的循环经济第三方服务体系,鼓励循环经济咨询、培训、信息服务以及资源节约、废弃物管理与资源化利用等专业化服务。

第六章 法律责任

第五十三条 违反本条例规定的违法行为,有关法律、法规已有处罚规定的,按照其规定进行处罚;情节严重构成犯罪的,依法追究刑事责任。

第五十四条 县级以上地方人民政府有关主管部门及其工作人员违反本条例规定,有下列行为之一的,由本级人民政府或者上一级人民政府有关主管部门责令限期改正,对直接负责的主管人员和其他直接责任人员,由任免机关或者监察机关依法给予处分:

(一)发现违反本条例的行为或者接到对违法行为的举报后不予查处的;

(二)违法审批、核准项目的;

(三)其他不依法履行职责的行为。

第五十五条 违反本条例第十条第二款规定,对未完成上级人民政府下达的能源和煤炭消费、主要污染物排放、碳排放、建设用地和用水总量控制指标的地区,由省人民政府相关主管部门会同监察机关约谈当地人民政府的主要负责人,并将约谈情况向社会公开。

第五十六条 违反本条例第十一条第一款规定,对未完成分解落实到本单位的能源和煤炭消费、主要污染物排放、碳排放、用水总量控制指标的重点单位,县级以上地方人民政府相关主管部门可以责令其限制生产、停产整治;情节严重的,报经有批准权的人民政府批准,责令停业。

第五十七条 违反本条例第十二条第二款规定,生产单位超过单位产品能耗限额标准用能,情节严重,经限期治理逾期不治理或者没有达到治理要求的,由县级以上地方人民政府有关部门提出意见,报经有批准权的人民政府批准,责令停业整顿或者关闭。

第五十八条 违反本条例第十六条第二款规定,对在拆解或者处置过程中可能造成环境污染的电器电子等产品,设计使用国家禁止使用的有毒有害物质的,由县级以上地方人民政府市场监管部门责令限期改正;逾期不改正的,处五万元以上二十万元以下的罚款;情节严重的,由县级以上地方人民政府市场监管部门依法吊销营业执照。

第五十九条 违反本条例第二十六条第二款规定,餐饮经营者不按照规定提供可循环使用筷子,超市、商场、集贸市场等商品零售场所销售、无偿或者变相无偿提供不可降解的塑料购物袋的,由县级以上地方人民政府市场监管部门责令限期改正,并可以处五百元以上五千元以下的罚款。

第六十条　违反本条例第三十六条第二款规定,餐厨废弃物产生单位将餐厨废弃物交给不具备条件的单位进行处置的,由县级以上地方人民政府市容环境卫生部门责令限期改正,并可以处五千元以上三万元以下的罚款。

第六十一条　单位和个人依照本条例规定受到行政处罚的,计入其信用记录。

第七章　附　则

第六十二条　本条例自 2016 年 1 月 1 日起施行。

《泰州市节能环保产业发展
"十三五"专项规划》

市政府办公室关于印发泰州市节能环保产业发展
"十三五"专项规划的通知

泰政办发〔2017〕70号

各市(区)人民政府,泰州医药高新区管委会,市各委、办、局,市各直属单位:

《泰州市节能环保产业发展"十三五"专项规划》已经市政府同意,现印发给你们,请结合实际认真贯彻执行。

泰州市人民政府办公室

2017年4月10日

《泰州市节能环保产业发展"十三五"专项规划》

节能环保产业是泰州"十三五"期间聚焦发展的产业之一。为进一步推进泰州市节能环保产业发展,加快生态文明建设,根据国家《"十三五"节能环保产业发展规划》和泰州市《国民经济和社会发展第十三个五年规划纲要》,结合本市节能环保产业发展实际,编制本规划。

一、发展现状和面临形势

(一)发展现状

1.产业全面快速增长

"十二五"期间,全市节能环保产业发展进入新阶段,产业范围和规模迅速扩大,基本形成了节能技术装备、环保技术装备、资源循环利用技术装备、环境友好产品、节能环保服务等五大领域的产业体系。全市从事节能环保生产经营服务企业219家,规模以上企业67家,其中节能产品生产企业13家、环保产品生产企业21家、资源综合利用企业9家、节能环保服务企业6家、环境友好产品生产企业18家。节能环保服务业务范围拓展至节能环保技术与产品开发、节能环保工程设计与施工、环境友好产品开发、能源管理与环境检测、节能环保技术咨询、设施运行服务、排污权交易和金融服务等多个领域。2015年全市节能环保产业增加值达302亿元,占全市地区生产总值8.3%,处于全省中游,已成为泰州发展较快的产业之一。

2.技术创新能力不断增强

通过引进消化吸收、产学研合作,先后攻克高效低能耗、脱硫脱硝除尘一体化、农村生活污水微动力一体化处理设施、土壤多指标快速检测等 20 多项关键技术,掌握了一批具有自主知识产权的重点技术,全市节能环保技术与国际国内先进水平的差距逐步缩小,市场竞争能力不断增强。稀土永磁伺服电机、高效线性电机、节能冰箱、蓄热式烟气余热回收装置、非晶变压器、空气源三联供空调机组、一体化水处理设备、高效布袋除尘器、一体化脱硫脱硝除尘设备、环境检测仪器、高效污泥脱水机等产品具有先进的技术优势。大功率高压(20 000 kW、10 000 V)电机、超高效防爆电机、蓄热式工业炉、LED 照明等一批产品处于国内领先水平。上骐电机、乐金电子等企业的 100 多款高效节能产品达到国家一级能效标准,200 多款高效节能产品达到国家二级能效标准。一体化水处理设备、高效布袋除尘器、高效污泥脱水机等远销世界 20 多个国家。

3. 节能环保服务业迅速起步

全市已有 6 家企业入围国家节能服务公司备案名单,7 家企业获得环保设施运营资质证书,32 家企业获得环保服务总承包和危险废物经营许可。城镇污水处理、生活垃圾处理、路灯合同能源管理、烟气脱硫脱硝、工业污染治理等第三方运营管理已在全市逐步推开。工业排污权交易、环境污染责任保险加快实施。生态修复迈出坚实步伐,泰兴市列入全国土壤修复产业化试点示范。全市已建立第三方环境检测机构 4 家,工业污染、环境社会化检测取得突破。

4. 特色产业园区初具雏形

泰兴环保科技产业园、泰州新能源产业园区、兴化循环经济园区、泰州市高新技术创业服务中心、姜堰市高新技术创业中心等节能环保产业园区初具雏形。其中泰兴环保科技产业园环保产业发展迅速,目前已集聚环保企业 86 家,拥有污水处理泵阀、船舶污水处理设备、垃圾及固体废物、脱硫脱硝一体化处理设施、分离过滤机、空气源三联供空调器等一批环保及环境友好产品,着力打造产、学、研、用结合,设计、制造、服务、总承包的环保产业链,2014 年被环境保护部列为国家环保服务业试点单位。泰州市静脉(循环经济)产业园正在选址建设。

(二)存在问题

"十二五"期间,全市节能环保产业虽然取得了长足发展,但是发展中还存在不少困难和问题,集中体现在以下四个方面:

1. 创新能力有待提高

以企业为主体的节能环保技术创新体系尚不完善,产学研协同创新能力较弱,集成创新能力还需加强。技术开发投入不足,成果转化能力较弱,拥有自主知识产权的高新技术产品较少。企业节能环保装备产品设计、关键技术研发、工程咨询服务、企业管理等方面的专业技术人才较为紧缺。

2. 总体实力有待增强

全市现有规模以上节能环保企业数量只有 67 家,龙头骨干企业较少,知名品牌不多。节能环保产品成套化、系列化、标准化水平低。产业结构呈现"低、小、散"的特点,还没有形成具有竞争优势的企业集团和产业集群。

3. 投融资政策有待完善

中小企业在获得信贷资金的机会、额度和长期性方面存在一定困难。节能环保技术产品研发的前端和推广应用的后端扶持措施需进一步加大,科技基础设施建设、促进技术成果转化、政府采购倾斜等方面的政策扶持力度有待加强。产业发展多元化投资渠道不够通畅。

4. 服务业发展有待提升

节能环保服务业的增加值仅占节能环保产业总增加值的 2%，比重远低于全省 5.3% 的平均水平。合同能源管理、环境污染第三方治理、环境检测等市场化还没有得到普遍应用。节能环保产业信息发布、科技咨询、服务代理、产品交易、金融投资等公共服务平台亟待建立和完善。

（三）发展形势

全球低碳经济发展将为节能环保产业提供新的机遇和空间。在全球气候变化的背景下，欧、美、日等主要发达国家，纷纷制定以应对气候变化向低碳经济转型为核心的绿色发展规划，实施绿色经济和绿色新政。发展低能耗、低污染、低排放为标志的"低碳经济"，成为世界各国的共同选择。目前，发达国家的节能环保产业已成为国民经济的支柱产业，产值占其国内生产总值的 10%～20%。面对当今世界经济发展的新趋势、新潮流、新变化，中国也将抓住这一"绿色"机遇，在新一轮经济发展进程中，促进经济转型，实现自身的可持续发展。随着国家加快实施"一带一路"倡议，节能环保产业"走出去"迎来重大发展机遇，有利于我国大力开拓国际节能环保市场，在新一轮经济竞争中占据更加有利地位。

我国加快生态文明建设为节能环保产业释放新的需求和领域。近年来，国家关于加快推进生态文明建设和发展节能环保产业有关政策相继出台，能源发展战略，新修订的《中华人民共和国环境保护法》的实施，为加快发展节能环保产业创造了良好环境。"十三五"期间，以环境质量改善为核心，实行最严格的环境保护制度，落实好大气、水、土壤污染防治"三个行动计划"，做好农村与生态保护修复、核与辐射环境安全保护，实施能源总量控制和煤炭消费总量控制制度，将催生巨大的节能环保市场需求，倒逼节能环保产业加快发展。预计"十三五"期间，我国节能环保产业将保持年均 15%～20% 的复合增长率，成为国民经济新的支柱产业。

泰州生态名城建设为节能环保产业提供新的动力和平台。"十三五"时期泰州全面实施绿色发展战略，推动建设国家生态文明建设示范区，聚焦发展生物医药及高性能医疗器械、高技术船舶及海工装备、节能与新能源等三大产业，实现有质量的稳定增长和可持续的全面发展，节能环保产业迎来了广阔的市场前景。泰州应当抓住"一带一路"、长江经济带建设、长三角一体化、沿海开发等国家战略实施和国家政策导向机遇，立足市情实际，加快培育新动力，增创区域竞争优势，推动节能环保产业智能化、高端化、市场化发展，促进节能环保产业又好又快发展。

二、总体要求

（一）指导思想

坚持以绿色发展为统领，以专业化、社会化和市场化为导向，以促进节能减排、改善生态环境质量为根本，强化政府引导，完善政策机制，培育规范市场，创新产业经营模式，大力推进节能环保技术装备由中低端为主向更加注重中高端发展转变，企业由以产品经营为主向总承包一体化经营转变，园区由企业集中向创新集群转变，产业由以传统制造业为主向先进制造业与节能和环保服务业互动并进转变,使节能环保产业成为泰州市新的经济快速增长点,为推进生态名城建设提供有力支撑。

(二)基本原则

坚持政府引导与市场主导。加强政府监督管理和行业自律,落实政策激励机制,完善平等准入、绿色采购、节能与环境监督管理等方面的制度,倡导生态文明理念和绿色生活方式,打好转型升级组合拳。发挥市场配置资源的决定性作用,营造公平竞争、规范有序的市场环境,激发各类市场主体的积极性,满足节能环保市场需求。

坚持整体推进与重点突破。强化规划引导,注重顶层设计与鼓励基层探索相结合,加强重点领域、重点行业、重点区域分类指导,全面推进节能环保产业可持续发展。着力破解制约产业发展的瓶颈,加快示范工程、示范基地建设,以点带面,实现重点领域突破发展,示范带动整体发展。

坚持创新引领与特色发展。完善以企业为主体的技术创新体系,立足原始创新、集成创新和引进消化吸收再创新,形成更多拥有自主知识产权的核心技术和具有国际品牌的产品。全面推进设计—建设—运营一体化总承包、建设制造与服务互动并进等经营模式创新,以模式创新激发新兴优势发展领域。

(三)主要目标

产业规模进入省内中上水平。到 2020 年,全市节能环保产业增加值达到 600 亿元,比"十二五"期末翻一番。年均增长 15％以上,占全市地区生产总值 10％以上。

装备技术水平显著提升。攻克一批关键共性技术,部分节能及水、大气污染防治等装备达到国内领先或接近国际先进水平。环保产品及绿色产品认证达 100 个。

节能环保服务业全面发展。节能服务业、环保服务业增加值年均增长达到 20％以上,占节能环保产业总增加值达 30％以上。合同能源管理、"互联网＋节能环保服务"、第三方环境污染治理、第三方环境检测等各类服务业得到全面发展。

规模骨干企业带动力增强。培育新增 2 家销售收入超 20 亿元企业、10 家左右超 5 亿元企业。形成一批拥有自主品牌、掌握核心技术、市场竞争力强的节能环保产业龙头企业。

三、发展重点

(一)引导高端节能环保装备技术研发和产业化,推动重点领域节能环保装备产品升级换代

立足泰州节能环保产业现有基础,在市场应用广、节能减排潜力大、需求拉动效应明显的领域,重点发展节能技术装备、环保技术装备、资源循环利用技术装备、环境友好产品四大类产品。

1. 节能技术装备

冶金、建材、化工、纺织等重点行业大力推进清洁能源技术装备生产和使用,加快发展太阳能、高效光伏组件、燃气、智能电网等清洁能源装备制造业。以国际先进、国内领先的节能减排前沿技术为重点,着力攻克超节能高效中小型系列三相异步电动机、二氧化碳热泵、高效大面积双管板式换热器、二氧化碳及 R32 环保节能压缩机及机组、荧光灯用高性能固汞

清洁生产关键技术。优先发展节能家电、新能源设备、半导体照明等产品生产。大力发展高效节能环保锅炉、节能环保型冷轧机等窑炉配套设备、高效电动机、煤炭清洁高效利用技术装备、蓄热式燃烧技术装备、余热回收装置、耐热玻璃纤维增强塑料节能构件、空气源三联供空气空调器等节能技术装备等产品生产。

2. 环保技术装备

以解决大气、水、土壤污染等突出环境问题为导向,重点发展大气污染防治技术装备、水污染防治技术装备、固体废弃物处理处置技术装备,加快培育土壤污染修复技术装备制造业。大气治理技术装备,着力攻克脱硫脱氮除尘一体化等关键装备技术瓶颈并实现产业化,重点发展大气细颗粒物污染防控设备、钢铁、燃煤发电,以及工业锅炉烟气脱硫脱硝装备、烧结烟气多污染物协同控制装置、工业有机废气治理装备、柴油机尾气处理装备。水治理技术装备,着力突破废水治理与中水回用技术、重金属污染治理适用技术等关键技术,加快高效的水处理技术装备、水处理膜(高效分离膜)、水处理及循环利用技术与设备的研发和生产,重点发展楼宇雨水收集地埋式一体化污水处理设施、船用污水处理装置、船舶压载水处理系统、污水处理泵阀、农村微动力新型高效污水净化处理设备、水污染在线监控检测仪等环保产品生产和应用。固体废物处理及土壤修复技术装备,重点发展生活垃圾收集压缩运输装备、高效固液分离机固体废弃物处理技术装备、污水处理厂污泥深度脱水技术装备、土壤污染修复设备、土壤污染监测装备。

3. 资源循环利用技术装备

提高资源产出率、综合利用产品技术含量和附加值,着力发展工业废弃物、农业秸秆、建筑废弃物等资源化利用技术装备生产,开发利用污泥等产业废物生产新型建材、活性炭、有机肥、生物能源等成套化技术装备。突出资源分拣、回收和利用技术装备研发和生产,加快建设餐厨、建筑废弃物、废旧汽车及轮胎资源化利用工程设施。

4. 环境友好产品

针对建设低碳型社会、绿色消费及人们健康生活需求,全面推进家居、建筑建材、办公用品、家用电器、包装印刷和乘用车等无污染、对人体无伤害、可回收利用的环境友好产品研发和生产。助推林海集团、双登集团、春兰集团等龙头企业,大力发展新能源汽车动力电池及其电动车生产,力争在国内外市场占有较大份额。

(二)推广应用新技术新产品,更大力度实施节能环保产业工程

重点围绕锅炉、电机能效提升、余热余压利用、半导体照明、再制造、再生资源利用、污水处理、大气污染控制、生活垃圾与农业废弃物无害化、资源化处理等10大领域,组织实施一批重大新技术新产品应用示范工程,推动国际先进、国内领先节能环保技术产品集成化应用,着力推进节能技术改造、污染治理、循环经济、城镇环境基础设施建设和绿色建筑行动等五大节能环保产业工程:

1. 节能技术改造工程

加大能量系统优化技术研发和推广力度,加强流程工业系统节能,推动企业实施锅炉(窑炉)和换热设备等重点用能装备清洁能源使用和节能改造,全面拓展余热利用、清洁能源设施等节能产品市场。到2020年单位工业增加值能耗下降26%。

2. 污染治理工程

围绕提升环境质量,实施环境质量改善工程、主要污染物减排工程、生态修复与保护工

程、环境风险防范工程、农村环境综合整治工程、环境监管能力建设等六大类工程项目,着力推动重点行业、企业加大投入,积极采用先进环保工艺、技术和装备,加快重点行业脱硫脱硝除尘改造和医药及化工等行业污染治理技术改造,推进大气污染治理技术装备、水污染治理技术装备、资源再生及综合利用产品应用。

3. 循环经济工程

实施循环发展引领计划,推进企业循环式生产、园区循环化发展、产业循环式组合,全面完成省级以上园区循环化改造。加快实施秸秆等农业废弃物能源化及资源化利用、农产品加工副产物资源化利用、循环型农业示范载体建设工程,扎实抓好规模化畜禽养殖污染治理,加快城市绿化植物废料资源化处理工程建设,建立生物质发电项目、城市绿化植物废料处理、秸秆利用新材料、市政污泥综合利用示范工程,着力推进工业废弃物、城市矿产资源再生利用和再制造产业的全面发展。到 2020 年全市工业固体废物综合利用率达 95%,城市再生资源回收利用率达到 80%。

4. 城镇环境基础设施建设工程

加快建设覆盖城镇和重点乡镇的污水处理、垃圾处理设施和配套管网地下工程建设,实施污水处理厂废气资源化利用、建筑中水利用和城镇污水再生利用,全面推进乡镇、农村生活污水处理成套设备、生活垃圾收集、储运设备、中水回用设备、废弃物资源再生设备等技术含量高的专用环保产品研发和生产。

5. 绿色建筑行动工程

政府投资项目、大型公共建筑、保障性住房、各类示范区中的新建项目率先执行绿色建筑标准。大力推进节能、新材料、绿色建材、环境友好型产品开发与应用。开发污水脱磷脱氮药剂、大气污染治理药剂、土壤修复剂等高效低成本污染处理药剂。

(三)推进节能环保产业集聚园区建设,着力提升产业核心竞争力

以构建技术开发,成果转化、设备制造、工程设计、运行维护管理服务于一体的节能环保产业集聚区为目标,建设一批产业集聚、各具特色、优势突出、产学研用有机结合、引领示范作用显著的节能环保产业园区和示范基地。

1. 加快推进泰兴环保科技产业园国家生态工业园区建设

以环境保护部确定的"环保服务业试点单位"为契机,以互联网+节能环保产业、装备制造服务业和新材料新能源产业的发展模式,通过建立绿色生态园区平台,大力发展绿色产品及环保产品生产以及集设计、施工、安装、运营管理于一体的节能环保总承包服务经营,全面打造企业绿色品牌。力争到 2020 年,园区内节能环保产业年增加值达到 200 亿元,创建成国家级生态工业园。

2. 规划建设泰州市静脉(循环经济)产业园

配套建设城市各类固体(危险)废物集中资源化、减量化、安全处置静脉(循环经济)产业园区。在符合总体建设规划、方便城市废物处理的地区,建设污泥生物能发电;废旧汽车拆解;废旧家电拆解;废旧轮胎翻新;建筑垃圾资源化处理;石油化工废物的处置等资源综合利用项目,及配套建设园区道路、供水、供电、供气、排水等市政基础设施。到 2020 年,泰州市区各类废弃物得到资源化、减量化及安全处置。

3. 建设兴化市循环经济环保科技示范园

建设兴化市生活垃圾、市政污泥、餐厨垃圾、城市粪便资源再生和无害化处理工程,计划

投资 3.8 亿元,设计建设 600 吨的生活垃圾焚烧发电处理设施 1 座、50 吨的餐厨垃圾处理设施 1 座、50 吨的污泥处理设施 1 座和 60 吨的粪便处理设施 1 座,并建设配套工程设施及环保污染防治设施。

4. 推进姜堰环境检测仪器生产基地建设

充分发挥姜堰市传统分析化验仪器产品生产优势,重点研发生产 COD 在线监测仪、NH_3-N 在线监测仪、BOD 在线监测仪等高精度、高可靠性、智能化的环保在线监测控制设备,精密测试测量、分析仪器,互联网＋、高性能智能化传感器、数据采集和远程终端控制系统。

5. 加快实施姜堰区张甸热处理装备产业园项目建设

以热处理、热锻加热装备、冶炼熔炼设备及配件生产企业为主体,建立具有区域特色的热处理节能装备产业园区。到 2020 年,热处理节能装备产业主营业务收入达 30 亿元,形成热处理装备的研发、制造、技术服务产业集群,力争发展成国内知名的热处理产业基地。

6. 规划建设靖江市特色产业基地

依托江苏大中电机股份有限公司、光芒集团等龙头企业优势,引导靖江市内相关节能产品生产企业,积极研发新型节能电机、节能家电及其衍生产品,做大做强节能电机、节能家电特色生产基地。规划建设靖江市环保科技产业园。

7. 推进泰兴经济开发区生态园区改造

突出化工园区循环化改造,着力完善环境基础设施建设,加快福昌固体废物处置中心资源化技术改造、宇新医疗废物处理中心搬迁改造、固体废物无害化填埋场建设、滨江污水厂中水回用和第三方环境检测中心建设。

(四)着力发展节能环保服务业,推进节能环保产业加快转型升级

结合"互联网＋"、PPP 模式等新业态,以创新产业经营模式为主线,重点发展节能服务、环保服务和再制造服务等三大类节能环保类服务业,打造一批从事节能环保技术研发、咨询服务、推广应用的服务平台和机构。

1. 大力推进合同能源管理

推动公共机构、大型公共建筑及重点用能单位优先采用合同能源管理方式实施改造,培育和树立一批示范项目。开展能源审计和"节能医生"诊断,为中小用能单位进行节能诊断,提供公益性节能咨询服务。鼓励节能技术和管理水平高的大型重点用能单位,组建专业化节能服务公司,建立"一站式"合同能源管理综合服务平台,为用能单位提供节能服务。

2. 全面推行环境污染第三方治理

在城镇污水处理、生活垃圾处理、烟气脱硫脱硝、工业污染治理等重点领域,积极推进包括系统设计、设备成套、工程施工、调试运行、维护管理的环保工程总承包和第三方运行模式。着力推行环境污染第三方治理,培育一批技术能力强、运营管理水平高、综合信用好、具有国内和国际竞争力的环境服务公司。到 2020 年,环境公用设施、工业园区等重点领域,基本实现环境污染第三方治理。

3. 建立健全公共服务平台

探索建立资源再生交易平台,推广互联网＋回收新模式,建设废旧资源分类与再生资源回收功能的交投站点和交易平台。加快发展和完善生态环境修复、环境风险与损害第三方评估、排污权交易、绿色金融等新兴环保服务业。强化再制造工程技术研发,支持专业化公

司利用表面修复、激光等技术为工业企业设备的高值易损部件提供个性化再制造服务。实施产学研协作,建立一批国家、省级工程中心、重点实验室、研究中心,为参与国家重大专项奠定坚实的基础。推行环境第三方检测,实施环境监测服务主体多元化和服务方式多样化。加快培育一批技术精湛、法理精通、服务一流的节能环保法律咨询及节能环保代理服务企业。

四、保障措施

（一）完善管理体制

建立和完善市场主导、政府引导、企业为主、社会参与的多元化节能环保产业发展机制。建立由市环保部门牵头,市发改、经信、科技、商务、财政、住建、交通、统计等部门共同组成的全市节能环保产业发展协调小组,制订促进产业发展的工作方案、落实扶持政策保障措施,协调解决节能环保产业发展中的重大问题。完善经信部门归口管理,环保等相关部门配合的统一、协调、综合管理的机制,组织产业规划实施、跟踪、督查、评估工作。发挥行业协会作用,建立完善节能、环境保护产业协会组织网络,增强行业组织协调和行业自律管理,规范约束行业行为。

（二）落实政策支持

落实节能产业税收和资源综合利用产品的增值税优惠政策,认真执行差别电价、惩罚性电价、阶梯电价政策和排污收费政策;落实与污染物排放总量挂钩的财政政策,深入开展排污权有偿使用和交易;建立健全绿色金融体系,推动节能环保产业与绿色金融的深度融合;引导和支持社会资本建立绿色发展基金,投资节能环保产业,支持社会资本以 PPP 和第三方服务等模式投入资源循环利用产业;支持信用担保机构、绿色发展基金对资质好、管理规范的中小型节能环保企业融资提供担保服务,全面提升节能环保投入调控能力,着力推进节能环保产业又好又快发展。

（三）倡导绿色消费

落实政府绿色采购和优先采购制度,及时发布政府采购绿色产品清单,扩大政府采购节能环保产品范围,不断提高节能环保产品采购比例。实施高效节能产品推广量倍增行动、绿色建材生产和应用行动计划,大幅提高节能家电、绿色建材、再生产品、环境标志产品等绿色产品的市场占有率。鼓励企业实行绿色产品的规模化生产和经营,进一步降低成本,倡导绿色生活方式,促进公众绿色消费。建立节能环保产品和服务网上博览会,积极组团参加国内外重点节能环保博览会。着力培育绿色消费文化,充分利用广播、电视、报刊、网络等新闻媒体广泛开展多层次、多形式的生态文明理念和资源环境教育,深入开展倡导绿色消费新风尚。

（四）强化市场管理

强化市场主导,充分发挥市场在资源配置中的决定性作用,进一步建立节能环保产业市场规范管理体系,完善产品服务管理制度,加强项目招投标管理,统一规范市场秩序。加强信用体系建设,严防恶性低价竞争。支持具有一定规模实力的节能环保企业沿产业链上下游加强整合,提升整体产业集中度和市场竞争力。强化环境执法,完善节能减排目标责任考核制度,加强督促检查与考核,形成促进倒逼节能环保产业发展机制。

(五)积极推进对外合作

密切跟踪国家及省关于节能环保产业发展的经济政策和技术政策,推进节能环保企业引进国内外先进技术,建立合作共同体。在科研院所、企业等层面深化交流,建立信息交换机制,融入"一带一路"倡议,积极引导各类企业节能环保技术产品"走出去",在更高层次上参与国际分工,借助重大项目合作机遇,在技术研发、运营管理等方面吸取先进经验,承揽境外各类节能环保工程和服务项目;鼓励外资投向节能环保产业,丰富外商投资方式,拓宽外商投资渠道,不断完善投资软环境。

(六)加强人才队伍建设

实施优秀人才引进计划与高层次人才创新创业扶持行动计划,加大节能环保领域创新型研发设计人才、开拓型经营管理人才和高技能人才的培养及引进力度,着力吸引海外及省内外高层次人才来泰创新创业。推行校企联合等新的办学模式,建立全市节能环保产业职教联盟,以校企深度合作、产学研结合为主要内容,加强职业院校对企事业单位的员工岗位培训和技术培训,培养产业技术人才。推进企业工程技术人员技术职称报考与评定,使人才的规模和结构适应全市节能环保产业发展需要。

数据篇

江苏环境服务业生产总值

年份	江苏水利、环境和公共设施管理业增加值(亿元)
2013	382.9
2014	428.73
2015	497.14
2016	553.4
2017	591.57
2018	605.77

数据来源:《江苏统计年鉴 2019》

江苏省环境服务业从业人员

年份	江苏城镇就业人员数：水利、环境和公共设施管理业（万人）
2013	14.03
2014	14.96
2015	15.45
2016	15.44
2017	14.88
2018	12.21

数据来源：《江苏统计年鉴 2019》

江苏省环境服务业企业名录
（注册资本 10 000 万元以上）

公司名称	城　市	注册资本（万元）	成立日期
苏州高新国发阳光创新生态发展投资企业(有限合伙)	苏州市	500 010.0	20171122
中国天楹股份有限公司	南通市	243 873.6	19841231
江苏中瀛环保科技有限公司	盐城市	200 000.0	20160826
响水县德瑞新材料有限公司	盐城市	159 000.0	20171211
无锡市锡山水生态修复有限公司	无锡市	151 000.0	20081231
南京栖霞科技产业发展有限公司	南京市	120 000.0	20171101
江苏天地神龙生态科技有限公司	南京市	108 800.0	20180207
盐城新瀛循环环保产业管理中心(有限合伙)	盐城市	100 000.0	20171228
苏州高新环保产业发展有限公司	苏州市	100 000.0	20180108
新苏环保产业集团有限公司	常州市	100 000.0	20170901
淮河生态经济带开发(江苏)有限公司	淮安市	100 000.0	20170518
中信环境流域治理(江苏)有限公司	宜兴市	100 000.0	20161122
淮安江淮生态经济发展有限公司	淮安市	100 000.0	20170922
如东县东清水利建设工程有限公司	南通市	100 000.0	20151217
高邮市水务产业投资集团有限公司	高邮市	100 000.0	20130726
领航生态能源股份有限公司	南京市	100 000.0	20180329
无锡创美环境修复有限公司	无锡市	95 000.0	20130521
江苏瑞宝环境治理有限公司	盐城市	89 000.0	20170328
苏州市相城水务发展有限公司	苏州市	87 040.0	20050920
无锡鹅湖环境治理有限公司	无锡市	80 000.0	20090408
无锡市九龙湾建设发展有限公司	无锡市	80 000.0	20060117
维尔利环保科技集团股份有限公司	常州市	78 378.5	20030212
淮安湖滨生态经济发展有限公司	淮安市	78 000.0	20171115
苏州市相城区绿色原野农业生态发展有限公司	苏州市	77 000.0	20110118
江苏金陵环境有限公司	南京市	75 380.0	20001214
中建水务江阴有限公司	无锡市	73 500.0	20190315
张家港市通洲沙西水道综合整治有限公司	张家港市	72 000.0	20110415
江苏清水源环保设施运营有限公司	无锡市	71 500.0	20110808
宿迁福都生态颐养有限公司	泗洪县	69 999.0	20180615

公司名称	城 市	注册资本(万元)	成立日期
苏州澄湖环保水务有限公司	苏州市	69 200.0	20130218
美尚生态景观股份有限公司	无锡市	67 429.1	20011228
江苏句容赤山湖生态环境建设发展有限公司	镇江市	55 500.0	20080807
常州江润环保科技有限公司	常州市	54 000.0	20190531
中电环保股份有限公司	南京市	52 195.0	20010118
江苏国安环境建设集团有限公司	南京市	51 898.0	20140806
宜兴北控农村污水治理有限公司	宜兴市	50 486.3	20171114
盐城市黄河故道桃花源生态经济区综合开发有限公司	盐城市	50 000.0	20160513
盐城恒清河湖整治有限公司	盐城市	50 000.0	20170425
南通昱恒环保产业股权投资中心(有限合伙)	南通市	50 000.0	20171023
盱眙绿水青山生态开发有限公司	淮安市	50 000.0	20190523
常州锐景环保有限公司	常州市	50 000.0	20180803
常州武南污水处理有限公司	常州市	50 000.0	20151216
新苏生态水环境(江苏)有限公司	常州市	50 000.0	20170919
江苏中宜环科生态环境有限公司	宜兴市	50 000.0	20180910
盐城恒泽水环境治理有限公司	盐城市	50 000.0	20170527
宿迁高弘科技产业发展有限公司	宿迁市	50 000.0	20150323
苏州市吴江南太湖片区建设发展有限公司	苏州市	50 000.0	20160413
鹏鹞环保股份有限公司	无锡市	48 000.0	19970715
苏州高科生态建设发展有限公司	苏州市	47 000.0	20150813
苏州东山东太湖湿地建设发展有限公司	苏州市	45 500.0	20120308
吴江区平望镇污水处理厂	吴江区	45 200.0	20040819
丹阳市浩润环境治理发展有限公司	镇江市	45 000.0	20161104
句容市茅山湖康体养生旅游度假有限公司	句容市	44 500.0	20110718
江苏新世纪江南环保股份有限公司	南京市	42 900.0	20031112
南京金州城北污水处理有限公司	南京市	41 000.0	20071205
常熟市滨江新市区污水处理有限责任公司	常熟市	41 000.0	20050316
常熟浦发第二热电能源有限公司	苏州市	40 950.0	20100127
南京江南环保产业园发展有限公司	南京市	40 816.0	20130929
苏州甪直农发环保科技发展中心(有限合伙)	苏州市	40 000.0	20181024
苏州市巨飞生态开发有限公司	苏州市	40 000.0	20170511
江苏峰业环境产业科技有限公司	扬州市	40 000.0	20170116
华运生态环境发展(南京)有限公司	南京市	39 998.0	20181022
南京环境再生能源有限公司	南京市	39 000.0	20070403
苏州市金桥汽车产业园管理有限公司	苏州市	37 801.0	20111115
溧阳中建桑德环境治理有限公司	常州市	37 029.2	20180613

公司名称	城　市	注册资本(万元)	成立日期
光大绿色环保固废处置(张家港)有限公司	苏州市	35 250.7	20180928
淮安首创生态环境有限公司	淮安市	32 500.0	20181015
江阴广茂生态农林有限公司	江阴市	31 870.0	20171101
宿迁市东方水环境建设发展有限公司	宿迁市	30 433.0	20171129
丹阳花盛环境产业发展合伙企业(有限合伙)	丹阳市	30 010.0	20171017
无锡惠山新城环境发展有限公司	无锡市	30 000.0	20140929
张家港生态科技城发展有限公司	苏州市	30 000.0	20100607
南通天楹环保能源有限公司	南通市	30 000.0	20161207
江苏源洁高能综合水务工程有限公司	淮安市	30 000.0	20150716
昆山市巴城水质净化有限公司	昆山市	30 000.0	20081119
丹阳市嘉润环境治理发展有限公司	丹阳市	30 000.0	20161104
宿迁裕新科技产业发展有限公司	宿迁市	30 000.0	20140904
泰兴市祥元生态环境发展有限公司	泰兴市	30 000.0	20190304
海门市城建污水处理有限公司	海门市	30 000.0	20051209
常州市丰洛生态科技发展有限公司	常州市	30 000.0	20151210
如皋市富港水处理有限公司	南通市	28 041.1	20051124
江苏太湖西岸生态休闲发展有限公司	无锡市	28 000.0	20140329
光大水务(苏州)有限公司	苏州市	25 800.0	20060703
徐州鑫盛润环保能源有限公司	徐州市	25 351.0	20170627
南通海瑞环保工程有限公司	海安县	25 000.0	20160527
苏州相城经济开发区谐北新农村建设有限公司	苏州市	25 000.0	20121120
无锡川鼎艾特克投资合伙企业(有限合伙)	无锡市	23 500.0	20180118
江苏大吉环保能源有限公司	盐城市	22 156.5	20170105
淮安经济技术开发区启弘联绿环保技术有限责任公司	淮安市	21 000.0	20191030
光大环保能源(丹阳)有限公司	镇江市	20 440.0	20180306
江苏永吉环保科技有限公司	扬州市	20 000.0	20171123
高邮绿农生态建设有限公司	扬州市	20 000.0	20190709
沛县鑫雅环保科技有限公司	徐州市	20 000.0	20190903
江苏宏祥环境资源有限公司	宿迁市	20 000.0	20181204
江阴市亚同环保污泥处理有限公司	无锡市	20 000.0	20080424
江苏汇鸿东江环保有限公司	南京市	20 000.0	20191023
南京嘉谟高科技产业投资合伙企业(有限合伙)	南京市	20 000.0	20160713
大江环境股份有限公司	南京市	20 000.0	20170623
灌南金圆环保科技有限公司	连云港市	20 000.0	20160128
新苏环保产业发展(江苏)有限公司	常州市	20 000.0	20170918
溧阳市欣峰废弃物综合处置有限公司	常州市	20 000.0	20180302

续表

公司名称	城　市	注册资本（万元）	成立日期
江之南生态科技有限公司	泰兴市	20 000.0	20180929
中港印环保（南京）有限公司	南京市	20 000.0	20170901
江苏维尔利环保科技有限公司	常州市	20 000.0	20160428
南通天兴城市环境管理服务有限公司	南通市	20 000.0	20140718
泰州市天啸环保科技有限公司	泰州市	20 000.0	20151217
江苏金沙江环保产业有限公司	宜兴市	20 000.0	20060525
无锡市金盛绿化有限公司	无锡市	20 000.0	20060808
苏州苏福生态科技有限公司	苏州市	20 000.0	20181127
江苏恒要发生态科技有限公司	常州市	20 000.0	20160120
丹阳市新创产业投资发展有限公司	丹阳市	20 000.0	20160104
江苏中振盈环保新材料有限公司	常熟经济开发区	20 000.0	20170627
吴江汾湖污水处理有限公司	苏州市	20 000.0	20060407
杉陆久（镇江）生态颐养有限公司	镇江市	19 990.0	20190906
南京吉发生态科技有限公司	南京市	19 980.0	20190221
江苏锟儒环保科技产业集团有限公司	南京市	19 000.0	20190311
泰州海陵中设中交上航环境治理有限责任公司	泰州市	18 000.0	20190906
海安方元水处理有限公司	南通市	18 000.0	20070509
江苏顺心得环保科技有限公司	丹阳市	18 000.0	20161206
江苏永瀛环保科技有限公司	盐城市	18 000.0	20170906
江苏白马湖四季花海生态开发有限公司	淮安市	17 559.3	20160706
启东市城市污水处理厂有限公司	南通市	17 500.0	20040726
江苏鼎垍智能科技有限公司	南通市	17 000.0	20180608
无锡太湖美生态环保有限公司	无锡市	16 800.0	20031027
英达生态科技发展（南京）有限公司	南京市	16 500.0	20161128
常熟市苏南生态建设发展有限公司	苏州市	16 000.0	20131218
宜兴市华都绿色环保集团有限公司	无锡市	15 880.0	19931012
光大环保能源（宝应）有限公司	扬州市	15 614.0	20170619
光大绿色环保热电（宿迁）有限公司	宿迁市	15 423.3	20190621
光大环保（宿迁）固废处置有限公司	宿迁市	15 293.4	20110314
苏州工业园区中法环境技术有限公司	苏州市	15 200.0	20090422
泰兴市滨江污水处理有限公司	泰州市	15 000.0	20020930
苏州市相城区兴业污水处理有限公司	苏州市	15 000.0	20100115
华联世纪南工智能环保装备（南通）股份有限公司	南通市	15 000.0	20190902
江苏华源生态农业有限公司	淮安市	15 000.0	20120730
溧阳市前峰环保科技有限公司	常州市	15 000.0	20180302
宜兴南方中金环境治理有限公司	宜兴市	15 000.0	20160517

公司名称	城　市	注册资本(万元)	成立日期
科融(南京)生态资源发展有限公司	南京市	15 000.0	20180519
泰州市晟鸿水环境治理有限公司	泰州市	15 000.0	20151219
无锡惠开生态环境发展有限公司	无锡市	15 000.0	20130507
连云港市燕城环保开发有限公司	连云港市	15 000.0	20190325
中交北水(盱眙)生态环境有限公司	淮安市	14 680.0	20190326
光大环保固废处置(新沂)有限公司	徐州市	14 449.0	20140921
江苏科行环保股份有限公司	盐城市	14 356.4	19971015
镇江生态新城投资建设有限公司	镇江市	14 000.0	20140314
启东市滨江水处理有限公司	南通市	14 000.0	20060620
南京城东北控污水处理有限公司	南京市	14 000.0	20151228
南京环境集团有限公司	南京市	14 000.0	20170411
南通升达废料处理有限公司	南通市	13 760.0	20140109
光大环保能源(泗阳)有限公司	宿迁市	13 087.3	20170407
江苏北斗星环保股份有限公司	南京市	13 000.0	20141030
南通中宏环境发展有限公司	南通市	13 000.0	20180411
泗洪县碧水生态开发有限公司	宿迁市	12 895.3	20180703
江苏苏草生态环境集团有限公司	宿迁市	12 880.0	20171120
光大环保(连云港)固废处置有限公司	连云港市	12 864.0	20121023
金湖桑德水务有限公司	淮安市	12 850.0	20180525
新沂高能环保能源有限公司	徐州市	12 491.4	20191107
华海龙环境治理有限公司	昆山市	12 332.1	20190221
光大环保能源(东海)有限公司	连云港市	12 128.4	20190722
江苏天马环保科技集团有限公司	无锡市	12 068.0	19960605
江苏桓通环境科技有限公司	镇江市	12 000.0	20110818
江苏远驰生态环保科技有限公司	扬州市	12 000.0	20170717
江阴市锦绣江南环境发展有限公司	无锡市	12 000.0	20160107
江苏锦明再生资源有限公司	泰州市	12 000.0	20150119
江苏临海环境科技有限公司	连云港市	12 000.0	20160224
南京仙林碧水源污水处理有限公司	南京市	12 000.0	20151228
江苏锦炜新材料有限公司	盐城市	12 000.0	20181225
宜兴香林生态园艺有限公司	宜兴市	12 000.0	20051130
南京大桥北环境综合治理有限公司	南京市	12 000.0	20170327
凌志环保股份有限公司	无锡市	11 852.2	19980522
江苏一环集团有限公司	无锡市	11 800.0	19950228
中新苏伊士环保技术(苏州)有限公司	苏州市	11 700.0	20170125
南通天城餐厨废弃物处理有限公司	南通市	11 500.0	20180418

公司名称	城　市	注册资本(万元)	成立日期
泰州京城环保产业有限公司	兴化市	11 400.0	20140523
扬州天楹环保能源有限公司	扬州市	11 200.0	20160922
江苏新天鸿集团有限公司	扬州市	11 188.0	19970128
光大升达固废处置(常州)有限公司	常州市	11 000.0	20150428
江苏苏龙环保科技有限公司	盐城市	10 800.0	20070910
南通国启环保科技有限公司	南通市	10 400.0	20140923
南通能达水务有限公司	南通市	10 225.6	20041028
江苏中钢凯迪环境治理有限公司	靖江市	10 190.0	20171117
江苏尚慧生态新能源有限公司	仪征市	10 180.0	20170607
江苏众诚环保工程有限公司	泰州市	10 118.0	20020527
江苏东南环保科技有限公司	泰州市	10 113.0	20090825
江苏远兴环保集团有限公司	无锡市	10 090.0	20020305
御吉绿色环保科技(江苏)有限公司	南通市	10 089.0	20190812
江苏广贸建设有限公司	常州市	10 088.0	20050527
江苏金润环保工程有限公司	无锡市	10 080.0	19930322
无锡市德林环保工程有限公司	无锡市	10 018.0	20071113
盐城市大丰区丰华水务有限公司	盐城市	10 000.0	20190903
中技环保工程有限公司	盐城市	10 000.0	20190613
盐城市黄海湿地生态建设有限公司	盐城市	10 000.0	20190516
徐州北度生态科技有限公司	徐州市	10 000.0	20180129
徐州宝能环保技术有限公司	徐州市	10 000.0	20190419
航天炬能(江苏)科技有限公司	无锡市	10 000.0	20180327
宜兴亨达环保有限公司	无锡市	10 000.0	19840712
宜兴市徐荫生态农业有限公司	无锡市	10 000.0	20171207
江阴市百一绿碳环境发展有限公司	无锡市	10 000.0	20170712
江阴市秦望山生态资源发展有限公司	无锡市	10 000.0	20120510
中持新概念环境发展宜兴有限公司	无锡市	10 000.0	20160331
中德环境有限公司	无锡市	10 000.0	20171122
江阴市华锐环境发展有限公司	无锡市	10 000.0	20171120
江苏泰扬环保有限公司	泰州市	10 000.0	20190321
江苏亿利亿康环保有限公司	苏州市	10 000.0	20190621
复洁环境工程(苏州)有限公司	苏州市	10 000.0	20021129
苏州科环环保科技有限公司	苏州市	10 000.0	20090728
诚蕊有限公司	苏州市	10 000.0	20190322
苏州胥麓生态旅游发展建设有限公司	苏州市	10 000.0	20141219
苏州市相城绿联环境管理有限公司	苏州市	10 000.0	20190906

公司名称	城　市	注册资本(万元)	成立日期
苏州高新北控中科成环保产业有限公司	苏州市	10 000.0	20161208
张家港新茂投资建设有限公司	苏州市	10 000.0	20190822
苏州工业园区博创生物纳米科技产业配套服务有限公司	苏州市	10 000.0	20111124
苏州绿之菲生态农业有限公司	苏州市	10 000.0	20141218
昆山市千灯水质净化有限公司	苏州市	10 000.0	20081210
光大绿色环保固废处置(海门)有限公司	南通市	10 000.0	20190926
南通德亿新材料有限公司	南通市	10 000.0	20040405
江苏惠海旅游发展有限公司	南通市	10 000.0	20110603
江苏鹏元万里环保科技有限公司	南京市	10 000.0	20151214
南京灵玲野生动物园管理有限公司	南京市	10 000.0	20160328
江苏莫滋环保能源有限公司	南京市	10 000.0	20170125
江苏汇丰天佑环境发展有限公司	南京市	10 000.0	20150330
易用检测股份有限公司	南京市	10 000.0	20141117
江苏净德环保集团有限公司	南京市	10 000.0	20170609
江苏德纳希环保科技有限公司	淮安市	10 000.0	20171122
淮安御西生态发展有限公司	淮安市	10 000.0	20151028
江苏尊荣危险废物处置有限公司	淮安市	10 000.0	20151221
常州维尔利环境服务有限公司	常州市	10 000.0	20110615
常州市金坛区兴标环境治理服务有限公司	常州市	10 000.0	20140116
南京意斯伽生态科技有限公司	南京市	10 000.0	20150130
泰州市九龙污水处理厂	泰州市	10 000.0	20061115
江阴市绮山生态资源发展有限公司	江阴市	10 000.0	20080818
昆山市巴城镇石牌污水处理厂有限公司	昆山市	10 000.0	20080327
江苏福群环保科技有限公司	南京市	10 000.0	20160517
禾禾能源科技(江苏)有限公司	苏州市	10 000.0	20141208
苏州吴中河东污水处理有限公司	苏州市	10 000.0	20040624
中清环保有限公司	南京市	10 000.0	20141010
苏州时钻环保实业有限公司	昆山市	10 000.0	20020705
射阳县陈洋污水处理有限公司	盐城市	10 000.0	20150119
江苏中铁环保装备有限公司	宜兴市	10 000.0	19991228
江苏新禹励环境工程建设有限公司	太仓市	10 000.0	20150310
阅顺环保有限公司	南京市	10 000.0	20140515
江苏长荡湖水环境治理有限公司	溧阳市	10 000.0	20141218
常州市绿阳生态科技有限公司	常州市	10 000.0	20091019
无锡市梁溪河整治投资管理有限公司	无锡市	10 000.0	20060405

数据来源:Wind-经济数据库